轻合金表面处理技术

石永敬　著

北　京

冶　金　工　业　出　版　社

2023

内 容 提 要

本书总结了近年来轻合金表面处理技术的研究进展，包括电镀及化学镀技术、涂装技术、转化膜技术及磁控溅射沉积技术等，并对这些工艺技术的工艺过程、参数、现象、原理及重要的镀层材料进行了详细的论述。同时，还阐述了与处理工艺相关的镀层材料特性和应用环境之间的关系，旨在阐明未来轻合金表面处理技术的发展方向，为进一步的研究提供一种思路。

本书可供材料科学与工程、表面工程等专业的工程技术人员参考，也可作为高等院校相关专业本科生的教学参考书。

图书在版编目（CIP）数据

轻合金表面处理技术/石永敬著 . —北京：冶金工业出版社，2023.6
ISBN 978-7-5024-9604-3

Ⅰ.①轻… Ⅱ.①石… Ⅲ.①轻有色金属合金—金属表面处理 Ⅳ.
①TG178

中国国家版本馆 CIP 数据核字（2023）第 182097 号

轻合金表面处理技术

出版发行	冶金工业出版社	**电　话**	（010）64027926
地　　址	北京市东城区嵩祝院北巷 39 号	**邮　编**	100009
网　　址	www. mip1953. com	**电子信箱**	service@ mip1953. com

责任编辑　武灵瑶　张熙莹　美术编辑　彭子赫　版式设计　郑小利
责任校对　范天娇　责任印制　禹　蕊
三河市双峰印刷装订有限公司印刷
2023 年 6 月第 1 版，2023 年 6 月第 1 次印刷
710mm×1000mm　1/16；13 印张；254 千字；200 页
定价 79.00 元

投稿电话　（010）64027932　投稿信箱　tougao@cnmip. com. cn
营销中心电话　（010）64044283
冶金工业出版社天猫旗舰店　yjgycbs. tmall. com
（本书如有印装质量问题，本社营销中心负责退换）

前　　言

表面处理技术在人类生活中的应用已有几千年的历史，比较典型的像中国古代的瓷器和染料等。从18世纪开始，在西方工业革命的推动下，表面处理技术开始迅速发展。我国的表面处理技术在新中国成立后才获得飞速的发展，并建立起现代表面工艺技术基础。目前，表面工程技术已逐渐发展成为横跨材料学、摩擦学、物理学、化学、表面与界面力学、材料的表面防护等的综合型和复合型学科，并在工农业生产及人们日常生活中得到广泛的应用。表面处理技术不仅展示出学科的综合性、技术的多样性及广泛的功能性，同时还在电子信息领域展现出了巨大的应用前景和效益，因而备受重视。

近年来，轻合金的应用得到了越来越多的重视，特别是在航空航天等领域。但是像镁、铝等轻合金所表现出的表面质软且易腐蚀的缺点严重制约着其在工程领域中的应用。为此，国内外许多研究者针对轻合金的应用环境开发出了不同的表面处理技术，对轻合金的表面防护起到了巨大的作用。为此，在结合国内外轻合金表面处理的先进工艺和我们课题组在表面处理技术的研究进展的基础上撰写了本书。本书论述的重点内容是电镀技术、涂装技术、转化膜技术及磁控溅射沉积技术等，旨在阐明不同处理技术的工艺原理、特征及镀层的应用特性之间的关系，为进一步开发更先进的轻合金表面处理技术提供技术思路。

在本书的写作过程中，得到了部分研究生的支持。在此表示衷心的感谢！

　　本书可供材料科学与工程、表面工程等专业的工程技术人员参考，也可作为高等院校相关专业的本科生教材或参考书。

　　由于作者的水平所限，书中不足之处，恳请读者批评指正。

石永敬

2023 年 5 月

目　　录

1 绪 论

<<<<<<<<<<<<<<<<<<<<<<<<<<<<<<<<<<<<<<<<<<<<<<<<<<<<<<<<<<<<<<<<<<

1.1 概 述

材料、信息和能源是人类社会发展的三大支柱领域。轻合金材料是一种新型轻金属结构材料，具有一些特殊的质轻及吸声等性能，其巨大的潜在应用性受到人们的广泛关注[1-5]。在整个材料领域内，轻合金的发展不仅推动着整个材料工业的发展，而且还肩负着我国高新技术崛起的重要使命和任务。目前，它已经成为未来提高国家科技实力和提高人民物质生活、文化生活水平的重要基础材料。展望未来，轻合金材料必定会在社会及经济的发展历程中发挥巨大的作用，成为人类"工业文明大厦"的一块基石。但是，轻合金的耐蚀性、强度及抗疲劳性差等劣势也在一定程度上限制了其应用。因此，采用相应的表面处理技术解决这些问题是轻合金未来发展的重要途径。

表面处理属于表面工程专业领域。它是近代表面技术与传统工艺相结合而发展起来的，已经形成了包括表面成分与结构分析、表面性能检测、表面失效分析、涂层工艺、评价标准、质量与工艺控制等关键控制环节，形成了表面工程规模生产的成套技术标准。

现代的表面工程是一个十分庞大的技术系统，涵盖范围包括防腐蚀技术、表面摩擦磨损技术、表面特征转换（如表面声、光、磁、电的转换）技术、表面美化装饰技术等。现代表面技术可以按照设想改变物体的表面特性获得一种全新的、与物体本身不同的特性，以适应人们的需求[6]。例如电镀，电镀技术发展到今天，已经成为非常重要的现代加工技术，它早已不只是金属表面防护和装饰加工手段（尽管这仍然占电镀加工的很大比重），电镀的功能性用途越来越广泛，尤其是在电子工业、通信和军工、航天等领域大量采用功能性电镀技术。电镀不仅可以镀出装饰性好的金属镀层，也可以镀出各种二元合金、三元合金、复合材料、纳米材料，还可以在金属材料及非金属材料上电镀。这些技术的工业化和电镀添加剂、电镀新材料在电镀液配方中的应用是分不开的，据不完全统计，现在可以获得的各种工业镀层已经达到 60 多种，其中单金属镀层 20 多种，几乎包括了所有的常用金属或稀贵金属。合金镀层 40 多种，但是研究中的合金则达到 240 多种，极大地丰富和延伸了冶金学里关于合金的概念。很多从冶金方法难以得到的合金，用电镀的方法却可以获得，并且已经证明电镀是获得纳米级金属材料的重要加工方法之一。除了合金镀层外，还有一些复合镀层也已经在各个工业领域中发挥着作用，比如金刚石复合镀层用于钻具已经有多年的历史，现在，不仅是金刚石，碳化硅、三氧化二铝和其他新型硬质微粒都可以作为复合镀层材料而获得以镍、铜、铁等为载体的复合镀层。同时，除了硬质材料可以复合镀，自润滑复合镀层也已开发成功，如聚四氟乙烯复合镀层、石墨复合镀层、二硫化钼复合镀层等都已经成功地应用于各种机械设备，已经储备或正在研制的非常规用复合镀层就更多了，其中包括生物复合材料镀层、发光复合材料镀层、纳米材料复合镀层等。对电镀技术的研究开发也不只在于镀液、配方和添加剂，在电源、阳极、自动控制等物理因素的开发方面也有很大进步，脉冲电源已经普遍用于贵金属电镀，磁场、超声波、激光等都被用来影响电镀过程，以改变电镀层的性能，专用产品的全自动智能生产线也有应用，更加环保的技术和设备也不断有专利出现，镀液成分自动分析添加系统已经开发并有应用实例，光亮剂、阳极材料等的自动补加也早已有成熟的技术可资应用。所有这些都证明电镀技术不仅仅在现代工业产品表面防护和装饰中起着重要的作用，而且在获取或增强产品的功能性方面也发挥着重要的作用，尽管存在环境保护方面的问题，使电镀技术的应用受到某些限制，但要完全取代或淘汰电镀技术至少在当前是不可能的。而今后随着表面技术的进一步发展，相信电镀技术本身能够以更多的环保型技术和产品来改变目前电镀行业存在对环境有所污染的问题。目前有关涂镀层技术、表面工程应用技术等的学术会议日益增多，国际上出现了表面工程研究热潮，表面工程技术成为美国工程科学院向美国国会提出的 21 世纪要加强发展的九大科学技术项目之一，它所研究的范围几乎涉及了国民经济的各个领域和工业部门。现代表面工程已经发展成为横跨材料学、摩擦学、物理学、化学、界面力学、材料失效与防护、腐蚀与防护学、光电子学等学科的边缘性、综合性、复合型学科。目前，我国国民经济和基础建设处于快速发展阶段，需要大量的表面新技术，例如，国家重点工程建设中的飞机、高速铁路的建设都需要运用大量表面新技术。

1.2　轻合金表面技术的分类和内容

1.2.1　轻合金表面技术分类

表面技术有着十分广泛的内容，本书主要针对用于轻合金的表面处理技术进行展开。仅从一个角度进行分类难以概括全面，目前也没有统一的分类方法，本书从不同的角度进行了分类[7-9]。

（1）按具体表面技术方法划分。包括电镀、电刷镀、特种电镀、化学镀、空气喷涂、高压无气喷涂、静电喷涂、流化床涂敷、电泳涂装、火焰喷涂、阳极氧化、微弧氧化、化学氧化、磁控溅射沉积等。每一类技术又进一步细分为多种应用方面，例如阳极氧化包括铝及铝合金的阳极氧化、镁合金的阳极氧化等，微弧氧化又可以分为铝及铝合金的微弧氧化、镁合金的微弧氧化、钛合金的微弧氧化等。

（2）按表面层的使用目的划分。大致可分为表面强化、表面改性、表面装饰和表面功能化四大类。表面强化又可以分为涂层强化和薄膜强化等，着重提高材料的表面硬度、强度和耐磨性；表面改性主要包括物理改性、化学改性等，着重改善材料的表面形貌及提高其表面耐腐蚀性能；表面装饰包括各种涂料涂装和精饰技术等，着重改善材料的视觉效应并赋予其足够的耐候性；表面功能化则是指使表面层具有上述性能以外的其他物理化学性能，如电学性能、磁学性能、光学性能、敏感性能、分离性能、催化性能等。

（3）从材料科学的角度，按沉积物的尺寸进行划分，轻合金的表面工程技术可以分为以下四种基本类型：

1）原子沉积。以原子、离子、分子和粒子集团等原子尺度的粒子形态在基体上凝聚，然后成核、长大，最终形成薄膜。被吸附的粒子处于快冷的非平衡态，沉积层中有大量结构缺陷。沉积层常和基体反应生成复杂的界面层。凝聚成核及长大的模式决定着涂层的显微结构和晶型结构。电镀、化学镀、溅射沉积等均属此类。

2）颗粒沉积。以宏观尺度的熔化液滴或细小固体颗粒在外力作用下于基体材料表面凝聚、沉积或烧结。涂层的显微结构取决于颗粒的凝固或烧结情况，如喷涂等。

3）整体覆盖。欲涂覆的材料于同一时间施加于基体表面，如涂刷等。

4）表面改性。用离子处理、热处理、机械处理及化学处理等方法处理表面，改变材料表面的组成及性质，如化学转化等。

1.2.2　轻合金表面技术的主要内容

随着科技不断发展，轻合金表面技术不断地推陈出新，下面仅就一些常见的表面技术做简单介绍。

（1）电镀与电刷镀。利用电解作用，使具有导电性能的工件表面作为阴极与电解质溶液接触，通过外电流的作用，在工件表面沉积形成与基体牢固结合的镀覆层。这种镀层主要是各种金属和合金，主要有锌铜、镍铁、锌镍等合金镀层，以及锌、铜、镍、铬、银、金和铁等单金属镀层。电镀方式也有多种，有槽镀如挂镀、吊镀、滚镀、刷镀等。电镀在工业上应用很广泛。电刷镀是电镀的一种特殊方法，又称接触镀、选择镀、涂镀、无槽电镀等。其设备主要由电源、刷镀工具（镀笔）和辅助设备（泵、旋转设备等）组成，是在阳极表面裹上棉花或涤纶棉絮等吸水材料，使其吸饱镀液，然后在作为阴极的零件上往复运动，使镀层牢固沉积在工件表面上。它不需将整个工件浸入电镀溶液中，所以能完成许多槽镀不能完成或不容易完成的电镀工作。

（2）化学镀。它是在无外电流通过的情况下，利用还原剂将溶液中的电解质金属离子化学还原在工件的表面，生长出与基体紧密牢固结合的镀覆层。需要镀层的工件可以是非金属，也可以是金属及合金，但主要是金属和合金，一般最常用的是镍和铜元素镀层。

（3）涂装。它是用一定的方法将涂料涂覆于工件表面而形成涂膜的全过程。涂料属于有机混合物，其成分一般由成膜物质、颜料、溶剂和助剂组成，可以涂装在各种金属、陶瓷、木材及玻璃等结构复杂的制品上。涂膜层具有保护、装饰或满足特殊需求的功能，应用广泛。

（4）化学转化膜。化学转化膜的实质是金属处在特定条件下人为控制的腐蚀产物，即金属与特定的腐蚀液接触并在一定条件下发生化学反应，进而形成能保护金属不易受腐蚀介质影响的镀层。它是由金属基体直接参与成膜反应而生成的，因而膜与基体的结合力比电镀层要好得多。目前工业上常用的有铝和铝合金的阳极氧化、铝和铝合金的化学氧化、钢铁氧化处理、钢铁磷化处理、铜的化学氧化和电化学氧化、锌的铬酸盐钝化等。

（5）磁控溅射沉积。它是将工件放入真空室，并用正离子轰击作为阴极的靶（镀膜材料），使靶材中的原子、分子逸出，飞至工件表面凝聚成膜。溅射粒子的动能约 10eV，为热蒸发粒子的 100 倍。按入射正离子来源不同，可分为直流溅射、射频溅射和离子束溅射。入射正离子的能量还可用电磁场调节，常用值为 10eV 能量。溅射镀膜的致密性和结合强度较好，基片温度较低，但成本较高。

随着人们对材料使用要求的不断提高，单一的表面技术因有一定的局限性而往往不能满足需要。因此，表面工程技术领域的一个重要的发展趋势是通过综合运用两种以上表面技术的复合表面处理技术，来满足特殊的功能性需求。目前已开发的一些复合表面处理，如化学热处理与电镀复合等，已经取得良好效果。

1.3　表面工程技术的作用

表面工程技术的作用主要有：

（1）减轻金属表面腐蚀，降低经济损失，提高设备使用的安全性。金属材料及其制品的腐蚀一般都是从材料表面、亚表面或因表面因素而引起的，它们带来的破坏和经济损失是十分惊人的。据统计，由腐蚀引起的损失已远超过自然灾害所带来的损失总和。以工业生产车间的关键设备腐蚀为例，发电厂一台锅炉管子被腐蚀损坏，却能造成制造业工厂车间停产；在石油领域，常减压蒸馏装置的腐蚀会使重馏分油铁离子含量偏高，从而导致加氢裂化装置压力降过大，被迫提前更换昂贵的催化剂。2021年，中国腐蚀总成本超过2.3万亿元，约占当年国内生产总值的1.74%，相当于平均每个中国人当年承担1627.7元的腐蚀成本。均匀腐蚀一般进展缓慢，危害性不大，但一些局部腐蚀如孔蚀等常是突发性的，极易引起安全事故。据统计，化工厂设备破坏造成的安全事故60%是由腐蚀引起的。

材料腐蚀是材料受环境介质的化学作用或电化学作用而引起的变质和破坏的现象。按腐蚀反应进行的方式分为化学腐蚀和电化学腐蚀，前者发生在非离子导体介质中，后者发生在具有离子导电性的介质中。按材料破坏特点分为全面腐蚀、局部腐蚀和应力作用下的腐蚀断裂。按腐蚀环境又分为微生物腐蚀、大气腐蚀、土壤腐蚀、海洋腐蚀和高温腐蚀等。通常，腐蚀控制可以根据使用的环境，正确地选用材料组成；或者改变产品的结构设计和工艺设计，也能减少产品在生产和流通等环节中的腐蚀行为；同时，采用电化学保护方法，包括阴极保护和阳极保护技术同样可以起到施加保护的作用；此外，对产品进行涂层处理也是重要的解决思路，包括金属涂层和非金属涂层。综合来看，施加涂层保护是最常见的防腐技术之一。通过表面处理技术在工件表面施加涂层如采用电镀、涂装可隔绝腐蚀环境与基体的接触，延长材料的服役寿命。

另外，磨损及疲劳断裂等重要损伤造成的损失也非常大。采用表面改性、涂覆、薄膜及复合处理等工艺技术，加强材料表面防护，提高材料表面性能，控制或防止表面损坏，可延长设备、工件的使用寿命，获得巨大的经济效益。

（2）为信息技术、航天技术、生物工程等高新技术的发展提供技术支撑[10-12]。手机上的集成电路、激光盘、电视机的屏幕、计算机内的集成块等均依赖表面改性、薄膜或涂覆技术才能实现。随着航空航天飞行器的进步，对飞机、发动机及航天飞行器等结构部件的性能要求越来越高，包括要满足复杂（高空、高速、急剧变化）、严酷（高温、高湿、大载荷、海洋盐雾、酸雨等）的服役环境要求，因此，航空航天零部件的表面必须具有更加优良的涂镀层才能满足这种要求，为获得这些功能涂镀层，就必须在飞机等零件表面进行喷涂、电镀、阳极氧化等表面处理，或者说通过一定的表面处理技术，使零件表面获得所需要的耐腐蚀、耐磨等功能要求。此外，据报道镁合金是一种可降解且具有良好的生物学性质及力学性能的生物材料，现已作为人体骨骼修复的关键材料被广泛地应用于人体，但降解速率过快限制了其临床应用。这就需要通过各种表面处理对镁合金的腐蚀速率进行控制，包括表面处理、合金化和提高纯度及复合材料等方法，其中表面处理因其独特的优点而备受推崇。常用的医用镁合金的表面处理方式有化学转化、微弧氧化及阳极氧化等工艺。

（3）实现可持续发展。地球上的资源是有限的，节约资源是人类利益的诉求。这就要求利用表面工程技术，使资源丰富的材料表面获得它本身没有而又希望具有的特殊性能，达到节约材料和节省能源的总需求，这是实现材料可持续发展的重要措施。

（4）获得特殊功能。根据需要可赋予材料及其制品绝缘、导电、阻燃、红外吸收及防辐射、吸收声波、吸声防噪、防玷污性等多种特殊功能，例如铝及铝合金通过阳极氧化处理，可以获得各种功能性材料，正在开发中的功能器件的功能有电磁功能、传感功能、特殊光学功能和抗氧化功能等。

（5）装饰功能。随着人们生活水平的提高及工程美学的发展，表面工程在金属及非金属制品表面装饰作用也更引人注目，如镁合金表面的微弧氧化、阳极氧化等都可以获得具有装饰性的表面。

1.4 轻合金表面工程技术的发展趋势

轻金属合金因其独特的性能优势，已被广泛应用于国计民生的多个关键领域，这对发展高新技术、改造传统产业、增强综合国力等起着重要的作用。多年来，科技部一直高度重视轻金属合金材料的基础研究与技术创新。"十三五"期间，国家重点研发计划启动实施了"重点基础材料技术提升与产业化"和"材料基因工程关键技术与支撑平台"等重点专项，同时也支持了"低成本高耐蚀钛及钛合金管材与高品质钛带制造技术开发及应用""高性能铝合金大规格板带材制造与应用技术""高性能镁/铝合金高品质铸件制备技术""航空用先进钛基合金集成计算设计与制备"等轻金属合金相关领域项目，并且融合高通量计算、高通量实验、专用数据库三大技术，变革材料研发理论和模式，实现轻金属合金材料的研发向新的智能模式转变。在"十四五"期间，国家重点研发计划已启动"先进结构与复合材料"重点专项，部署了"轻质高强金属及其复合材料"任务方向，围绕航空航天、军事装备、车辆交通、海洋工程、电子信息等高端装备轻量化制造对轻质高强金属及其复合材料提出的迫切需求，重点发展高强韧、耐高低温、耐蚀钛合金，先进铝合金及其大规格复杂构件制备技术，高性能镁合金，金属基复合材料设计制备与应用，结构复合材料设计成型与应用。通过"基础研究—关键技术攻关—应用技术研究—典型应用示范"全链条设计，攻克材料成分创新设计、组织-性能协同调控、服役行为及大规格材料先进制备与应用技术等基础理论和关键技术，建立产品工业化批量生产标准和技术规范，建成产学研用紧密结合的从材料研发到工程应用的技术创新体系。

轻合金的表面处理技术在 21 世纪科学技术总体水平和经济发展上将还会作

出巨大贡献，主要表现为以下几个方面：

（1）表面处理新技术不断涌现。随着现代科技的进步与发展，传统的表面技术也在不断发展中得到创新和提升。以镁合金的表面处理技术为例，其表面处理的关键工艺已取得一些重大的进展，如电镀、化学镀、化学氧化、微弧氧化等技术。随着研究的深入，更先进的镁合金表面处理工艺不断涌现，这是传统表面处理技术与新兴材料有效的有机结合，如沉积复合膜层或运用先进的设备制备各种功能性涂层。尽管这些尝试还不成熟，但它提供了一种技术演进的思路，并促进了镁合金表面处理技术的发展。硅烷化处理是一种在钢铁材料领域得到广泛应用的表面处理技术，然而此方法被应用在镁合金表面处理领域后，具有这种镀层的 AZ31 镁合金基体获得了显著的功能特性。在汽车和摩托车等制造业中，镁合金汽车轮毂需要进行表面处理以提高其表面耐磨性和硬度，阴极多弧离子镀膜和化学镀层技术可以在镁合金表面形成这种满足需求的功能性涂层，尽管这种工艺还需要克服一些存在的问题[13-14]。

（2）研究复合表面技术。在单一表面技术发展的同时，综合运用两种或多种表面技术的复合表面技术有了迅速的发展。复合表面技术通过多种工艺或技术的协同效应使工件材料表面体系在技术指标、可靠性、寿命、质量和经济性等方面获得最佳的效果，克服了单一表面技术存在的局限性，解决了一系列工业关键技术和高新技术发展中特殊的技术问题。强调多种表面工程技术的复合，是表面工程的重要特色之一。复合表面工程技术的研究和应用已取得了重大进展，例如，有研究在镁合金阳极氧化后，在它的表面涂抹派拉纶，并在孔洞中填充聚合物，使其在镁合金的表面变成更具有表面保护性能的保护膜，从而增加镁合金的抗腐蚀能力，能更好地适应环境[15]；还有研究针对轻金属材料的耐蚀性和耐磨性等性能问题，研发出一种用于铝镁合金表面处理的复合氧化技术，该工艺主要通过在金属表面特殊处理而生成含有纳米锆、钛、铁、高分子树脂的复合膜[16]。

（3）完善表面工程技术设计体系。表面工程技术设计是针对主要的工况条件和设计寿命的要求，综合分析可能的失效形式与工艺水平，合理选择涂层材料及工艺。针对实际需求，个别企业针对自己的工程要求已经开发出了设计步骤与程序，但局限性很大。目前，继续建立大型的表面工程数据库，建立起材料成分与服役性能的对应逻辑关系，然后逐步建立和完善表面工程技术设计体系。如果要达到这个目标，必须集合全行业的力量，通过统一的协调管理，做到实现资源共享、成果共享。

（4）开发多种功能涂层。表面工程的主要任务是通过表面合理地处理工艺实现延长零件和构件的使用寿命。此外，根据生活的需要，还发展出一些特殊的表面功能镀层要求，如镁合金表面超疏水涂层。轻量化设计可有效减轻飞行器的自身重量，隐身技术是提高武器系统生存、突破能力的有效手段，二者已经成为军事装备领域中的首要高新技术，实现两者一体化设计，对于提高我国国防实力有极其重要的战略意义。镁及镁合金上涂敷吸波涂层，为轻量化和隐身功能一体化实现了可行的路径；采用阳极氧化的表面处理技术改善轻金属摩擦打火的缺陷，制备出一种耐磨性良好的多孔金属氧化物涂层，以防止碰撞和摩擦点火等。此外，隔热涂层、降噪涂层及金属染色技术等也有广泛的用途。

（5）研究表面处理技术基础理论。在材料的腐蚀与防护研究方面，针对大气环境、海洋环境腐蚀和工业传输中的腐蚀等，科学家们从结构、材料到维护提出了一整套表面保护和功能化的措施。表面技术在零件表面上制备涂覆层，已经建立起了涂覆层与基体的结合强度等力学性能逻辑关系。对于厚度大于 0.15mm 的镀层或涂覆层，还可以用传统的机械方法进行测试，当涂覆层厚度小于 0.15mm 时，传统的机械方法已无能为力。近年来，一些学者用划痕法、纳米压入法、基片弯曲法等思路和手段对薄膜的结合强度和应力行为进行了深入研究，并取得了显著的进步，但要达到相对严密成熟的评价体系尚有较大差距。

（6）扩展材料应用领域。镁合金虽然是汽车、通信和电子等行业理想的功能或结构材料，但其存在的一些缺陷极大地限制了它的潜在应用范围。在航空航天领域中，EZ33、WE43 稀土镁合金已被广泛地应用于新型航空发动机齿轮箱和直升机的变速系统中，其中 Magnesium Elektron 公司生产的 WE43B 合金抗拉强度达到 290MPa，屈服强度最高可达 215MPa，可在振动及沙尘等恶劣环境下服役。我国已开发出在航空航天中应用较为成熟的镁合金系列，如 ZM2、ZM3、ZM4、ZM5、ZM6 及 ZM9 等。非稀土铸造镁合金耐高温的强度不高，应用范围主要是飞行器上的低承受力结构零件，如飞机轮毂、飞机蒙皮和舱体等。稀土镁合金较之常用镁合金，在结构减重的效果下具备更好的综合力学性能与耐热性[17]。钛合金具有较低的弹性模量、优异的耐腐蚀性能和生物相容性等特点，具备生物医用材料所需的优异性能，可以大量用作人体植入物来修复和替代人体硬组织。随着医学技术的提高，平均寿命延长，人们需开发具有较长使用寿命和优异生物相容性的钛合金材料[18-19]。

（7）实现环保发展。从宏观上讲，表面处理在节能、省材、环境保护方面有重大效能，但是对具体的表面技术，如涂装、电镀等均有"三废"的排放问题，仍会造成一定程度的污染。对于钛及钛合金，为提高其使用性能，需要在其表面进行转化膜处理，长期以来多采用毒性大的铬酸盐和氟化物等进行处理，严重污染环境，随着科技的进步与人们环保意识的增强，环保型稀土转化膜及硅烷转化膜技术得到了迅速发展[20]。镁合金的阳极氧化也正在向无铬环保方向发展，如硅酸盐-铝酸盐体系、硅酸盐-硼酸盐体系、铝酸盐-硼酸盐体系及有机羧酸盐体系等[21]。铝合金化学氧化工艺发展至今，有些转化膜如稀土金属转化膜、Ti-Zr 基转化膜的耐蚀性已经接近六价铬化学转化膜的耐蚀性，但化学氧化工艺复杂且成膜效率较低。三价铬转化膜更环保，其耐蚀性不弱于六价铬转化膜的耐蚀性，是最有希望替代六价铬化学氧化的环保型化学氧化工艺[22]。当前，表面工程领域正在逐步实现封闭循环，达到零排放，实现"三废"综合利用的目标。总的来看，表面行业在降低对环保负面效应方面，仍是任重道远。

2 电镀及化学镀

<<<<<<<<<<<<<<<<<<<<<<<<<<<<<<<<<<<<<<<<<<<<<<<<<<<<<<<<<<<<<<<<<<<<<<<<<

2.1 概　　述

电镀是利用电化学的方法将金属离子还原为金属，并沉积在金属或非金属制品表面上，形成符合要求的平滑致密的金属覆盖层的一种表面工艺，其实质是给各种制品穿上一层金属"外衣"，这层金属"外衣"就叫做电镀层，它的性能在很大程度上取代了原来基体的性质，其应用范围遍及工业、农业、军事、航空、化工和轻工业等领域。

概括起来，根据需要进行电镀的目的主要有三个：

（1）提高金属制品的耐腐蚀能力，赋予制品表面装饰性外观。电镀是一种有效提高金属耐腐蚀性能的手段之一，也是采用的最主要的手段之一。随着现代科技的发展，金属制品和部件越来越多，而且大多数外露于周围环境中，因此，为了防止金属制品腐蚀所需要的电镀层的数量很大。当前，人们对以防护制品免遭腐蚀为目的的镀层又提出了一定装饰要求，此外，有些专以装饰为目的的镀层，也必须具有一定的防护性能。所以说镀层的装饰性和防护性是分不开的。

（2）赋予制品表面某种特殊功能，例如提高硬度、耐磨性、导电性和抗高温氧化性，减少接触面的滑动摩擦，增强反光能力，防止射线的破坏等[23-24]。随着科学技术的不断发展，新的交叉学科不断涌现，对材料性能的要求也提出了许多新的特殊要求。在许多情况下，往往只需要一个符合性能要求的表面层就可以解决对材料的性能需要。

（3）提供新型材料，以满足当前科技与生产发展的需要，例如制备具有高强度的各种复合材料、合金、非晶态材料及纳米材料等[25-27]。在金属材料中加入具有高强度的第二相，可使结构材料的强度显著提高。例如，用70%体积的镍和30%体积的碳化硅颗粒制备的复合镀层，其耐磨性能较纯镍镀层要高很多。制备金属基复合材料的方法有很多种，与其他方法相比，电镀工艺设备简单，操作较容易控制，不需高温、高压、高真空等繁难技术，而且能源消耗低。所以，电镀法制备新型材料有着广阔的前途，在当前新技术的发展与应用中有重大的意义。

在19世纪后期，受益于发电机的广泛应用，电镀工业得到了蓬勃发展，使许多需要提高耐磨和耐蚀性能的机械结构部件、工具及零部件得到处理，零部件的外观和寿命得到了改善。两次世界大战和不断发展的航空业推动了电镀的进一步发展和完善，包括镀硬铬、铜合金电镀、氨基磺酸镀镍及其他许多电镀过程。电镀设备也从以前的手动操作的沥青内衬木制槽发展到全自动化设备，每小时能处理成千上万千克的零部件。后来，美国物理学家 Richard Phillips Feynman 将金属电镀应用到塑料电镀，使其成为塑料表面装饰及防护涂层制备的主要手段之一[28-29]。

2.1.1　电镀分类

电镀的分类方法有很多种，例如按镀层的成分划分的话，可以分为单一金属电镀、合金电镀、复合电镀三大类，以下对上述三种电镀技术进行讨论。

（1）单一金属电镀。仅沉积一种元素金属镀层材料的工艺被称为单一金属电镀。该工艺发展至今已有 170 多年历史，元素周期表上已有 33 种可从水溶液中电沉积制取。常用的有电镀锌、镍、铬、铜、锡、铁、钴、镉、铅、金、银等十余种。

（2）合金电镀。在一个镀槽中，同时沉积两种或两种以上金属元素镀层的技术称为合金电镀。合金电镀与单一金属电镀出现的时代相同。由于合金电镀比单一金属电镀复杂和困难，直到 20 世纪 20 年代，合金镀层还很少能真正应用于工业生产。但随着工业的发展，加上合金镀层具有单一金属镀层所不能达到的一些优良性能，合金电镀工艺也不断得到发展，各种合金镀层已在电子、金属和表面处理工业中被广泛应用，大量的二元和三元合金被用于微细加工或表面涂层。合金电镀允许为特定应用获得定制的性能，但与单一金属电镀相比，它需要更严格地控制沉积条件，随着对改善功能性能（如磁性）需求的日益增长和环境压力下一些金属的替代（如铅、铬），合金电镀的重要性在未来将会更加凸显。到目前已研究过的电镀合金体系已超过 240 多种，在工业上获得应用的有 40 多种，比单金属镀层种类多，如 Zn-Sn、Pb-Sn、Zn-Cd、Ni-Co、Ni-Sn、Cu-Sn-Zn 合金等[30-32]。

（3）复合电镀。复合电镀又称分散电镀、镶嵌电镀，是近年来发展起来的一项新技术，是用电镀的方法使金属（如 Ni、Cu、Ag、Co、Cr 等）与固体颗粒（如 Al_2O_3、SiC、ZrO_2、WC、SiO_2、BN、Cr_2O_3、Si_3N_4、B_4C 等）共沉积所需镀层的一种工艺。从单一金属复合电镀发展到合金复合电镀，从添加微米级粒子复合电镀发展到加入纳米微粒的复合电镀，这是电镀工业技术发展的显著趋势。目前，复合电镀已成为复合材料中的一支新军，广泛应用于航空、电子、化工、冶金、核能等工程技术领域。

（4）特种电镀。该工艺是采用专用设备和特定的水性化学原材料，应用化学反应的原理，通过直接喷涂的方式形成电镀层，被喷物体表面呈现铬色、镍色、沙镍、金、银、铜及各种色彩渐变色等镜面高光效果。特种电镀包括电刷镀、流镀、脉冲电镀、电铸等。

2.1.2 电镀设备

2.1.2.1 电源

电镀是在电流的作用下，溶液中的金属离子在阴极还原并沉积在阴极表面的过程。所以，在基体表面制备电镀层就必须具备能够提供电流的电源设备。用直流电向电镀槽供电时，多数工厂使用低压直流发电机和各种整流器。大多数的电镀设备都使用电压为 6~12V 的不同功率的电源。只有铝及其合金在阳极氧化时需要电压为 60~120V 的直流电源。电镀槽电流的供给也是多样的，若必须使电流密度保持在一定的范围，最好用单独的电源向镀槽供电，也可以用一个电源向几个镀槽供电。

直流发电机具有使用可靠、输出电压稳定、直流波形平滑等工艺特性，但因其耗能较大、噪声高，使用受到限制，并逐渐被淘汰。应用在电镀上的整流器有硅整流器、可控硅整流器等。整流器应具有转换率高、调节方便、维护简单，噪声小、无机械磨损等特点，并可直接安装在镀槽旁，节约了导电金属材料。

近年来，随着现代科技的迅速发展，电镀技术有了巨大的飞跃，尤其是电镀工艺与诸多物理因素，如磁场、声场、温度和振动等得到有机结合，镀层质量和电镀效率取得显著的改善。所有这些变化，对电镀设备及其相关的配套装置和元器件的性能、质量和品种提出了新的更加严格的要求。随着电镀技术的发展，先后出现了许多特种电镀技术。这些电镀技术都需要有专门的电镀电源，这些电源有些是在传统的电源上做一些改进，有些是具有新的特点的电源，比如脉冲电源、电刷镀电源等。

2.1.2.2 挂具

挂具在工艺中的主要作用是固定镀件和传导电流。设计挂具的基本要求是：有良好导电性和化学稳定性；有足够机械强度，保证装夹牢固；装卸方便；非工作部分做绝缘处理。

挂具的结构有多种，既有通用型挂具，也有专用挂具，尤其是对复杂形状的镀件常需专门设计。设计挂具时要考虑镀件形状、大小、设备能力和生产流程，在满足对挂具基本要求的前提下，选择既经济又实用的材料，达到降低生产成本的目的[33-34]。通常在外形尺寸上要求挂具顶部距液面不小于 50mm，挂具底部距槽底 100~200mm，挂具与挂具之间 20~50mm。

挂具一般由吊钩、提杆、主架、支架和挂钩五部分组成，如图 2-1 所示。

挂具的吊钩与极棒相连，同时具有承重和导电作用，所以吊钩材料应有足够的机械强度和导电性。此外，吊钩与极棒应有良好的接触。挂具的非导电部位用绝缘材料包扎或涂覆。要求绝缘材料有化学稳定性、耐热和耐水性。涂层与挂具应结合牢固，涂层坚韧致密。

2.1.2.3　电镀槽

镀槽是电镀所用的主要工艺槽。常用镀槽的大小、结构和材料等都有多种类型。镀槽的大小主要由生产能力与操作方便性决定。镀槽结构设计既要保证有足够的机械强度，同时要考虑与辅助设备方便而有效的连接。镀槽材料的选用要符合工艺条件及其用途，并且尽可能保证成本低，适应性广。

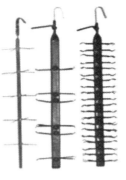

图 2-1　电镀挂具

2.1.3　电镀基本过程

以镀镍为例介绍电镀的基本过程。首先是将零件浸在金属盐（如 $NiSO_4$）的溶液中作为阴极，金属板作为阳极，接通电源后，在零件表面就会沉积出金属镀层。图 2-2 为电镀过程的示意图。例如在硫酸镍电镀溶液中镀镍时，阴极上发生镍离子得电子还原为镍金属的反应，这是主要的电极反应，其反应式为：

$$Ni^{2+} + 2e \longrightarrow Ni \tag{2-1}$$

另外，镀液中的氢离子也会在阴极表面发生还原为氢的副反应：

$$2H^+ + 2e \longrightarrow H_2\uparrow \tag{2-2}$$

析氢副反应可能会引起电镀零件的氢脆，造成电镀效率降低等不良后果。

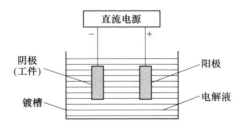

图 2-2　电镀基本过程示意图

在镍阳极上发生金属镍失去电子变为镍离子的氧化反应：

$$Ni \longrightarrow Ni^{2+} + 2e \tag{2-3}$$

有时还有可能发生如下的副反应：

$$4OH^- \longrightarrow 2H_2O + O_2 + 4e \tag{2-4}$$

在电镀过程中，电极反应是电流通过电极-溶液界面的必要条件。因此，阴极上的还原沉积过程由以下几个环节构成：金属离子通过电迁移、对流、扩散等形式到达阴极表面附近；金属离子在阴极附近或表面发生化学转化；金属离子从阴极表面得到电子还原成金属原子；金属原子沿表面扩散到达生长点进入晶格生长，或与其他离子相遇形成晶核长大成晶体。在形成金属晶体时又分晶核形成和晶核长大两个步骤进行。晶核的形成速度和成长速度决定所得到镀层晶粒的粗细。

电结晶是一个有电子参与的化学反应过程，需要有一定的外电场的作用。在平衡电位下，金属离子的还原和金属原子的氧化速度相等，金属镀层的晶核不可能形成。只有在阴极极化条件下，即比平衡电位更负的情况下才能生成金属镀层的晶核。为了产生金属晶核，需要一定的过电位。电结晶过程中的过电位与一般结晶过程中的过饱和度所起的作用相当。而且过电位的绝对值越大，金属晶核越容易形成，越容易得到细小的晶粒。

并非所有金属离子都能从水溶液中沉积出来，若在阴极上氢离子还原为氢的副反应占主要地位，则金属离子难以在阴极上析出。金属离子是否可以从水溶液中沉积出来，可在元素周期表中找出规律，见表2-1。

表 2-1　金属自水溶液中电沉积的可能性

族	IA	IIA	IIIB	IVB	VB	VIB	VIIB	VIIIB			IB	IIB	IIIA	IVA	VA	VIA	VIIA	O
周期 3	Na	Mg											Al	Si	P	S	Cl	Ar
4	K	Ca	Sc	Ti	V	Cr	Mn	Fe	Co	Ni	Cu	Zn	Ga	Ge	As	Se	Br	Kr
5	Rb	Sr	Y	Zr	Nb	Mo	Tc	Ru	Rh	Pd	Ag	Cd	In	Sn	Sb	Te	I	Xe
6	Cs	Ba	La	Hf	Ta	W	Re	Os	Ir	Pt	Au	Hg	Tl	Pb	Bi	Po	At	Rn
电沉积可能性	可自水溶液获得汞齐沉积		从水溶液中难以或不能获得纯态沉积			自水溶液中可以电沉积					自络合物溶液中可以电沉积						非金属	

由表2-1可知，能够从水溶液中电沉积的金属主要分布在铬分族以右的第4、5、6周期中，大约有30种。铬分族本身的 Mo 及 W 需要在其他元素的诱导下发生沉积。必须指出，这种分界不是绝对的，如电镀合金，或在有机溶剂及熔融盐中沉积金属，就会出现不同的结果。

2.1.4　电镀电极

2.1.4.1　阳极

电镀时发生氧化反应的电极为阳极，它有不溶性阳极和可溶性阳极之分。不溶性阳极的作用是导电和控制电流在阴极表面的分布；可溶性阳极除了有这两种作用外，还具有向镀液中补充放电金属离子的作用。后者在向镀液补充金属离子时，最好是阳极上溶解到溶液的金属离子的价数与阴极上消耗掉的相同，一般都采用与镀层金属相同的块体金属作可溶性阳极。如酸性镀锡时，阴极上消耗掉的是 Sn^{2+}，要求阳极上溶解入溶液的也是 Sn^{2+}；在碱性镀锡时，阴极上消耗掉的是 Sn^{4+}，要求阳极上溶解入溶液的也是 Sn^{4+}。同时还希望阳极上溶解入溶液中的金属离子的量与阴极上消耗掉的基本相同，以保持主盐浓度在电镀过程中的稳定。阳极的纯度、形状及它在溶液中的悬挂位置和它在电镀时的表面状态等对电镀层质量都有影响。

2.1.4.2　阴极

在电镀过程中的阴极为欲镀零件。电镀过程是发生在金属与电镀液相接触的界面上的电化学反应过程。要想使反应过程能够在金属表面顺利进行，必须保证镀液与制品基体表面接触良好，也就是说基体表面不允许有任何油污、锈或氧化皮，同时基体表面还应力求平整光滑，这样才能使镀液很好地浸润基体表面，才能使镀层与基体表面结合牢固。由于轻金属制品的材料种类很多，其原始表面状态也是各式各样的。因此，必须根据具体情况，在电镀前正确地选择与安排预处理工序及操作顺序[35-39]。轻金属制品镀前常用的预处理工艺可以分为以下几种：

（1）机械处理。主要用于对粗糙表面进行机械整平，清除表面一些明显的缺陷。包括磨光、机械抛光、滚光、喷砂等。

磨光是利用粘有金刚砂或氧化铝等磨料的磨轮在高速旋转下以 $10\sim30m/s$ 的速度磨削金属表面，除去表面的划痕、毛刺、焊缝、砂眼、氧化皮、腐蚀痕和锈斑等宏观缺陷，提高表面的平整程度。根据要求，一般需选取磨料粒度逐渐减小的几次磨光。磨光轮按照其本身材料的不同可以分为硬轮和软轮两类。如零件表面硬、形状简单或要求轮廓清晰时用硬轮（如毡轮），表面软、形状复杂的则宜用软轮（如布轮）。

抛光是用抛光轮和抛光膏或抛光液对零件表面进一步轻微磨削，以降低零件表面的粗糙度。抛光轮转速较磨光轮更快。抛光轮分为非缝合式、缝合式和风冷布轮。一般形状复杂或最后精抛光的零件用非缝合式，形状简单的零件用缝合式，大型平面、大圆管零件用风冷布轮。

滚光是零件与磨削介质（磨料和滚光液）在滚筒内低速旋转而滚磨出光的过程，常用于小零件的成批处理。滚筒多为多边桶形。滚光液为酸或碱中加入适量乳化剂、缓蚀剂等组成的混合液。常用磨料有钉子头、石英砂、皮革角、铁砂、贝壳、浮石和陶瓷片等。

喷砂是用净化的压缩空气将砂流喷向金属制件表面，在高速砂流强力的撞击下打掉其表面污垢物。喷砂是为了除掉金属零件表面的毛刺、氧化皮、旧油漆层及铸件表面上的熔渣等杂质。工业生产上进行喷砂主要是手工操作和半自动化操作。常用的喷砂机有吸入式和压力式。吸入式设备简单，但效率低，适用于小零件。压力式喷砂机用于大中型零件的大批量生产，适用性广、效率高。应用最多的砂料是石英砂（二氧化硅），它虽然容易粉化，但不污染零件。铝矾土（氧化铝）喷砂不易粉化，劳动条件好，砂料还可以循环使用。人造金刚砂因价格过于昂贵而较少使用。

（2）化学处理。它是在适当的溶液中，利用零件表面与溶液接触时所发生的各种化学反应，除去零件表面的油污、锈及氧化皮。其过程包括除油与浸蚀两个阶段。金属制品经过各种加工处理后，其表面不可避免地黏附一层油污。如机械加工过程中使用的润滑油、半成品在库存期间所涂的防腐油，以及在磨、抛光过程中沾带的抛光膏和人手上的分泌物等。这些油污包括矿物油、动物油和植物油。根据油污的不同性质，可以选择不同的除油剂。一般来说除油剂是各种化学试剂的混合物，配方比较多，但主要的化学物质大致相同。现在市面上有很多针对不同零件的专用除油剂出售。

（3）超声波处理。主要指在超声波场作用下给零件进行的除油或清洗过程，主要用于形状复杂或对表面处理要求极高的零件。实践证明，电镀生产中出现的质量问题有很多并不是由电镀工艺本身引起，而是由镀前处理不当引起的。金属电镀前的表面处理是大多数电镀工艺中的关键步骤，正确的预处理可有效提高电镀产品的质量[40]。由于预处理不当引起质量问题的例子有很多，不仅造成了浪费也耽误了工时，因此，必须严格执行电镀技术规范中对镀前处理的要求。

2.1.5　电镀溶液

电镀是在电镀溶液中进行的。不同的镀层金属所使用的电镀溶液的组成多种多样，即便是同一种金属镀层所采用的电镀溶液也可能差别很大。不管是什么样的电镀液，配方都大致由以下几部分组成：主盐、络合剂、导电盐、缓冲剂、稳定剂、阳极去极化剂及添加剂等，它们各有不同的作用，下面分别介绍。

（1）主盐。能够在阴极上沉积出所要求的镀层金属的盐称为主盐，如电镀镍时的硫酸镍、电镀铜时的硫酸铜等。根据主盐性质的不同，可以将电镀液分为简单盐电镀溶液和络合物电镀溶液两大类。简单盐电镀溶液中主要金属离子以简单离子形式存在（如 Cu^{2+}、Ni^{2+} 和 Zn^{2+} 等），其溶液都是酸性的。在络合物电镀溶液中，因含有络合剂，主要金属离子以络离子形式存在（如 $[Cu(CN)_3]^{2-}$、$[Zn(CN)_4]^{2-}$ 和 $[Ag(CN)_2]^-$ 等），其溶液多数是碱性的，也有酸性的。

（2）导电盐。能提高溶液的电导率而对放电金属离子不起络合作用的物质。这类物质包括酸、碱和盐，由于它们的主要作用是用来提高溶液的导电性，习惯上通称为导电盐。如酸性镀铜溶液中的 H_2SO_4，氯化物镀锌溶液中的 KCl、NaCl 及氰化物镀铜溶液中的 NaOH 和 Na_2CO_3 等。

（3）络合剂。在溶液中能与金属离子生成络合离子的物质称为络合剂。如氰化物镀液中的 NaCN 或 KCN，焦磷酸盐镀液中的 $K_4P_2O_7$ 或 $Na_4P_2O_7$ 等。

（4）缓冲剂。缓冲剂是用来稳定溶液的 pH 值，特别是阴极表面附近的 pH 值。缓冲剂一般是弱酸或弱酸的酸式盐，如镀镍溶液中的 H_3BO_3 和焦磷酸盐镀液中的 Na_2HPO_4 等。任何一种缓冲剂都只能在一定的范围内具有好的缓冲作用，超过这一范围其缓冲作用将不明显或者完全没有缓冲作用，而且还必须有足够的量才能起到稳定溶液 pH 值的作用。缓冲剂可以减缓阴极表面因析氢而造成的局部 pH 值的升高，并能将其控制在最佳值范围内，所以对提高阴极极化有一定作用，也有利于提高镀液的分散能力和镀层质量。

（5）稳定剂。稳定剂主要用来防止镀液中主盐水解或金属离子的氧化，保持溶液的稳定。如酸性镀锡和镀铜溶液中的硫酸、酸性镀锡溶液中的抗氧化剂等。

（6）阳极去极化剂。在电镀过程中能够消除或降低阳极极化的物质，它可以促进阳极正常溶解，提高阳极电流密度。如镀镍溶液中的氯化物，氰化镀铜溶液中的酒石酸盐等。

（7）添加剂。添加剂是指那些在镀液中含量很低，但对镀液和镀层性能却有着显著影响的物质。近年来添加剂的发展速度很快，例如，有学者研究了通过电镀添加剂使锂金属负极应用于电池技术等[41]。添加剂在电镀生产中占的地位越来越重要，种类越来越多，而且越来越多地使用复合添加剂来代替单一添加剂。按照它们在电镀溶液中所起的作用，大致可分为光亮剂、整平剂、润湿剂、应力消除剂、镀层细化剂、抑雾剂、无机添加剂等几类。

2.1.6　镀层质量的影响因素

金属镀层基本质量要求是镀层致密无孔，厚度均匀一致，镀层与基体结合牢固。影响镀层质量的主要因素有以下几个方面：

（1）基体金属性质。镀层与基体金属的结合是否良好，与基体金属的化学性质及晶体结构有密切关系。若基体金属的电位负于沉积金属的电位，获得的镀层结合力就稍差，更甚者镀层无法沉积。对于易钝化的基体或中间层（如金属铝等），若不采取适当的活化措施，获得的镀层与基体金属的结合也不是很强。另外，当基体金属的晶体结构与沉积材料的晶体结构相匹配时，对于结晶初期的外延生长有较大帮助，有助于得到结合力高的镀层。

（2）镀件表面加工状态。镀件的表面状态对镀层质量影响较大，若其表面粗糙度较大，最终获得的镀层也会很粗糙；若表面多孔并存在裂纹，最终形成的镀层在这些区域会产生黑斑、鼓包、脱落等现象。镀件进行电镀前，需要对表面进行处理，使表面呈现出干净、具有活性的晶体表面，以获得良好的镀层。镀前处理不当会使沉积的镀层出现起皮、脱落、发花、鼓泡、毛刺等现象。

　　（3）电镀溶液。电镀溶液的组成及各部分的作用在前面已进行介绍。其成分与性质对最终形成的镀层质量的影响示例有：1）主盐浓度越高，导致浓差极化越小，降低了结晶形核的速率，使最终得到的组织较粗大；2）配离子会使阴极的极化作用加强，因此得到的镀层较致密；3）一些附加盐（如导电盐）除可提高镀液的导电性外，还能提高阴极极化能力，对获得细晶镀层有很大帮助；4）添加剂的作用有整平、光亮、消除内应力等，可改善镀层组织、表面形态及物理和化学性能；5）镀液的 pH 值会对氢的放电电位、碱性夹杂的沉淀及添加剂的吸附性等产生影响，其最佳值一般要通过实验测定。

　　（4）操作环境与电参数。操作环境对镀层质量的影响主要是温度与搅拌。当镀液的温度升高时，离子的扩散速度加快，浓差极化减少，离子与阴极表面活性得到增强，电化学极化显著降低，阴极反应速度加快，从而使阴极极化降低，镀层结晶变粗。此外，镀液温度的升高直接导致离子的运动速度加快，电流密度过大或主盐浓度偏低所造成的不良影响受到抑制。温度升高还可以增加镀层的韧性，提高沉积速度。实际生产中常采用加温措施，不同的镀液有不同的最佳温度范围。

　　搅拌可以使镀液的扩散速度增加，有效减薄扩散层，并补充阴极附近被消耗的金属离子，降低阴极极化，并导致镀层晶粒变粗。但是，搅拌能够提高电流密度，可以在较高的电流密度和电流效率下得到致密的镀层。搅拌的主要方式有机械搅拌、压缩空气搅拌等。其中，压缩空气搅拌只适用于那些不受空气中的氧和二氧化碳作用影响的酸性电解液。

　　电参数中主要是电流密度对镀层质量的影响。不同的镀液有对应的最佳电流密度范围，其大小的确定与镀液的组成和性质、操作环境等有关。通过增加主盐浓度、升温、搅拌等方法可以提升电流密度的上限值。当电流密度较低时，会使阴极极化作用减小，获得的镀层晶粒粗大，甚至无法形成镀层；当电流密度逐渐提高时，阴极极化的作用会逐渐增加，镀层结晶变得细致紧密。但若电流密度过高，镀层上会产生结瘤和枝状结晶，还可能会出现镀层烧焦的现象，即形成黑色的海绵状镀层。

　　（5）电化学反应。在电镀过程中大多数镀液的阴极反应都伴随着氢气的析出。在不少情况下析氢对镀层质量有恶劣的影响，主要有针孔或麻点、鼓泡、氢脆等现象。如当析出的氢气黏附在阴极表面上会产生针孔或麻点，当一部分还原的氢原子渗入基体金属或镀层中，使基体金属或镀层的韧性下降而变脆，叫氢脆。为了消除氢脆的不良影响，应在镀后进行高温除氢处理。

　　（6）镀后处理。镀后处理工艺有镀件的清洗、钝化、除氢、抛光及保管等，这都会继续影响镀层质量。此外，影响镀层质量的因素还有很多，具体某种因素对镀层质量的影响取决于镀件与环境[42-44]。当然，这些因素的影响不是孤立的，改变其中某一个参数很可能引起其他参数的联动变化，需要综合分析，找出内在的联系。

2.2 单一金属电镀

2.2.1 镀铜

铜是粉红色富有延展性的金属。质软而韧，易于抛光。铜具有良好的导电性和导热性。铜的化学稳定性较差，易溶于硝酸，也易溶于加热的浓硫酸中，但在盐酸和稀硫酸中溶解很慢。铜在空气中易氧化，尤其是在加热的情况下，会失掉本身的颜色和光泽。在潮湿空气中与二氧化碳或氯化物作用后，表面生成一层碱式碳酸铜或氯化铜薄膜，当受到硫酸作用时，将生成深褐色的硫化铜。

镀铜层常用于零件底镀层和其他镀层的中间层，以提高基体金属和表面镀层之间的结合力。铝及铝合金表面电镀铜后得到的铜包铝导体结合了铜的优良导电性和铝密度小的优点，扩大了铝及其合金的应用范围，但由于铝合金性质活泼，表面能在很短时间内形成一层氧化膜，影响镀层与基体的结合力，同时铝的标准电极电位很负，若直接电镀，易在电镀液中发生置换反应，形成疏松的置换层，并且因为铝的膨胀系数比绝大多数金属大，镀层易脱落，常对其采用沉积中间过渡层，例如，有研究通过在 A356 铝合金表面采用化学镀镍和电镀技术准备 Ni-Cu 复合涂层，来抑制脆性相的产生并增强使用复合铸件制造的 A356 铝/AZ91D 镁双金属的剪切强度，得到了结合牢固的铜镀层[45]。

可以用来电镀铜的电解液的种类很多，按电解液组成可分为氰化物电解液和非氰化物电解液两大类，非氰化物电解液又有硫酸盐镀液、焦磷酸盐镀液、氟硼酸盐镀液等。影响镀层质量的因素有溶液类型、电流密度、溶液温度、溶液搅拌程度、添加剂的性质和浓度等。

2.2.1.1 氰化物镀铜

氰化物镀铜自 1915 年投入工业应用，到 20 世纪 30 年代在工业部门得到了广泛使用。该电解液的优点是导电性好，分散能力和深镀性能好，镀层结晶细致，且镀层与基体的结合力好，操作简单，长期以来一直被用作工程或装饰饰面，以及其他电镀金属的底涂层，铝合金、镁合金等均可作为电镀基材。但氰化物镀铜的缺点是电解液的毒性大，生产过程中产生的废水、废气和废渣对环境污染严重，"三废"治理费用大，伴随着健康危害和废物处理问题，越来越多的人想要寻求一种环保的镀铜方案[46]。

A 镀液的组成及作用

氰化物镀铜镀液的组成及工艺条件见表 2-2。

表 2-2　氰化物镀铜镀液组成及工艺条件

镀液组成及工艺条件	配比 1	配比 2	配比 3	配比 4
氰化亚铜浓度/g·L⁻¹	30~50	50~70	80~120	18~25
氰化钠浓度/g·L⁻¹	40~60	65~90	95~140	25~35
氢氧化钠浓度/g·L⁻¹	10~20	15~20		
碳酸钠浓度/g·L⁻¹	20~30		25~35	10~15
酒石酸钾钠浓度/g·L⁻¹	30~60	10~20		20~30
硫氰酸钾浓度/g·L⁻¹		10~20		
硫酸锰浓度/g·L⁻¹		0.08~0.12		
pH 值				11.5~12.5
温度/℃	50~60	55~65	60~80	35~50
阴极电流密度/A·dm⁻²	1~3	1.5~3	1~11	1~2

（1）氰化亚铜。氰化亚铜是电解液中提供铜离子的主盐。氰化亚铜必须在氰化钠溶液中溶解，形成铜氰络离子。在实际生产中通常是控制金属铜的含量，在预镀溶液中铜与游离氰化物的比值为 1∶（0.5~0.7）。在含有酒石酸盐的镀液中，铜含量与游离氰化物的比值为 1∶（0.3~0.4）。铜含量低时，电流效率低，允许的电流密度也低。

（2）氰化钠。电镀液中的络合剂，与铜离子形成络阴离子。不同浓度的氰化钠，可以形成不同配位数的络离子。一般认为在氰化物镀铜电解液中络离子存在的主要形式为 $[Cu(CN)_3]^{2-}$，为得到这种络离子，氰化钠的量需为氯化亚铜量的 1.1 倍，此外多余部分的氰化钠称为游离氰化钠，游离氰化钠存在于镀液中，可使铜氰络盐稳定，增加阴极极化，防止阳极钝化，但其含量需要得到控制，当含量高时，阴极电流效率低，阴极上有大量的氢气析出，阳极发亮；当含量太低时，镀层发暗而成海绵状，阳极不能正常溶解，阳极表面形成淡青色的薄膜促成阳极钝化，同时溶液浑浊，严重时溶液呈浅蓝色。为保证镀铜工作正常进行，在电镀过程中应控制好铜和氯化钠的比例。

（3）氢氧化钠。强电解质，在镀液中的主要作用是改善电导率，从而提高镀液的分散能力，还能与二氧化碳作用生成碳酸钠，减少氰化钠的消耗，起到稳定电解液的作用。

（4）碳酸钠。可提高电解液的电导率，并抑制氰化钠和氢氧化钠吸收二氧化碳的反应，稳定电解液。其来源主要为氢氧化钠与二氧化碳的反应，有时也有人为加入。当含量在 75g/L 以下时，对电镀过程无明显不良影响，当含量超过这个值，电流效率会下降，造成镀层疏松，产生毛刺及阳极钝化等不良现象。

（5）酒石酸钾钠。阳极去极化剂，在镀液中加入一定量的酒石酸钾钠有利于阳极溶解，并可适当降低氰化钠的含量。另外，还可以使镀层结晶细致、平滑。

（6）硫氰酸钾。阳极去极化剂，可保证阳极正常溶解，还可除去锌等有害杂质。

（7）光亮剂。可改善镀层结晶结构，提高镀层光亮度。其中 BC 系列、碱铜系列光亮剂能大幅提高铜镀层的沉积速度，碱铜 99A 型光亮剂能够镀出镜面镀层，特别适用于铝合金电镀[47]。硫酸锰、酒石酸盐和硫氢酸钾一起使用，再配合周期换向电流（必要条件），可获得高光亮的镀层。醋酸铅也可作为镀铜溶液的光亮剂，用量为 0.015~0.03g/L。

B 电极反应

（1）阴极反应。氰化物镀铜电解液为络合物电解液，铜络离子存在的主要形式是 $[Cu(CN)_3]^{2-}$。因此阴极上的主反应为 $[Cu(CN)_3]^{2-}$ 还原为金属铜，反应式为：

$$[Cu(CN)_3]^{2-} + e \longrightarrow Cu + 3CN^- \qquad (2-5)$$

同时，阴极上还有析氢的副反应发生。

（2）阳极反应。氰化物镀铜工艺中采用的阳极为可溶性阳极。阳极的主要反应为金属铜氧化为铜离子，反应式为：

$$Cu \longrightarrow Cu^+ + e \qquad (2-6)$$

Cu^{2+} 与 CN^- 反应生成 $[Cu(CN)_3]^{2-}$ 络离子。

在氰化物镀铜电解液中，阳极电流通常不超过 $2.5A/dm^2$，超过此范围阳极易发生钝化，此时阳极上将有氧气析出。氧气的析出不仅使阳极电流效率下降，同时还加速了 NaCN 的分解，造成其大量消耗。

C 影响因素

（1）阴极电流密度。在预镀铜溶液中，电流密度高时，阴极极化作用增强，电流效率下降，析氢严重，使镀层疏松、分布不均；电流密度过低时，沉积缓慢，镀层发暗不亮。为了在较高的电流密度下仍保持高的电流效率，以获得高的沉积速率，可以提高铜的浓度，降低游离氰化物的浓度，同时加入阳极去极化剂。

（2）温度。提高温度能降低阴极极化作用，提高电流密度和电流效率，但对氰化物的稳定性有不利的影响。在生产中为了得到高的沉积速率，经常采用加热措施，有时甚至高达 60~80℃。

2.2.1.2 硫酸盐镀铜

硫酸盐镀铜电解液分为普通镀液和光亮镀液两种。普通镀液早在 1843 年就已获得商业应用，光亮镀液是 20 世纪 70 年代中期以普通镀液为基础发展起来的，在添加某些光亮剂后可直接获得光亮的铜镀层，从而省去了抛光工艺，集成电路应用中使用的电镀铜浴就是使用含有硫酸铜和硫酸的稳定电解质溶液配制的，为控制镀层冶金性能和影响沉积动力学对晶片表面的几何依赖性，可在这些电解液中添加有机添加剂，同时，在集成电路应用中，硫酸铜浓度也必须足够，以避免在高速处理所需的沉积速率下，在高深宽比特征中铜离子被耗尽。

A　镀液的组成及作用

硫酸盐镀铜电解液成分简单，主要是由硫酸铜和硫酸组成，稳定性好、便于管理、成本低。镀液为强酸性，腐蚀性大。镀液组成及工艺条件见表 2-3。在加入光亮剂后就成为光亮镀铜溶液，常用的光亮剂多为组合光亮剂。按照光亮剂的作用，可分为主光亮剂、整平剂和光亮剂载体。

表 2-3　硫酸盐镀铜镀液组成及工艺条件

镀液组成及工艺条件	配比 1	配比 2	配比 3
硫酸铜浓度/g·L^{-1}	150~220	180~220	160~190
硫酸浓度/g·L^{-1}	50~70	50~70	55~70
氯离子浓度/mg·L^{-1}	20~80	20~80	20~80
2-巯基苯并咪唑浓度/mg·L^{-1}	0.3~1		
乙撑硫脲浓度/mg·L^{-1}	0.2~0.7		
甲基紫浓度/mg·L^{-1}		10	
聚二硫二丙烷磺酸钠浓度/g·L^{-1}	0.01~0.02		
聚乙二醇（相对分子质量为6000）浓度/g·L^{-1}	0.05~0.1		
OP 乳化剂浓度/g·L^{-1}		0.2~0.5	
温度/℃	7~40	7~40	10~40
阴极电流密度/A·dm^{-2}	1.5~5	1~6	2~6

（1）硫酸铜。硫酸铜是提供 Cu^{2+} 的主盐，其含量在 150~220g/L。含量过低时，允许使用的电流密度下降，阴极电流效率和镀层光亮度均受影响；含量过高时，硫酸铜容易结晶析出，导致镀液的分散能力降低。

（2）硫酸。硫酸可提高镀液的电导率，改善镀液的分散能力，保证阳极的正常溶解，还能防止铜盐水解生成氧化亚铜而沉淀析出，增加镀液的稳定性。含量通常在 50~70g/L，含量过低时，镀液的分散能力下降，镀层粗糙，阳极易钝化；含量过高时，镀层的光泽度及整平性下降，还会造成一些光亮剂的分解。

（3）氯离子。为了提高镀层的光亮度及整平性，在硫酸盐光亮镀液中必须加入一定量的氯离子，这样可以降低由于加入添加剂后产生的内应力。

（4）光亮剂。硫酸盐光亮镀铜采用的光亮剂多为组合光亮剂，包括：1）主光亮剂，主要为聚硫有机磺酸，主要作用为提高阴极电流密度和使镀层晶粒细化；2）整平剂，常用的有 2-四氢基噻唑硫酮等，这类化合物在一定电流密度范围内能吸附在阴极表面上，增大阴极极化，主要作用是改善镀液的整平性能，并能改善电流密度区的光亮度；3）光亮剂载体，常用的有聚乙二醇（相对分子质量为 6000）、OP 乳化剂等，这类化合物属于表面活性剂，能够吸附在电极表面，降低界面张力，增强溶液对电极的润湿作用，减少针孔，还能增大阴极极化，使镀层均匀细致。

B 电极反应

硫酸盐镀铜的电极反应比较简单，阴极的主反应为 Cu^{2+} 还原成金属铜，当电流密度小时，有可能发生 Cu^{2+} 的不完全还原，生成 Cu^+，当电流密度较大时，发生的副反应为析氢反应。

阳极反应为金属铜氧化为 Cu^{2+}，副反应为析氧反应。当电流密度小时，还有可能发生金属铜的不完全氧化，生成 Cu^+。

2.2.1.3 焦磷酸盐镀铜

焦磷酸盐镀铜在我国生产上是应用比较广泛的工艺之一，所用电解液属于络合物型电解液。它的主要特点是电解液比较稳定，分散能力和覆盖能力比较好，镀层结晶细致，阴极电流效率高，可获得较厚的镀层，且在电镀过程中没有刺激性气体逸出。采用焦磷酸盐镀铜，在镁合金上进行镀铜过渡层，可提高后镀金属的均镀性和结合力，相较于传统的氰化物镀铜，能够实现环保电镀[48]。目前电镀企业对铝合金压铸件预镀层的加厚仍采用焦磷酸盐镀铜工艺，但其不足之处是，在铝及铝合金件上镀铜时，需要增加预镀或预处理措施，以保证镀层与基体的结合力，并且长期运行维护困难，深镀能力有限，另外镀液的配置成本较高[49]。

A 镀液的组成及作用

镀液的组成及工艺条件见表 2-4。

表 2-4 焦磷酸盐镀铜镀液组成及工艺条件

镀液组成及工艺条件	普通镀铜	光亮镀铜	滚镀铜
焦磷酸铜浓度/g·L^{-1}	60~70	70~90	50~65
焦磷酸钾浓度/g·L^{-1}	280~320	300~380	350~400
柠檬酸氢二胺浓度/g·L^{-1}	20~25	10~15	
氨水浓度/mL·L^{-1}			2~3

续表 2-4

镀液组成及工艺条件	普通镀铜	光亮镀铜	滚镀铜
二氧化硒浓度/g·L^{-1}		0.008~0.02	0.008~0.02
2-巯基苯并咪唑浓度/mg·L^{-1}		0.002~0.004	0.002~0.004
pH 值	8.2~8.8	8~8.8	8.2~8.8
温度/℃	30~35	30~50	30~40
阴极电流密度/A·dm^{-2}	1~1.5	1.5~3	0.5~1

(1) 焦磷酸铜。主盐，为镀液提供铜离子。镀液中的铜含量一般控制在 22~27g/L，对于光亮镀铜溶液，铜含量控制在 27~35g/L，过低或过高都不行。铜含量过低，允许使用的工作电流密度范围窄，镀层的光亮度和整平性差；铜含量过高，阴极极化作用下降，镀层粗糙。

(2) 焦磷酸钾。电解液中的主要络合剂，溶解度大，能提高镀液中的铜含量，从而提高允许的工作电流密度和电流效率。同时钾离子的电迁移数较大，可提高镀液的电导率，改善镀液的分散能力。一些游离焦磷酸钾可使镀液中的络合物更加稳定，防止焦磷酸铜沉淀，提高镀液的分散能力，改善镀层质量，保证阳极的正常溶解。

(3) 柠檬酸氢二胺。柠檬酸氢二胺是镀液中铜离子的辅助络合剂，可改善镀液的分散能力，提高允许使用的工作电流和镀层的光亮度，增强镀液的缓冲作用，促进阳极的溶解。

(4) 光亮剂。在镀液中加入含巯基的化合物，可提高镀层的光亮度，还有一定的整平作用，常使用的是 2-巯基苯并咪唑，生产中还经常加入 SeO$_2$ 或者亚硒酸盐作为辅助光亮剂与 2-巯基苯并咪唑配合使用，除可增加光亮度，还能降低镀层的内应力。

B　电极反应

焦磷酸盐镀铜电解液属于络合物电解液，镀液的 pH 值控制在 8~9 之间。此条件下，铜络离子的主要存在形式为 $[Cu(P_2O_7)_2]^{6-}$，因此，阴极的主反应是 $[Cu(P_2O_7)_2]^{6-}$ 还原为金属铜，反应式为：

$$[Cu(P_2O_7)_2]^{6-} + 2e \longrightarrow Cu + 2P_2O_7^{4-} \tag{2-7}$$

同时阴极上还会发生析氢的副反应。

焦磷酸盐镀铜采用的是可溶性阳极，阳极的主反应为金属铜氧化成二价铜离子。当阳极电流密度过大时，还会发生析氧反应。焦磷酸盐镀铜的阳极和阴极效率基本是 100%。为获得最佳效果，需要最大程度地搅拌，当使用空气搅拌时，所需的空气体积应为待镀表面积的 1~1.5 倍，也可采用超声波搅拌。

2.2.2 镀银

银是一种白色有光泽的金属，镀银层很容易抛光，并且有很强的反光能力和良好的导电、导热及焊接性能。银的电阻率很低，镀银层被广泛应用于电子工业、通信配置及仪器仪表制造业中，以实现降低金属零部件电阻的目的。银的化学性质稳定，对水和大气中的氧均不起作用，对有机酸也具有较好的化学稳定性，但当镀银层裸露在工业大气时，易与大气中的硫化物及氯化物发生作用，使镀层变色，甚至会生成黑色的硫化银产物，不仅会让镀层发生变色，还会使接触电阻增大，焊接性能下降，因此对镀银层必须进行防变色处理，现有的文献已经开发出一种阳极来防止腐蚀，但这些都集中在二次电池上，也有研究采用铝牺牲阳极来防止银的腐蚀和变色，总之，目前镀银层的防变色问题仍然是镀银生产中的重要课题之一[50-52]。

银镀层最早是用于装饰，银属于贵金属，价格比较昂贵，因此一般不用于防护性镀层，但在各种化学器皿及仪器中，为防止某些腐蚀介质对器件的损坏，也采用镀银作为防护性镀层，以提高其耐腐蚀性。

银镀层除作为常见的装饰性镀层外，还是一种非常有希望的新型互连材料，因为它是所有已知材料中电阻率最低的（$1.6\Omega \cdot cm$），因此显示出其在微电子工业的应用潜能。铝材上电镀银是电子产品的最好导体，一般用于导电方面，如高精电线端子等的电镀；在钛合金零部件上镀银可实现零部件接合造成的表面粘连，降低拆卸难度，防止拆卸时划伤基体，如钛合金叶片榫头表面镀银层，可有效降低叶片在气流冲击中的震动，在未来航空应用中有很大前景。此外，镀银层对于钛合金在生物医学上也有很大应用前景[53-55]。

镀银最早出现于 1800 年，最先采用的镀液是碱性氰化物镀液，经过一个多世纪的发展，镀银液的基本配方变化不是很大，只是通过提高配位银离子的浓度实现快速镀银。现在常用的镀银溶液还是氰化物镀液。但是随着社会对环保及安全的重视度不断增强，氰化物镀银存在的镀液废水毒性强、处理成本高、对生态及人畜健康的危害问题日渐突出，因此国内外很多相关机构对无氰镀银进行了广泛而深入的研究，其中，电镀银络合剂因其在电镀过程中的重要作用而得到广泛关注，用于无氰镀银的络合剂如硫代硫酸盐、乙内酰脲、琥珀酰亚胺、离子液体等已经被提出，但成功案例较少，且结果与预期相差太大，无氰镀银的镀层质量与氰化物镀银相比仍存在一定的差距，因此探索更有效的方法来选择或设计所需的无氰镀银槽仍是需要解决的问题[56-57]。

2.2.2.1 氰化物镀银

氰化物镀银是最早的一种电镀工艺，1840 年英国的 Elkington 获得了氰化物电解液镀银专利，标志着电镀工业的开始，到现在已经 180 多年的历史。银是正电性较强的金属，并且银离子在还原时的交换电流密度较大，也就是阴极电化学极化小，所以从简单盐电解液中沉积的银镀层结晶粗大。为了获得结晶细致、紧密的银镀层，必须采用络合物电解液。而氰化物是镀银电解液中最好的络合剂。

　　A　镀液的组成及作用

　　氰化物镀银镀液主要由银氰络盐和一定量的游离氰化物组成。该镀液的分散能力和深镀能力都很好，镀层呈银白色，结晶细致。加入适量的添加剂可得到光亮镀层或硬银镀层。缺点是氰化物有剧毒。氰化物镀银镀液的配方有很多，常见的见表 2-5。

表 2-5　氰化物镀银镀液组成及工艺条件

镀液组成及工艺条件	配比 1	配比 2	配比 3	配比 4
氯化银浓度/g·L^{-1}	30~40	55~65		35~45
氯化银浓度/g·L^{-1}			80~100	
氰化钾（总）浓度/g·L^{-1}	60~80		100~120	80~90
氰化钾（游离）浓度/g·L^{-1}	35~45	65~75		
碳酸钾浓度/g·L^{-1}			20~30	
酒石酸钾钠浓度/g·L^{-1}		25~35		30~40
酒石酸锑钾浓度/g·L^{-1}				1.5~3.0
1,4-丁炔二醇浓度/g·L^{-1}		0.5		
2-巯基苯并噻唑浓度/g·L^{-1}		0.5		
温度/℃	10~35		30~50	15~30
阴极电流密度/A·dm^{-2}	0.1~0.5		0.5~3.5	1~2

　　（1）银盐。主盐，一般是氯化银、氰化银或硝酸银。在镀液中，提高银盐的浓度可以增加阴极电流密度，从而提高沉积速度。在保持相对较高含量的游离氰化钾情况下，降低银盐浓度可改善镀液的分散能力。

　　（2）氰化钾。络合剂，不采用氰化钠作络合剂的原因是钾盐的导电性比钠盐要好，允许使用较高的电流密度，阴极极化作用稍高，镀层均匀细致。氰化钾的作用包括两个部分，一部分用来形成络离子，另一部分以游离形式存在用来稳定络离子。

　　（3）碳酸钾。强电解质，可提高镀液的电导率，增加阴极极化，有助于提高镀液的分散能力。

　　（4）酒石酸钾钠。可防止银阳极钝化，促进阳极溶解并提高阳极电流密度，还能使镀层出现光泽。

（5）酒石酸锑钾。可提高镀层的硬度，此外氯化钴和氯化镍也可实现此目的。

（6）光亮剂。常用的光亮剂为 1,4-丁炔二醇和 2-巯基苯并噻唑，它们能吸附在阴极表面，增大阴极极化，使镀层结晶细致，让银镀层的结晶定向排列，呈现镜面光泽。

B　电极反应

（1）阴极反应。阴极的主反应为 $[Ag(CN)_2]^-$ 还原为金属银，反应方程式为：

$$[Ag(CN)_2]^- + e \longrightarrow Ag + 2CN^- \tag{2-8}$$

此外，还有可能发生析氢副反应。

（2）阳极反应。氰化镀银工艺经常采用金属银作可溶性阳极，阳极的主反应为银的电化学溶解，形成 Ag^+，Ag^+ 又与游离的 CN^- 形成 $[Ag(CN)_2]^-$ 络离子。当发生阳极钝化时，还会发生析氧反应。

2.2.2.2　硫代硫酸盐镀银

氰化物是剧毒的化学品。采用含氰化物的镀液进行生产，对操作者、操作环境和自然环境都存在极大的安全隐患。因此，开发无氰电镀新工艺一直是电镀技术工作者努力的目标之一，并且在许多镀种已经取得了较大的成功，例如，使用无氰电镀制备 Ag-Sb 涂层，用于电子应用的非氰镀金，在钢板上使用碱性无氰电镀锌涂层等。其中一些都已经在工业生产中广泛采用，但无氰镀银一直都是一个难题，存在的问题主要有以下三个方面：

（1）镀层性能。目前，许多无氰镀银的镀层性能无法满足工艺要求，尤其是工程性镀银比装饰性镀银有更多的质量特性要求。比如镀层结晶不细腻平滑，镀层中有机物夹杂或杂质多，硬度过高，电导率下降等。所有的这些缺陷对于电子电镀来说都是很敏感的。有些无氰镀银由于电流密度小，沉积速度慢，不能用于镀厚银，更不要说用于高速电镀。

（2）镀液稳定性。无氰镀银的镀液稳定性也是一个重要指标。许多无氰镀银工艺的镀液都不稳定，无论是碱性镀液还是酸性镀液，这主要是络合剂的络合能力与氰化物镀银还存在差距，导致银离子在一定条件下发生化学还原反应，积累到一定量就会出现沉淀，给工艺管理和操作也带来不便。

（3）工艺性能。工艺性能不能满足电镀加工的需要。无氰镀银往往分散能力差，阴极电流密度低，阳极容易钝化，使得该工艺在应用中受到一定限制。

硫代硫酸盐镀银属于非氰化物镀银工艺的一种，采用硫代硫酸盐作络合剂的有钠盐、铵盐和钾盐，使用最多的是硫代硫酸钠。主盐可以选用氯化银、溴化银或硝酸银。此工艺的优点是镀液成分简单、配置方便、分散能力好、镀层色泽银白、结晶细致、钎焊性好，硫代硫酸盐镀银的缺点是镀液稳定性差，阴极电流密度范围窄，镀层含有少量的硫，增加了银镀层的脆性。其配方中硝酸银为主盐，硫代硫酸钠为络合剂，醋酸钠为缓冲剂，可使镀液的 pH 值稳定在 5~6 的范围内，硫代氨基脲是表面活性剂，可使镀层结晶细致，并促使阳极正常溶解。硫代硫酸盐镀银典型镀液配方及工艺条件见表 2-6。

表 2-6　硫代硫酸盐镀银镀液组成及工艺条件

镀液组成及工艺条件	数值	镀液组成及工艺条件	数值
硝酸银浓度/g·L^{-1}	40~50	硫代氨基脲浓度/g·L^{-1}	0.5~0.8
硫代硫酸钠浓度/g·L^{-1}	200~250	pH 值	5~6
焦亚硫酸钾浓度/g·L^{-1}	40~50	温度/℃	15~30
醋酸钠浓度/g·L^{-1}	20~30	阴极电流密度/A·dm^{-2}	0.1~0.3

银的标准电极电位是 0.799V，比氧的标准电极电位（1.229V）低，当存在氧气时，银在热力学上是不稳定的，会被空气中的氧气所氧化，生成黑色的 Ag_2O 吸附在银层表面，使银层变色。银及其合金对大气环境中存在的 H_2S 也特别敏感，二者易生成暗色的 Ag_2S，从而使银层变色。空气中的有机硫如甲基硫醇和二硫化碳的存在也会加快银层变色。此外，紫外光作为一种外加能源，会促进银离子化，加速 Ag 的腐蚀变色。Ag_2S 的生成不仅影响镀银层的外观，而且增大了银的表面电阻，极大影响了其电气性能和钎焊性能。有研究资料表明，变色使镀银层表面电阻增加约 20%~80%，从而使电子设备的稳定性和可靠性大为降低。无论作为功能性材料，还是装饰性用途的镀银层，镀后都必须经过防变色处理，以提高其抗腐蚀性能，对于镀银等贵金属的镀层，可采用保护剂，这样不仅可减少镀层厚度，还可保持其导电性和外观，同时提高耐蚀性，有利于降低成本，节约资源。

镀银大多是在铜及其合金零件上进行，目前生产上对铜及铜合金常用的方法主要有汞齐化、浸银和预镀银，具体选择哪种方法来处理，还是要根据产品零件的具体要求和用途而定。轻合金如镁合金镀银层质量的好坏，关键取决于前处理方法是否恰当，对于镁合金表面镀银的预处理，则需先镀一层铜，然后按照铜件进行处理。

（1）汞齐化。将铜或铜合金零件在含有汞盐的溶液中浸 3~10s，使零件表面很快生成一层铜汞合金的工艺称为汞齐化。这层铜汞合金薄而均匀，具有银白色光泽，与基体结合良好，而且电极电位比银正。但由于汞有毒，对环境的污染严重，近年来已逐渐被浸银和预镀银取代。

（2）浸银。浸银溶液一般由银盐、络合剂或添加剂组成。络合剂的含量很高，而银离子的含量则较低，这样可以增大阴离子还原为银的阻力，减缓置换反应的速度，使零件表面产生的银层比较致密，并且有良好的结合力。

（3）预镀银。预镀银是在专用的镀银溶液中，在零件表面镀上一层很薄而结合力很好的银层，然后再电镀银。预镀银电解液由高浓度络合剂和低浓度银盐组成。预镀银法质量稳定，但设备较复杂，需增加直流电源。

2.2.3 镀铬

铬是一种微带天蓝色的银白色金属。虽然其电极电位很负（标准电极电位为-0.74V），但由于其具有很强的钝化能力，在表面上极易生成一层很薄的钝化膜，使其电极电位变得比铁正得多，显示出贵金属的性质，因此，在一般腐蚀性介质中，基体上的镀铬层属于阴极镀层，对基体无电化学保护作用，只有当镀铬层致密无孔时，才能起到机械保护作用。同时，金属铬的强烈钝化能力使其具有较高的化学稳定性。在潮湿的大气中镀铬层不起变化，与硫酸、硝酸及许多有机酸、硫化氢及碱等均不发生作用，但易溶于氢卤酸及热的硫酸中。金属铬的硬度很高，一般镀铬层的硬度也相当高，而且通过调整镀液的组成和控制一定的工艺条件还可以得到硬度更高的镀铬层，如铝制发动机气缸镀铬，可大大提高其耐磨性。除此之外，铝及其合金上电镀铬还可以实现提高耐蚀性、提高表面硬度、提高反光率、提高装饰性等功能。

2.2.3.1 发展过程及特点

镀铬在电镀工业中占有极其重要的地位，属于关键的三大镀层之一，在汽车及工具等行业中占有绝对的地位。镀铬工艺源于 1854 年，法国的 Robet Baoson 教授首次从煮沸的氯化亚铬溶液中实现了铬电沉积，德国的 Gerther 博士发表了第一篇从铬酸盐溶液中电镀铬的研究报告[58]。目前，主流的镀铬工艺仍然是 Sargent 于 1920 年发明的六价铬镀铬工艺，广泛用于装饰和工程涂层，装饰性铬的厚度一般小于 0.250μm，是一种不变色的表面光洁剂，而硬铬的厚度在 1~500μm 之间，在工业上广泛用于耐磨和防腐[59]。电镀铬除了具有与其他单金属镀层的共同之处外，还有自身所独有的特点，比如：（1）阴极电流效率很低，工业化生产中仅为 12%~15%，生产易产生毒性很大的铬雾。（2）镀液的分散能力及覆盖能力差，如欲获得均匀的镀层，须采取人工措施。（3）镀铬生产对温度控制要求很高，不但要严格控制温度变化，电流密度也必须根据所用温度选定。（4）电镀铬的阳极不用金属铬，而是选择不溶性铅或铅合金阳极。

基于以上特点，人们在不断地探索改进传统的电镀铬工艺，并尝试采用 PCVD、化学镀镍等方法来取代镀铬工艺。20 世纪 70 年代以来，人们在六价铬镀铬工艺的基础上先后开发了自调节镀铬、松孔镀铬、微裂纹镀铬、无裂纹镀铬、镀黑铬等工艺，但与 Sargent 工艺相比较，虽有进步但并无根本突破[60-63]。

三价铬电镀工艺自 1975 年开始推广应用，其明显优势表现为产生的污染较低，电流效率和电沉积速率较高，因此三价铬电镀工艺的研究引起了很大关注。但该工艺至今仍存在一些不足，主要表现为镀液的稳定性不好、成分复杂、分析监控较难、镀层的质量及外观较差，相对于六价铬浴，其电导率和覆盖能力相对较低，特别是三价铬电镀层厚度一般仅为 $3\sim4\mu m$，只能用于装饰性镀铬[64]。

其他有望取代电镀铬的工艺如 PCVD 或 PECVD 工艺等，受工艺缺陷的影响，短期内全面取代电镀铬不大可能。目前，急需解决的问题是对现行工艺进一步完善，特别是引入新型添加剂，以使镀液性能及镀层质量得到提高。

2.2.3.2　普通镀铬

普通镀铬溶液成分简单，易于管理。通常将电镀铬溶液分为高浓度、中浓度和低浓度镀液。其中含铬酐 250g/L 的镀液习惯上称为标准镀铬液，应用较广；高浓度镀液导电性、深镀、均镀能力好，电流效率较低，主要用于复杂零件镀铬；低浓度镀液电流效率较高，镀层硬度较大，但覆盖能力较差，用于简单零件镀铬。普通镀铬液以硫酸根作催化剂，若以硫酸根和氟离子或氟硅酸根离子作催化剂就是所谓复合镀铬，如用硫酸锶和氟硅酸钾作催化剂就成为自动调节镀铬溶液。这两种镀液虽然沉积速度较快，均镀、深镀能力较好，但腐蚀性强，能耗大，对杂质敏感，因此应用较少。若在普通镀液中加入硼酸和氯化镁，可提高电流密度，沉积速度随之加快，镀层与金属基体的结合力好，则该镀液被称为快速镀铬液。普通镀铬及其他几种镀铬镀液组成及工艺条件见表2-7 和表 2-8。

表 2-7　普通镀铬镀液组成及工艺条件

镀液组成及工艺条件	低浓度	中浓度	高浓度
铬酐浓度/g·L^{-1}	$100\sim150$	250	$320\sim400$
硫酸浓度/g·L^{-1}	$1.0\sim1.5$	2.5	$3.5\sim4.0$
三价铬浓度/g·L^{-1}	$1.5\sim3.0$	$2.0\sim5.0$	$2.0\sim6.0$
温度/℃	$45\sim55$	$45\sim55$	$45\sim55$
阴极电流密度/A·dm^{-2}	$10\sim40$	$15\sim30$	$10\sim25$

表 2-8　几种镀铬液组成及工艺条件

镀液组成及工艺条件	复合镀		自动调节镀	快速镀
铬酐浓度/g·L^{-1}	250	300	$250\sim300$	$180\sim250$
硫酸浓度/g·L^{-1}	1.25	0.25		$1.8\sim2.5$
硫酸锶浓度/g·L^{-1}			$6\sim8$	

镀液组成及工艺条件	复合镀		自动调节镀	快速镀
硼酸浓度/g·L^{-1}				8~10
氟硅酸浓度/mL·L^{-1}	4~8			2.5
氟硅酸钠浓度/g·L^{-1}		20		
氟硅酸钾浓度/g·L^{-1}			20	
氧化镁浓度/g·L^{-1}				4~5
温度/℃	45~55	35	40~60	55~60
阴极电流密度/A·dm^{-2}	25~40		25~45	30~45

（1）铬酐。铬酐是电解液中的主要成分，还是铬镀层的来源。在镀铬工艺中，其浓度可在很大的范围内变化。但铬酐浓度的高低对镀层的性质有很大的影响。在一定的条件下，随着铬酐浓度的增加，溶液的电导率也会逐渐增加，当铬酐的浓度达到某一数值时，溶液的电导率最大。电流效率随铬酐浓度的降低有所提高。电解液的分散能力随铬酐浓度的增加而降低。此外，铬酐浓度对镀层硬度也有一定的影响，随着铬酐浓度的增加，硬度降低，浓度低的镀液能获得较高硬度的镀层。但较低浓度导致镀液成分显著波动，这就需要对镀液定期进行检测，并及时做出调整。

（2）催化剂。硫酸、氟化物、氟硅酸盐、氟硼酸盐等常作镀铬的催化剂，无催化剂不能实现铬的沉积，其含量的高低与铬酐的比值有很大关系。镀液中的铬酐与硫酸的比值对电流效率、分散能力和覆盖能力等都有重要的影响。标准镀铬液中 CrO_3/SO_4^{2-} 最佳值为 100:（0.8~1.2）。比值过高，镀层光泽度降低，沉积速度降低，外观偏白，镀液覆盖能力变差，还可能出现条纹；比值过低，电流效率降低，覆盖能力下降，外观偏黑，高电流密度处还有可能烧焦。

2.2.3.3 镀硬铬

镀硬铬与普通镀铬在工艺本质上是相似的，只是镀硬铬工艺的镀层较厚，一般为 0.1~0.2mm，甚至有时可达 0.5mm。硬铬镀层充分利用了铬层硬度大、耐磨性好、摩擦系数小的特征，在工业上应用相当广泛，尤其是在重负荷、高摩擦的工况下。镀硬铬可以用复合镀铬液，但通常情况下用中浓度普通镀铬液，如标准镀铬液。其温度和电流密度应稍高，分别为 45~55℃和 40~60A/dm^2。操作上与普通镀铬的主要区别在于，镀硬铬后要进行热处理以消除氢，减少内应力，一般是将镀件放在烘箱或油槽中 150~250℃保温 0.5~5h。镀层的硬度一般随厚度的增加而提高，但当厚度增加到一定值后，硬度达到最大值。若继续增加厚度，硬度不再增加。镀铬液浓度越低，铬层硬度越大，但低浓度镀铬液稳定性差，因此需要对电镀参数进行优化，以此来获得高质量的镀层[65]。

2.2.3.4　镀黑铬

黑铬镀层不仅有漂亮的装饰外观，而且耐腐蚀、耐高温，甚至当温度升至500℃左右，镀层也能保持原色、不发脆，热稳定性良好。因此黑铬镀层比其他镀层如电镀黑镍、镀锌钝化、阳极化及着黑色等更具特色，黑铬镀层由于其独特的性能可作为太阳能选择性涂料、非反射涂料、装饰涂料或作为有其他特殊要求的功能性镀层，在轻工、仪器仪表、航空航天等领域有十分广泛的应用和发展前景[66]。

黑铬镀层的黑色是由镀层的物理结构所致，它不是纯金属铬层，而是由铬和三氧化铬的水合物组成，呈树枝状结构，由于对光波的完全吸收而呈黑色。黑铬镀层的耐蚀性优于普通镀铬层，其硬度虽然低，但耐磨性与普通镀铬层相当。电镀黑铬镀液的工艺配方很多，较常用的见表2-9。

表 2-9　黑铬镀液组成及工艺条件

镀液组成及工艺条件	配比 1	配比 2
铬酐浓度/g·L^{-1}	300~350	300~320
硝酸钠浓度/g·L^{-1}	8~12	7~11
硼酸浓度/g·L^{-1}	25~30	
氟硅酸浓度/mL·L^{-1}		0.1
温度/℃	20~40	<35
阴极电流密度/A·dm^{-2}	45~60	1~30

与普通镀铬液相比，电镀黑铬液中不能含有硫酸根离子。当有硫酸根离子时，镀层呈淡黄色而不是黑色，硫酸根离子可用碳酸钡或氢氧化钡生成沉淀而除去。镀液中的发黑剂为硝酸钠、醋酸。发黑剂含量过低时，镀层不黑，镀液电导率低，槽压高；浓度过高时，镀液的分散能力和深镀能力均变差。通常，硝酸钠的浓度控制在7~12g/L之间，醋酸的浓度控制在6~7mL/L之间。镍钴合金强度高、耐腐蚀，易于沉积，其成分易控制，通过加入其他成分可获得很多优越的力学性能，在铝合金上施镀可以先镀镍钴合金作底层，再镀黑铬层，以提高抗腐蚀性和装饰性。

2.2.3.5　镀微裂纹铬

从标准镀液中得到的普通防护装饰性镀铬层厚度为0.25~0.5μm。但由于铬镀层在电沉积过程中产生较大的内应力，使镀层出现不均匀的粗裂纹。金属铬的钝化能力很强，钝化后的镀铬层在腐蚀介质中的电极电位要比底层或基体金属的电位正，铬镀层是阴极，裂纹处的底层是阳极，因此遭受腐蚀的总是裂纹处的底层或基体金属，腐蚀速度取决于腐蚀电流的大小，对于具有不均匀粗裂纹的普通防护装饰性镀铬层，腐蚀电流就分布在少数的粗裂纹中。由于裂纹处暴露出的底层金属面积与铬镀层相比很小，因而腐蚀电流密度很大，腐蚀速度很快，而且腐蚀一直向纵深发展，对于镀铬层的失效分析，有研究表明，铬层存在气孔和穿透裂纹，导致腐蚀介质侵入界面并形成腐蚀源，然后腐蚀加剧，导致铬层起泡、开裂和剥落。然而，开发出了多层镍与微裂纹镀铬层构成的组合镀层既能大大提高防护性能，同时又不降低其装饰性能，一些制造商通常希望在不增加成本的情况下提高其装饰性沉积物的耐腐蚀标准，并且对一些更复杂的腐蚀防护系统通过整体减少镍厚度来实现。这主要是由于镀铬层具有众多的裂纹，暴露出来的镍层面积增大但又很分散，遇到腐蚀介质时，腐蚀电流也被高度分散，使镍层表面上的腐蚀电流密度大大降低，腐蚀速度也大为减缓，从而提高了组合镀层的耐蚀性。

微裂纹镀铬层是指表面具有数目众多、分布均匀的、很细微的裂纹的镀铬层。微裂纹铬比无裂纹铬更耐腐蚀，尤其是在工件受到机械应力的情况下。微裂纹的密度为 $300 \sim 400$ 条/cm^2。镀微裂纹铬有单层法和双层法等。单层法在成本与管理方面优于双层法，所以单层法应用较多。其镀液组成及工艺条件见表2-10。

表 2-10　微裂纹镀铬镀液组成及工艺条件

镀液组成及工艺条件	单层法		双层法	
	1	2	第一层	第二层
铬酐浓度/g·L^{-1}	$180 \sim 220$	$240 \sim 280$	$250 \sim 300$	$180 \sim 200$
硫酸浓度/g·L^{-1}	$1.0 \sim 1.7$		$2.5 \sim 3.0$	
氟硅酸钠浓度/g·L^{-1}	$1.3 \sim 3.5$			
氟硅酸钾浓度/g·L^{-1}				$10 \sim 12$
亚硒酸钠浓度/g·L^{-1}		$0.01 \sim 0.015$		
重铬酸钾浓度/g·L^{-1}				$35 \sim 40$
重铬酸锶浓度/g·L^{-1}				$4 \sim 5$
硫酸锶浓度/g·L^{-1}				$5 \sim 7$
温度/℃		$42 \sim 46$	$48 \sim 50$	$48 \sim 52$
阴极电流密度/A·dm^{-2}		$15 \sim 25$	$15 \sim 20$	$12 \sim 15$

2.2.3.6　三价铬镀铬

三价铬镀铬电解液为络合物电解液，一般多采用甲酸盐（甲酸钾或甲酸铵）或草酸铵作络合剂。主盐采用氯化铬或硫酸铬，加入一定量的导电盐（氯化钾或硫酸钠），用硼酸作缓蚀剂，再加入少量润湿剂。表2-11是三价铬镀铬的镀液组成及工艺条件。

表 2-11　三价铬镀铬镀液组成及工艺条件

镀液组成及工艺条件	配比 1	配比 2
硫酸铬浓度/g·L^{-1}	158～196	
硫酸钠浓度/g·L^{-1}	106～142	
氯化铬浓度/g·L^{-1}		213
氯化钠浓度/g·L^{-1}		36
氯化铵浓度/g·L^{-1}		26
硼酸浓度/g·L^{-1}	37～50	2
氯化钠浓度/g·L^{-1}	8.4	
二价铁浓度/g·L^{-1}	5.6～11.0	
二甲基甲酰胺浓度/g·L^{-1}		400
甘油浓度/g·L^{-1}	92～184	
表面活性剂浓度/g·L^{-1}		0.01
润湿剂浓度/mL·L^{-1}		1～2
pH 值	1.9～2.2	1.1～1.2
温度/℃	25～30	25
阴极电流密度/A·dm^{-2}	7～8	12～15

三价铬电镀铬的阴极反应可以分为两步，第一步是三价铬的络合离子得到一个电子称为二价铬络合离子：

$$[Cr(H_2O)_5L]^{2+} + e \longrightarrow [Cr(H_2O)_5L]^+ \qquad (2-9)$$

式中，L 为配位体。

第二步是将二价铬络合离子还原成金属铬：

$$[Cr(H_2O)_5L]^+ + 2e \longrightarrow Cr + 5H_2O + L^- \qquad (2-10)$$

三价铬电沉积过程的控制步骤是 $[Cr(H_2O)_5L]^{2+}$ 络离子向阴极表面传递的扩散步骤。在阴极还有氢气析出的副反应，反应式见前面的相关叙述。

三价铬镀铬的阳极反应为氧气的析出，除此之外，还有可能发生氯的析出和三价铬氧化为六价铬的副反应。

三价铬镀铬电解液的最大特点是可在室温下操作，不需要加温设备。阴极电流也较低，一般控制在 10A/dm^2 左右。由于是络合物电解液，三价铬镀铬电解液的阴极极化较大，因此镀层的结晶细致。而且，镀液分散能力和深镀能力都比铬酸镀铬电解液好，但存在镀液稳定性差、镀层色泽不理想及不能镀厚镀层等缺点。

2.2.4　镀镍

镍镀层是应用最普遍的装饰及防护镀层，其应用也从传统的防护、装饰性镀层发展到多种功能性镀层[67-68]。镍镀层的应用几乎遍及现代工业的所有部门，在电镀行业中，镀镍层的产量仅次于镀锌层而居于第二位。

金属镍具有很高的化学稳定性，在稀酸、稀碱基有机酸中具有很好的耐蚀性，在空气中镍与氧相互作用可形成保护性氧化膜而使金属镍具有很好的抗大气腐蚀性能。但由于镍镀层的孔隙率较高，且镍的电极电位比铁更正，使得镍镀层只有在足够厚且没有空隙时才能在空气和某些腐蚀性介质中有效地防止腐蚀。因此常采用多层镍铬体系及不同镍镀层组合来提高防护性能。

镀镍主要应用在日用五金产品、运载工具、家用电器、仪器及仪表等零部件上作为防护-装饰性镀层的中间镀层[53, 69]。镍镀层具有较高的硬度，在印刷工业中可用来提高表面硬度，也用于电铸、塑料成型模具等的表面处理。

镀镍工艺按镀层的外观、结构特征可分为普通镀镍（暗镍）、光亮镀镍、黑镍、硬镍、多层镍等。按镀液的成分可分为硫酸盐型、氯化物型、柠檬酸盐型、氨基磺酸盐型、氟硼酸盐型等。其中应用最为普遍的是硫酸盐低氯化物镀镍液（即瓦特镀液）。氨基磺酸盐镀液镀层内应力小，沉积速度快，但成本高，仅用于特定的场合；柠檬酸盐镀液常用于锌压铸件上镀镍；氟硼酸盐镀液适用于镀厚镍，但这几种类型镀液的成本都较高。

这里主要介绍普通镀镍、光亮镀镍和黑镍等。

2.2.4.1 普通镀镍

普通镀镍又称为电镀暗镍，是最基本的镀镍工艺。电镀暗镍镀液主要由硫酸镍、少量氯化物和硼酸组成。用这种镀液获得的镍镀层结晶细致、易于抛光、韧性好、耐蚀性也比亮镍好。暗镍常用于防护-装饰性镀层的中间层或底层。

A 镀液的组成及作用

常用的普通镀镍镀液组成及工艺条件见表2-12。依使用目的，普通镀镍液常分为预镀液和常规镀液两类。预镀液主要用于增强钢铁基体与镀层（如镀铜层）之间的结合。

表 2-12 普通镀镍镀液的组成及工艺条件

镀液组成及工艺条件	预镀液	普通镀液	瓦特镀液	滚镀液
硫酸镍浓度/g·L⁻¹	120~140	180~250	250~300	270
氯化镍浓度/g·L⁻¹			30~60	70
氯化钠浓度/g·L⁻¹	7~9	10~12	25~35	30~40
硼酸浓度/g·L⁻¹	30~40	30~35	35~40	40
硫酸钠浓度/g·L⁻¹	50~80	20~30		
硫酸镁浓度/g·L⁻¹		30~40		225

镀液组成及工艺条件	预镀液	普通镀液	瓦特镀液	滚镀液
pH 值	5~6	5~5.5	3~4	4~5.6
温度/℃	30~35	20~35	45~60	50~55
阴极电流密度/A·dm^{-2}	0.8~1.5	0.8~1.5	1~1.25	电压 8~12V

普通镀镍镀液一般由主盐、阳极活化剂、缓冲剂、防针孔剂和导电盐等部分组成。

（1）主盐。硫酸镍是镀镍溶液中的主盐，主要提供镀镍所需要的 Ni^{2+}，浓度一般为 100~350g/L。镍盐浓度低，镀液分散能力好，镀层结晶细致，但沉积速度比较慢；镍盐浓度高，可以使用较高的电流密度，沉积速度快，容易沉积出色泽均匀的无光亮镀层，适于快速镀镍及镀厚镍。但镍盐浓度过高将降低阳极极化活性，并降低镀液的分散能力。

（2）阳极活化剂。氯化镍或氯化钠中的 Cl^- 是镀液中的阳极活化剂。电镀镍所使用的镍阳极在电镀过程中容易钝化而阻碍其继续溶解，镀液中的 Cl^- 通过在镍阳极上的特征吸附，去除氧、羟基离子和其他钝化镍阳极表面的异种粒子，从而保证镍阳极的正常溶解。但钠离子对镀液是无益的，可能引起阳极腐蚀、导致镀层粗糙等，所以宜用氯化镍，不过氯化镍的成本较高。

（3）缓冲剂。普通镀镍镀液的 pH 值一般控制在 3.8~5.0，可用稀硫酸或稀盐酸调节，并采用硼酸作缓冲剂。硼酸也有助于使镀层结晶细致，提高电流效率。但含量过高时，硼酸可能结晶析出，造成镀层毛刺，一般控制在 30~45g/L。

（4）防针孔剂。十二烷基硫酸钠是暗镍镀液中常用的防针孔剂，它是一种阴离子表面活性剂，通过在阴极表面吸附，降低电极与镀液间的界面张力，使形成的氢气气泡难以在电极表面滞留，从而减少了镀层中的针孔。其用量为 0.1g/L 左右，浓度过低不能有效地清除针孔，浓度过高去针孔效果并不会增加，还会使泡沫过多，不易清洗。

（5）导电盐。硫酸镁是暗镍镀液中常用的导电盐，它的加入可提高镀液的电导率，改善镀液的分散能力，并有利于降低槽电压。

B　电极反应

（1）阴极反应。镀镍液中的阳离子有 Ni^{2+}、H^+、Mg^{2+}、Na^+ 等。由于 Mg^{2+} 与 Na^+ 的电极电位远低于 Ni^{2+} 和 H^+，因而镀镍过程的阴极反应为 Ni^{2+} 的还原和析氢副反应。

（2）阳极反应。镀镍过程中的阳极反应为镍阳极的溶解。若阳极发生钝化，则在阳极极化较大时，会有氧气析出的副反应发生。若镀液中有 Cl^- 存在，则在阳极极化较大时，阳极会有氯气析出，反应式为：

$$2Cl^- \longrightarrow Cl_2 + 2e \qquad (2-11)$$

由于镍的交换电流密度很小，镍离子放电时极化较大，因而暗镍镀镍液即使不含添加剂也可以得到结晶紧密细致的镍镀层。

2.2.4.2　光亮镀镍

对于装饰防护性镀层，常常要求镀层具有镜面光泽的外观。最初人们是通过对暗镍镀层进行机械抛光来获得具有镜面光泽度的镍镀层。电镀光亮镍工艺的出现，使得人们仅通过在普通镀液中加入光亮剂即可获得具有镜面光泽的镍镀层。镀光亮镍可以省去繁杂的抛光工序，从而改善工作环境，还能提高镀层的硬度，有利于自动化生产，但光亮镀层中含硫，其内应力和脆性较大，耐蚀性不如普通镀镍层。

A　镀液的组成及作用

在瓦特镀液中加入光亮剂就成为光亮镀镍液。常用的镀液配方及工艺条件见表 2-13。镀液中除光亮剂外，其他成分的作用在前面的普通镀镍中都有过介绍，下面仅介绍光亮剂的作用。

表 2-13　光亮镀镍镀液组成及工艺条件

镀液组成及工艺条件	配比 1	配比 2	配比 3	配比 4
硫酸镍浓度/g·L^{-1}	250~300	250~300	350~380	300~350
氯化镍浓度/g·L^{-1}	30~50	30~50	30~40	30~40
氯化钠浓度/g·L^{-1}				25~30
硼酸浓度/g·L^{-1}	35~40	35~40	40~45	40~45
糖精浓度/g·L^{-1}	0.8~1.0	0.6~1.0	0.8~1.0	1~3
1,4-丁炔二醇浓度/g·L^{-1}	0.4~0.5	0.3~0.5		
香豆素浓度/g·L^{-1}		0.1~0.2		
BE 浓度/mL·L^{-1}			0.5~0.75	
791 浓度/mL·L^{-1}				2~4
pH 值	4.0~4.6	3.8~4.6	3.8~4.2	4.0~4.5
温度/℃	40~50	45~55	50~58	50~55
阴极电流密度/A·dm^{-2}	1.5~3.0	2~4	3~5	3~4

镀镍光亮剂多为有机化合物，根据作用效果及作用机理的不同可分为三类：初级光亮剂、次级光亮剂、辅助光亮剂。镀液中加入光亮剂后使得镀层变得平整均匀，晶粒细化，从而获得镜面光泽。

（1）初级光亮剂。初级光亮剂是含有 C-SO_2 结构的有机含硫化合物。常用的有糖精、对甲苯磺酰胺、苯亚磺酸钠、萘磺酸钠等。初级光亮剂通过不饱和碳键吸附在阴极的生长点上，增大阴极极化，从而显著减小镀层的晶粒尺寸，使镀层产生柔和的光泽，但不能获得镜面光泽。初级光亮剂加入还将使镀层产生压应力。初级光亮剂在阴极还原后，将以硫化物的形式进入镀层，使镀层的硫含量增加。

初级光亮剂加入量一般为 0.3~3g/L，使用上浓度限制不严格。但浓度越高，镀层中的硫含量也将越高。

（2）次级光亮剂。次级光亮剂是含有 C＝O、C＝C、C＝N、C≡C、C≡N、N—C＝S 等不饱和基团的有机物。普遍使用的是丁炔二醇及其衍生物，其次是香豆素等。次级光亮剂能显著改善镀液的整平性能，与初级光亮剂配合使用可获得具有镜面光泽的镀层，且镀层延展性良好。单独使用次级光亮剂，虽然能获得光亮镀层，但镀层张应力大，脆性大，故一般不单独使用。次级光亮剂的加入量因种类不同而有较大的差异，其范围可达 0.05~5g/L。

（3）辅助光亮剂。其结构特点是既含有初级光亮剂的 C—S 基团，又含有次级光亮剂的 C＝C 基团。常用的辅助光亮剂有烯丙基磺酸钠、烯丙基磺酰胺、乙烯磺酸钠等，辅助光亮剂需要与初级光亮剂和次级光亮剂配合使用，才能达到理想的效果。

　　B　半光亮镀镍

光亮镀镍的电极反应与普通镀镍的电极反应相同，可参看前面的内容。半光亮镀镍是在瓦特镀液中加入不含硫的有机物即次级光亮剂。加入量在 0.05%~0.8%之间。半光亮镀镍液的成分及工艺条件可参阅相关的参考书[70]。一般来说，半光亮镀镍很少单独使用，通常与光亮镀镍组合成双层镍或三层镍，有效地起到防护作用。

2.2.4.3　电镀黑镍

黑镍镀层主要用于光学工业、武器制造业、医疗器械等，可以利用其对太阳能的高吸收率来制备太阳能集热板，也可以利用其高发射率和吸引人的外观应用于航天器的内部封装，改善其热辐射特性，最大限度地减小工作部件和待机部件之间的温度梯度。黑镍镀层往往很薄（约 2μm），耐蚀性能较差，镀后需要涂透明保护漆。

镀黑镍的镀液有两大类。第一类镀液中含有硫酸锌和硫酸氰盐，电镀液组成及工艺条件见表 2-14。由这类镀液得到的黑镍镀层是一种含有镍（40%~60%）、锌（20%~30%）、硫（10%~15%）及少量氮、碳、有机物（约 10%）的合金镀层。第二类镀液中含有钼酸盐，电镀液组成及工艺条件见表 2-15。

表 2-14　第一类电镀黑镍镀液组成及工艺条件

镀液组成及工艺条件	配比 1	配比 2	配比 3
硫酸镍浓度/g·L^{-1}	70~100	60~75	
氯化镍浓度/g·L^{-1}			75
硼酸浓度/g·L^{-1}	25~35		
氯化锌浓度/g·L^{-1}			30
硫氰酸钠浓度/g·L^{-1}		12.5~15	15
硫酸锌浓度/g·L^{-1}	40~45	30	
硫氰酸铵浓度/g·L^{-1}	25~35		
硫酸镍铵浓度/g·L^{-1}	40~50	35~45	
氯化铵浓度/g·L^{-1}			30
pH 值	4.5~5.5	5.8~6.1	5
温度/℃	30~60	25~35	20~25
阴极电流密度/A·dm^{-2}	0.1~0.4	0.05~0.15	0.15

表 2-15　第二类电镀黑镍镀液组成及工艺条件

镀液组成及工艺条件	配比 1	配比 2
硫酸镍浓度/g·L^{-1}	120~150	120
钼酸铵浓度/g·L^{-1}	30~40	30~40
硼酸浓度/g·L^{-1}	20~25	
醋酸钠浓度/g·L^{-1}		20
pH 值	4.5~5.5	3~4
温度/℃	20~25	30~40
阴极电流密度/A·dm^{-2}	0.15~0.3	0.2~0.5

　　电镀黑镍时需要严格控制镀液的 pH 值，镀件需带电入槽，要经常用盐酸退去挂具上的黑镍镀层，以保证导电良好，同时要注意镀液中的锌盐浓度及电流密度大小，只有这样才能得到满意的黑镍镀层。一般黑镍镀层的耐蚀性及耐磨性均较差，与基体的结合力也不好。为此，在镀黑镍前可在基材上预镀暗镍、锌、铜等底层之后再镀黑镍。

2.2.4.4　镍封闭

　　镍封闭是一种复合镀镍工艺，是制取高抗蚀性微孔铬的一种方法[71]。在光亮镀镍后，再将零件放入悬浮有直径为 0.02μm 左右的不溶性非导电微粒的光亮镀镍液中，微粒与镍同时沉积，称为镍封闭镀层。然后镀上装饰性铬层，在非导体微粒处形成微孔，即得到微孔镀层，使腐蚀电池比较均匀地分散于整个镀层上，从而防止产生大而深的直贯整个金属基体的少量腐蚀沟纹和凹坑向横向发展。也就减缓了穿透基体的腐蚀速度，进一步提高了防护性能。

镍封闭镀液的组成及工艺条件见表2-16。

表 2-16　镍封闭镀液组成及工艺条件

镀液组成及工艺条件	配比 1	配比 2
硫酸镍浓度/g·L^{-1}	350~380	300~350
氯化钠浓度/g·L^{-1}	12~18	10~15
硼酸浓度/g·L^{-1}	40~45	35~40
糖精浓度/g·L^{-1}	2.5~3.0	0.8~1.0
丁炔二醇浓度/g·L^{-1}	0.4~0.5	0.3~0.4
聚乙二醇浓度/g·L^{-1}	0.15~0.20	
二氧化硅（<0.25μm）浓度/g·L^{-1}	50~70	10~25
pH 值	4.2~4.6	3.8~4.4
温度/℃	55~60	50~55
阴极电流密度/A·dm^{-2}	3~4	2~5

固体微粒的直径在0.01~0.5μm为宜，不能大于2μm，否则镀层粗糙，影响光亮性和整平性。微粒的含量以15~25g/L为宜，不应过高，否则镀件难以清洗，含量太低时抗蚀性能又降低。一般微孔数在10000~30000cm^{-2}时耐蚀性最好。

因为镀液中存在一定数量的不溶物，必须在强烈的搅拌下才能使镀液中的微粒均匀地分散在镀液中，镀件在入槽前就必须搅拌，多采用压缩空气进行搅拌，整个系统中要有空气净化装置，必须严防机油带入镀液，在空气搅拌的同时也可用阴极移动配合电镀过程。

2.2.5　镀锌

锌是一种蓝白色金属，加热到100~150℃具有一定延展性，硬度低，耐磨性差，既溶于酸也溶于碱，不溶于水。当锌中含有电位较正的杂质时，锌的溶解速度更快，但是电镀锌层的纯度高，结构比较均匀，因此在常温下，锌镀层具有较高的化学稳定性。

电镀锌是生产上应用最早的电镀工艺之一，工艺比较成熟，操作简便，其相对较低的成本、较高的保护性和诱人的外观使其成为螺母、螺栓、垫圈、金属冲压件和汽车零件的流行涂层[72-73]。镀锌层经钝化后形成彩虹色或白色钝化膜层，在空气中非常稳定，在汽油或含二氧化碳的潮湿空气中也很稳定，但在含有SO$_2$、H$_2$S、海洋性气氛及海水中镀锌层的耐蚀性较差，特别是在高温、高湿及含有有机酸的气氛中，镀锌层的耐蚀性极差。除此之外，前处理、镀液成分、添加剂及电流密度等工艺参数对镀层质量也有很大的影响[74]。

作为防护性镀层的锌镀层的生产量最大，约占电镀总产量的 50%，在机电、轻工、仪器仪表等行业中得到广泛的应用，对于镁合金、铝合金等这些应用范围不断增加的轻合金来说，采用镀锌层提高它们的使用性能显得十分重要，具体表现为铝/镁合金汽车零部件腐蚀保护等[75-77]。

镀锌溶液种类很多，按照其性质可分为氰化物镀液和无氰化物镀液两大类。氰化物镀锌溶液具有良好的分散能力和覆盖能力，镀层结晶光滑细致，操作简单，适用范围广，在生产中曾被长期采用，但镀液中含有剧毒的氰化物，在电镀过程中逸出的气体对工人健康危害较大，其废水在排放前必须严格处理。无氰化物镀液有碱性锌酸盐镀液、氯化铵镀液、硫酸盐镀液及无铵盐氯化物镀液等。其中碱性锌酸盐和无铵盐氯化物镀液应用最多。

2.2.5.1 氰化物镀锌

氰化物镀锌工艺自 20 世纪初投入工业生产并沿用至今。该工艺的特点是采用以氰化钠为络合剂的络合物型电镀液，具有较好的分散能力和深镀能力。允许使用的电流密度范围和温度范围都较宽，电解液对杂质的敏感性小，工艺容易控制，操作及维护都很简单。

A 镀液的组成及作用

氰化物镀锌溶液根据氰含量多少可分为高氰、中氰、低氰三种类型，其镀液组成及工艺条件见表 2-17。

表 2-17 氰化物镀锌电镀液组成及工艺条件

镀液组成及工艺条件	高氰镀液	中氰镀液	低氰镀液
氧化锌浓度/g·L⁻¹	35~45	17~22	10~12
氰化钠浓度/g·L⁻¹	80~100	35~45	10~13
氢氧化钠浓度/g·L⁻¹	70~80	65~75	65~80
硫化钠浓度/g·L⁻¹	0.5~5	0.5~2	
甘油浓度/g·L⁻¹	3~5		
温度/℃	10~40	10~40	10~40
阴极电流密度/A·dm⁻²	1~2.5	1~2.5	1~2.5

高氰镀液含氰化钠量在 80g/L 以上，镀液稳定性好，镀层结晶细致，适用于电镀形状复杂和镀层较厚的零件，但氰含量高、对环境污染严重。目前应用较多的是中氰镀液，这类镀液含锌量也低，其氰化钠与锌的比值接近于高氰镀液，因

此，镀层质量也比较好。低氰镀液氰化钠含量为 10g/L 左右，一般需配合使用合适的光亮剂来提高镀层质量和镀液的分散能力。氰化物镀液的电流效率较低，随电流密度的升高其电流效率迅速降低。

氧化锌是提供锌离子的物质，为主盐。配制镀液时，氧化锌与氰化钠、氢氧化钠反应生成 $[Zn(CN)_4]^{2-}$ 和 $[Zn(OH)_4]^{2-}$，锌含量升高使电流效率提高，但镀层粗糙；锌含量过低，电流效率下降，分散能力和覆盖能力增加。锌含量在 0.125~0.5mol/L 的范围内为宜，生产上常控制在 0.5mol/L 左右。

氰化钠是主络合剂，氢氧化钠是辅助络合剂（在低氰、微氰镀锌液中是主络合剂）。除与 Zn^{2+} 络合外，还应有少量游离氰化钠和游离氢氧化钠，才能使复层结晶细致。通常，氢氧化钠用量为 60~90g/L，NaOH∶Zn（质量比）为 2∶2.5，NaOH∶NaCN（质量比）为 1∶1。

硫化钠是一种主要的添加剂。镀锌液中常常带入一些铅、铜、镉等重金属杂质。由于这些金属的电位较正，易在阴极与锌共沉积而影响镀层的质量，加入适量的硫化钠可使之生成硫化物沉淀以保证镀层质量。除此以外，硫化钠还具有使镀层产生光亮的作用，加入量为 0.5~3g/L。当硫化钠含量过低时，起不到光亮作用；当含量过高时，会使镀层脆性增大。

甘油的作用是为了提高阴极极化，有利于获得均匀细致的镀层，加入量为 3~5g/L。

B　电极反应

阴极主反应为：

$$[Zn(CN)_4]^{2-} + 4OH^- \longrightarrow [Zn(OH)_4]^{2-} + 4CN^- \tag{2-12}$$

$$[Zn(OH)_4]^{2-} \longrightarrow Zn(OH)_2 + 2OH^- \tag{2-13}$$

$$Zn(OH)_2 + 2e \longrightarrow Zn + 2OH^- \tag{2-14}$$

阴极副反应为：

$$2H_2O + 2e \longrightarrow H_2 \uparrow + 2OH^- \tag{2-15}$$

氰化物镀锌的阳极主反应为：

$$Zn \longrightarrow Zn^{2+} + 2e \tag{2-16}$$

Zn^{2+} 再分别与 CN^- 和 OH^- 络合，其反应式如下：

$$Zn^{2+} + 4CN^- \longrightarrow [Zn(CN)_4]^{2-} \tag{2-17}$$

$$Zn^{2+} + 4OH^- \longrightarrow [Zn(OH)_4]^{2-} \tag{2-18}$$

当阳极钝化时，还将发生析出氧气的副反应：

$$4OH^- \longrightarrow 2H_2O + O_2 + 4e \tag{2-19}$$

2.2.5.2 锌酸盐镀锌

早在 20 世纪 30 年代就有人研究过从锌酸盐电镀液中电沉积金属锌，对于镁合金，硫酸盐镀锌时镀液酸性较强，易腐蚀镁合金基体，锌酸盐镀锌时在电流密度为 3.0~4.0A/dm² ，时间为 20min 的条件下，可获得致密性、结合能力良好的镀层[78]。但是，从单纯的锌酸盐电镀液中只能得到疏松的海绵状的锌。为了获得有使用价值的锌镀层，人们寻找了各种添加剂，其中包括金属盐、天然有机化合物及合成有机化合物。直到 20 世纪 60 年代后期才研制出合成添加剂、采用两种或两种以上的有机化合物进行合成，以其合成产物作为锌酸盐镀锌的添加剂，可以获得结晶细致而有光泽的镀锌层。中国于 20 世纪 70 年代初将这一添加剂应用于电镀锌的生产，自 70 年代起，诞生了一些典型的极化型添加剂如 DE、DE-81、DPE-Ⅰ、DPE-Ⅲ、KR-7、Zn-2、GT-4 等[79]。锌酸盐镀锌可用氰化物镀锌设备，镀液成分简单，易于管理，对设备腐蚀小，废水处理方便，但均镀和深镀能力较氰化物镀液差，电流效率比较低。

A 镀液的成分及作用

锌酸盐镀锌典型镀液组成及工艺条件见表 2-18。

表 2-18 锌酸盐镀锌镀液组成及工艺条件

镀液组成及工艺条件	配比 1	配比 2	配比 3
氧化锌浓度/g·L⁻¹	8~12	10~15	10~12
氢氧化钠浓度/g·L⁻¹	100~120	100~130	100~120
DE 添加剂浓度/mL·L⁻¹	4~6		4~5
香豆素浓度/g·L⁻¹	0.4~0.6		
混合光亮剂浓度/mL·L⁻¹	0.5~1		
DPE-Ⅲ添加剂浓度/mL·L⁻¹		4~6	
三乙醇胺浓度/mL·L⁻¹		12~30	
KR-7 添加剂浓度/%			1~1.5
温度/℃	10~40	10~40	10~40
阴极电流密度/A·dm⁻²	1~2.5	1~2.5	1~2.5

（1）氧化锌。主盐，提供所需要的锌离子。氧化锌与氢氧化钠作用生成 [Zn(OH)₄]²⁻ 络离子。锌含量对镀液性能和镀层质量影响很大，当含量偏高时，电流效率高，但分散能力和深镀能力下降，镀层粗糙；含量偏低时，阴极极化增

加，分散能力好，镀层结晶细致，但沉积速度慢，零件的边缘及凸出部位易烧焦。

（2）氢氧化钠。作络合剂，它可以改善电解液的导电性。因此，过量的氢氧化钠是镀液稳定的必要条件。氢氧化钠与氧化锌的最佳比值（质量比）是12∶1，生产上一般控制在（10~13）∶1。氢氧化钠含量过高时，将加速锌阳极的自溶解，使镀液的稳定性下降；氢氧化钠含量过低时，将使阴极极化下降，镀层粗糙，且容易生成 $Zn(OH)_2$ 沉淀。

（3）添加剂。若无添加剂，锌酸盐镀锌只能得到黑色海绵状镀层。所以在一定程度上，锌酸盐镀锌的添加剂可视为镀液主要成分。现有添加剂大致可分为两类。一类是极化型添加剂，为有机胺和环氧氯丙烷缩合物，如 DPE 系列、DE系列、Zn-2、NJ-45、GT-1 等。但单独使用这些添加剂时性能并不好，还需要加入第二类添加剂，即所谓光亮剂，为金属盐、芳香醛、杂环化合物及表面活性剂，如 ZB-80、ZBD-81、KR-7、WBZ 系列、CB-909 等。

镀液中杂质铜可以用锌粉、铝粉置换处理，铅可以用硫化钠沉淀除去，有机杂质可先加双氧水，再加活性炭处理。

B　电极反应

阴极主反应为：

$$[Zn(OH)_4]^{2-} + 2e \longrightarrow Zn + 4OH^- \tag{2-20}$$

阳极主反应为：

$$Zn \longrightarrow Zn^{2+} + 2e \tag{2-21}$$

2.2.5.3　氯化钾（钠）镀锌

氯化物镀锌可以分为氯化铵镀锌和无铵氯化物镀锌两大类。氯化铵镀锌存在设备腐蚀严重、废水处理困难等问题，现在已被淘汰。20 世纪 70 年代后期发展起来的氯化钾（钠）镀锌，不仅完全具备了氯化铵镀锌的优点，而且还克服了其存在的缺点，对设备的腐蚀性小得多，因此得到了迅速的发展。目前根据粗略统计，在我国氯化钾（钠）镀锌溶液的体积已经超过了镀锌溶液总体积的50%。

氯化钾（钠）镀锌的镀液成分简单，与氰化物镀锌及锌酸盐镀锌相比，镀液的稳定性高，而且镀液呈微酸性（pH 值为 5~6.5），对设备的腐蚀小。氯化钾（钠）镀锌镀液中的 Cl^- 与 Zn^{2+} 的络合能力很弱，其废水处理简单容易。在电镀过程中除了极少量氢气和氧气逸出外，无其他碱雾、氨气等污染，无需排风设备。另外，该工艺所得到的镀层极适宜在低铬酸和超低铬酸钝化液中进行钝化处理，这就大大减轻了钝化废水处理的负担。

A　镀液的组成及作用

氯化钾（钠）镀锌镀液的组成及工艺条件见表 2-19。

表 2-19 氯化钾 (钠) 镀锌镀液组成及工艺条件

镀液组成及工艺条件	配比 1	配比 2	配比 3
氯化锌浓度/g·L^{-1}	60~70	55~70	50~70
氯化钾 (钠)浓度/g·L^{-1}	200~230	180~220	180~250
硼酸浓度/g·L^{-1}	25~30	25~35	30~40
70%HW 高温匀染剂浓度/mL·L^{-1}	4		
SCZ-87 浓度/mL·L^{-1}	4		
ZL-88 浓度/mL·L^{-1}		15~18	
BH-50 浓度/mL·L^{-1}			15~20
pH 值	5~6	5~6	5~6
温度/℃	5~65	10~65	15~50
阴极电流密度/A·dm^{-2}	1~6	1~8	0.5~4

(1) 氯化锌。氯化锌是提供锌离子的主盐,浓度较低,由于锌离子扩散快,浓差极化大,镀层细致光亮,分散能力和覆盖能力好。但是,如果浓度太低,则高电流区易烧焦;浓度偏高时,阴极电流密度可以增加,沉积速度也加快,但覆盖能力和分散能力差。一般较佳浓度为 60~70g/L,对难以电镀的铸铁件,槽液中锌含量可取上限,夏季镀液温度高,锌含量可取下限,冬季含量可略高一些。

(2) 氯化钾 (钠)。电解液中的导电盐。从导电性来看,氯化钾优于氯化钠,一般复杂零件用钾盐为宜,因钠盐价格低,简单零件用氯化钠也可以。镀液中氯化物的增加可使镀液的导电性和分散能力增加并能活化阳极使其正常溶解。另外,氯离子对锌离子有微弱的络合作用,能起到增加阴极极化和改善镀液分散性的作用。

氯化物含量过低时不但溶液导电性差,分散能力也差,而且镀层不光亮,易产生黑色条纹。但含量过高时,阴极沉积速度降低,而且影响光亮剂的水溶性。氯化钾 (钠) 与氯化锌的质量比一般为 (2.5~3):1。

(3) 硼酸。硼酸为缓冲剂,含量一般控制在 20~35g/L 为宜,能够使氯化钾 (钠) 镀锌电镀液的 pH 值维持在 5~6.5 之间。

(4) 光亮剂。氯化钾 (钠) 镀锌使用的是组合光亮剂,由主光亮剂、载体光亮剂和辅助光亮剂组合而成。

主光亮剂能吸附在阴极表面,增大阴极极化,使镀层结晶细致、光亮。其主要有三类:芳香族类 (如苄叉丙酮、苯甲酰胺)、氮杂环化合物 (如 3-吡啶甲酰胺) 和芳香醛类 (如肉桂醛),其中以苄叉丙酮效果最好,国内市场销售的商品添加剂都是以苄叉丙酮为主光亮剂,但由于其很难溶于水,因此必须加入一定量的助剂,使主光亮剂以极高的分散度分散在电镀液中才能发挥作用。这些助剂在电镀中被称为载体光亮剂，常用的有 OP 乳化剂和脂肪醇聚氧乙烯醚（AEO）等。

　　辅助光亮剂与主光亮剂配合使用可增大阴极极化，特别是对低电流密度区影响更大，能够在低电流密度区得到光亮的镀层，同时使镀液的分散能力提高。目前生产中采用的辅助光亮剂主要有：芳香族羧酸盐（如苯甲酸钠）、芳香族羧酸（如肉桂酸）和磺酸盐（如亚甲基双萘磺酸钠）。

　　B　电极反应

　　虽然 Cl⁻ 也能与 Zn^{2+} 络合，但络合能力很弱。因此氯化钾（钠）镀锌仍属于简单盐电解液电镀，其阴极反应为 Zn^{2+} 还原为金属锌，反应方程式如下：

$$Zn^{2+} + 2e \longrightarrow Zn \tag{2-22}$$

同时还有可能发生 H^+ 还原为氢气的副反应：

$$2H^+ + 2e \longrightarrow H_2 \uparrow \tag{2-23}$$

阳极反应为金属锌的电化学溶解：

$$Zn \longrightarrow Zn^{2+} + 2e \tag{2-24}$$

当阳极电流密度过高时，阳极进入钝化状态，此时还将发生析出氧气的副反应：

$$4OH^- \longrightarrow 2H_2O + O_2 + 4e \tag{2-25}$$

2.3　合　金　电　镀

2.3.1　合金电镀基础

　　相比于单金属镀层，合金镀层具有结晶细致、镀层更平整及满足特殊需求的外观等优点，并能够获得单一金属所没有的特殊物理性能，如导磁性、减磨性（自润滑性）、钎焊性。合金的电沉积过程比单金属沉积复杂得多，镀液的组成、温度及电流密度等工艺条件对合金的组成有很大的影响，同时也影响到它们的组织结构和性能。这就使得电沉积合金的金相组织往往与同一组成的热熔合金不一样，有时候这种差异还相当突出。而且，不同工艺条件下电沉积出的同一组成的合金，其金相组织也有可能不同。

　　在电镀合金的过程中，镀液中各组分的浓度及工艺条件均需严格控制，任何一个因素的变化都会引起镀层合金成分的变化，从而影响镀层的性能。因此，电镀合金镀层的研究与应用要比电镀单金属复杂得多，也困难得多。只有那些镀层成分受工艺因素变化影响不大的合金镀种，或者是镀层成分虽有变化但镀层性能变化不大的镀种，才有可能获得实际应用。所以，尽管研究过的合金镀种有很多，但真正能够用于生产的并不太多。

2.3.1.1　合金电镀的基本条件

金属离子能否在阴极上析出，取决于它的标准电位、溶液中金属离子的活度及阴极极化的大小。实践证明，只有少数标准电极电位比较接近、阴极极化也不太大的两种金属才能在其简单盐溶液中共同析出。例如镍（-0.126V）与钴（-0.277V)的标准电极电位比较接近，它们在硫酸盐溶液中析出时过电位也比较接近，所以通常可以从它们的简单盐水溶液中共沉积出来。然而，对于大多数金属来说，标准电极电位相差比较大，比如铜、锌、锡等，它们很难在其简单盐水溶液中共沉积。为了实现合金电沉积，可采用以下几种方法：

（1）改变金属离子的浓度。对于平衡电位相近的金属，一般通过改变金属离子的浓度，如降低电极电位比较正的金属离子的浓度，使其电位负移，或增大电极电位比较负的金属离子的浓度，使其电极电位正移，从而使两种金属的析出电位相互接近，就可以很容易地使它们以合金的形式共沉积。但对于多数电位相差特别大的金属离子，很难通过改变离子浓度来使其在阴极上实现共沉积。因为，离子浓度的改变对其平衡电位的移动作用是非常有限的。

（2）采用络合物溶液。很多金属离子都能和一定的络合剂形成络离子，它们的电离度都比较小。不仅可以使金属离子的平衡电位向负的方向移动，还能增加阴极极化。不同金属与不同络合剂形成的络离子的稳定性各不相同，这使得它们的平衡电位和阴极极化都存在明显的差别。可以利用这一特性，通过选择适当的络合剂，使电位较正的金属的放电电位与电位较负的金属接近，从而使它们有可能在阴极上共沉积。

（3）选用适当的添加剂。添加剂对金属的极化影响很大，而对金属的平衡电位影响却很小。添加剂在阴极表面上或形成络合物或被吸附，对金属的电沉积具有明显的阻滞作用，这就要求所选择的添加剂要具有一定选择性的阻滞。也就是说，一种添加剂可能仅对某几种金属的电沉积有效果，而不影响另外一些金属。添加剂一般是一些有机的表面活性剂物质或胶体物质，如蛋白胨、明胶、阿拉伯树胶、二苯胺、萘酚、麝香草酚等。

（4）利用共沉积时电位较负的组分的去极化作用。在合金形成过程中，由于组分金属的相互作用，引起体系自由能的变化，而有可能出现平衡电位的移动，使得在某些具体工艺条件下电沉积合金时，发现电位较负的金属其电位向较正的方向移动，即发生了极化减小的现象，这种现象称之为去极化。结果使得一些电位较负的金属变得容易析出，例如电沉积 Zn-Ni 合金时的 Zn。

一些标准电极电位很负的金属，如钨、钼、钛等，是不可能从水溶液中单独沉积出来的。如果使这类金属与铁族金属以合金形式共沉积，则它们的放电电位将向正的方向移动，从而沉积出合金镀层。这类合金的共沉积，通常称为诱导共沉积。

2.3.1.2　合金电镀的阳极

在合金电镀过程中，阳极的作用十分重要，它关系到镀液成分的稳定，而镀液成分的稳定直接影响合金镀层的组成和质量。因此，电镀合金对阳极的要求比电镀单金属更高。目前，电镀合金中使用的阳极主要有以下几种类型：

（1）可溶性合金阳极。这种阳极是将预沉积的两种或几种金属按一定比例熔炼成合金，并浇铸成形，其成分应与合金镀层的成分相同或相近。合金阳极的金属组织、物理性质、化学成分及所含杂质等都会对合金的溶解电位及溶解的均匀性有明显的影响。一般采用单相或固溶体类型的合金阳极，获得的电镀效果都会比较理想。采用此类阳极，工艺控制比较简单，而且经济成本低，所以得到了广泛的应用。

（2）可溶性单金属联合阳极。所谓的单金属联合阳极即将预沉积的几种金属分别制成单金属的阳极板，按照工艺要求的比例挂入镀槽中。为了使几种金属能够按照所需要的比例溶解，在电镀过程中需要调节浸入镀液中各单金属阳极的面积或分别控制流向几种单金属阳极的电流等。当遇到一些很难使合金阳极难以正常溶解的合金电镀，就可以采用分开的单金属可溶性阳极。但采用此类阳极，需要复杂的设备及高难度的操作。

（3）不溶性阳极。当采用可溶性阳极有困难时，可选择化学性质比较稳定的金属或者其他导体，它仅起导电作用，主要是使氧气析出，而不参与电极反应。在电镀过程中消耗掉的金属离子靠添加金属盐类来补充，这就需要经常调整镀液，不利于生产效率的提升。另外，在添加金属盐类补充金属离子的同时，会给镀液带来很多其他的阴离子，影响电镀过程的进行。采用此类阳极成本较高，只有在镀液无法使用可溶性阳极或允许金属离子浓度有较大波动的时候才会采用。

（4）可溶性与不溶性联合阳极。在电镀合金生产中，可溶性的单金属阳极与不溶性阳极可以联合使用，这种工艺的选择取决于镀层材料的成分。对镀液中消耗较少的金属离子，通常是添加该金属的盐或氧化物来补充，对于消耗量较大的金属离子则用可溶的单金属阳极来补充。

2.3.2　电镀锌镍合金

由于电镀合金种类很多，这里仅选取电镀锌镍合金进行简要介绍。锌及其合金涂层作为牺牲金属涂层在汽车、电气、航空航天等行业中有着广泛的应用，电镀厚锌层为金属零件提供经济的保护已有多年的历史，但由于传统的锌层在高温腐蚀环境中无效，目前已被其合金所取代，与纯锌镀层相比，锌镍合金具有良好的硬度、耐磨性等力学性能，因此，它被广泛接受作为一种生态友好的有毒涂料的替代品，如六价铬镀液表面处理的替代，目前，用于钢的锌镍合金电沉积技术代替了用于铝合金腐蚀保护的非铬酸盐表面处理，在所有常用的电镀合金中，锌镍合金是商业应用开发最多的一种。镀液从氯化铵型、氯化钾型发展到碱性锌酸盐型，主要用于中外合资生产汽车、航空航天、其他劳工产品及机械产品等[80-82]。

锌镍合金镀层外观呈灰白至银白色，与锌镀层一样，均为阳极镀层，有较高的耐腐蚀性，若经钝化处理，还可进一步提高其耐腐蚀性。锌镍合金是近50多年来发展起来的一种新型的防护性镀层，已经得到了广泛的应用。锌镍合金镀层的耐蚀性比纯锌镀层高7~10倍，作为一种高耐蚀性、低氢脆性、可焊性和机械加工性等优良的防护性镀层将有更广泛的应用前景。

目前，锌镍合金镀液主要有酸性和碱性两种体系。酸性体系主要为氯化物镀锌液发展而来，此外还有硫酸盐体系、氯化物-硫酸盐体系等。碱性体系主要由锌酸盐镀锌体系发展而来，此外还有焦磷酸盐体系、多聚磷酸盐体系等。以往研究的锌镍合金镀液大多是酸性体系，但是强碱性的镀液与酸性镀液相比有明显的优势，如分散能力好、工艺简单、成本低，在大电流密度范围内镀层较均匀等。镁、铝及其合金在强碱性镀液中电镀锌镍合金，能很好地解决其在酸性镀液中的腐蚀问题。

2.3.2.1 酸性锌镍合金电镀

酸性氯化物体系的优点是导电能力好、分散能力较好、电流效率高、沉积速度快、氢脆性低，镀层的耐蚀性和光亮度一般较碱性镀液好，易实现常温操作，可用于高碳钢和铸铁件电镀。镀液中主盐为氯化锌和氯化镍。

镀液中主盐的浓度是影响镀层组成的主要因素。为了得到一定组成的锌镍合金，需要控制镀液中 Zn^{2+}/Ni^{2+} 含量比例，有研究严格控制了镀液中锌镍离子的浓度及两者的比值，通过实验表明，在 Zn^{2+}/Ni^{2+} 浓度比在 8.0~9.9 时镀层状况均较好，镀层镍含量也基本稳定且处于较好的状态。另外，随着轻合金的应用范围越来越广，镁合金上沉积锌合金引起了很多人的关注，与传统的镁合金防腐蚀涂层相比，锌镍合金涂层具有更好的防腐蚀性能，特别是当镍含量为 12%~14%（质量分数）时，锌镍涂层的金属间相为 $\gamma\text{-}Zn_{21}Ni_5$[83-84]。在 Zn^{2+}/Ni^{2+} 不变的条件下，增大镀液中金属离子的总浓度，锌镍合金镀层中 Ni^{2+} 含量变化不大。该体系中导电盐为氯化铵、氯化钾，其作用主要是提高镀液的电导率，并改善镀液的分散能力和覆盖能力。另外，NH_4^+、Zn^{2+} 与 Ni^{2+} 都有一定的络合能力，会影响镀层的组成。常用的锌镍合金添加剂有醛类（如胡椒醛、氯苯、甲醛、肉桂醛等）、有机酸类（如抗坏血酸、氨基乙酸、苯甲酸、烟酸等）、酮类（苯亚甲基内酮、芳香烯酮、苯乙基酮等）、磺酸类（木质素磺酸钠、萘酚二磺酸等）及杂环化合物等。表 2-20 为酸性氯化物电镀锌镍合金工艺条件。

表 2-20　酸性氯化物电镀锌镍合金工艺条件

成分及工艺条件	配　方		
	NH₄Cl 型	KCl 型	
氯化锌浓度/g · L⁻¹	65 ~ 75	70 ~ 80	75 ~ 80
氯化镍浓度/g · L⁻¹	120 ~ 130	100 ~ 120	75 ~ 85
氯化铵浓度/g · L⁻¹	200 ~ 240	30 ~ 40	50 ~ 60
氯化钾浓度/g · L⁻¹		190 ~ 210	200 ~ 220
硼酸浓度/g · L⁻¹	18 ~ 25	20 ~ 30	25 ~ 30
721-3 添加剂浓度/mL · L⁻¹	1 ~ 2	1 ~ 2	
SSA85 添加剂浓度/mL · L⁻¹			3 ~ 5
光亮剂或稳定剂浓度/mL · L⁻¹		20 ~ 35	
pH 值	5 ~ 5.5	4.5 ~ 5.0	5 ~ 6
阴极电流密度/A · dm⁻²	1 ~ 4	1 ~ 4	1 ~ 3
温度/℃	20 ~ 40	25 ~ 40	30 ~ 36

在锌镍合金电沉积中，镍的动力学行为比锌慢，镍的沉积相对于锌来说要慢一些。随着温度的升高，反应速度加快，镀层中含镍量随温度升高而增加。随pH 值增加，镀层含镍量也随之增加。镀液 pH 值过高，当接近于氢氧化锌及氢氧化镍的临界 pH 值时，就易生成氢氧化物沉淀夹杂于镀层中，对镀层质量不利；当 pH 值过低时，锌阳极溶解加快，Zn^{2+} 迅速增加，使镀液成分发生变化。在对镁合金上锌镍合金涂层质量影响因素研究中，发现镀层厚度随 pH 值增加而逐渐减小，当处理液的 pH 值低于 3.0 时，可形成致密的表面层，当处理液 pH 值高于 5.0 时，涂层形成过程中的转化反应速度较慢。因此，电镀过程中必须严格控制镀液的 pH 值。

2.3.2.2　碱性锌镍合金电镀

碱性锌镍合金镀液的最大优点是分散能力和深镀能力较强，无氢脆，适用于复杂零件的电镀，镀液成分简单，对设备腐蚀性小。它的缺点是电流效率低，沉积速度慢，不能用于高碳钢和铸铁件的镀覆。但是与酸性镀液相比，其分散能力在宽的电流密度范围内合金镀层的比例均匀程度、工艺操作、成本等方面均优于酸性镀液。表 2-21 为碱性电镀锌镍合金工艺条件。

表 2-21 碱性电镀锌镍合金工艺条件

成分及工艺条件	配方 1	配方 2
氧化锌浓度/g·L^{-1}	8~12	6~8
硫酸镍浓度/g·L^{-1}	10~14	
氢氧化钠浓度/g·L^{-1}	100~120	80~100
乙二胺浓度/mL·L^{-1}	20~30	
三乙醇胺浓度/mL·L^{-1}	30~50	
镍配合物浓度/mL·L^{-1}		8~12
芳香醛浓度/mL·L^{-1}		0.1~0.2
ZQ 添加剂浓度/mL·L^{-1}	8~14	ZN-11：1~2
阴极电流密度/A·dm^{-2}	1~5	0.5~4
温度/℃	15~35	25~35

氧化锌在镀液中提供锌离子，与氢氧化钠形成锌酸盐。配方 1 中硫酸镍和乙二胺、三乙醇胺形成镍的络合物，配方 2 是 Ni^{2+} 和某种络合剂形成镍络合物，由它们在镀液中提供镍离子。添加剂（如 ZN-11）在电极表面上具有强的吸附作用，对 Zn^{2+} 和 Ni^{2+} 放电过程起抑制作用，能提高阴极极化，使锌镍合金镀层晶粒细化，与芳香醛配合，以获得光亮细致的锌镍合金镀层。

强碱性溶液电镀锌镍合金对镀液中的络合剂和添加剂有较高的要求。既要保证 Zn^{2+} 和 Ni^{2+} 在强碱性溶液中不产生沉淀，又要使 Zn^{2+} 和 Ni^{2+} 络合后沉积电位相近，还要求在镀层沉积时，镀层中的含镍量要在耐蚀性的最佳范围之内。因此，针对电镀锌镍合金的络合剂跟添加剂的研究国内外有很多，而且复合添加剂也有可能是今后研究的一个主要方向。目前对于锌镍合金电镀的应用方面主要是针对钢铁件的防腐问题，对于轻合金方面的防腐应用研究报道还较少。有研究者通过对镁、铝合金分别进行微弧氧化、化学镀、电沉积导电高分子等发现，微弧氧化方法对实现防腐目的的作用并不理想，后两者虽对防腐有一定的改善，但在实际应用中还存在一些问题。而通过碱性溶液电镀锌镍合金则可以保证轻合金在特定的电位-pH 值范围内进行，所以在轻合金表面电镀锌镍合金有望解决镁、铝耐蚀性的问题。

目前，锌镍合金电镀的研究主要集中在工艺方面，如将氯化钾镀锌液直接转化为锌镍合金镀液，以及将碱性镀锌液直接转化为锌镍合金镀液并成功商业化，这些新工艺都或多或少地开发了新的络合剂和光亮剂。锌镍合金显示出优良的耐腐蚀性能、良好的防护性/价格比和低氢脆等特性，已经成为优良的代镉镀层[85-86]。

2.4　复　合　电　镀

2.4.1　复合电镀基础

复合镀层可以在不影响基体金属的物理及化学性质的条件下，实现改善材料表面性能的需求，进而扩大材料的应用领域及范围。具体用途体现在以下几个方面：（1）提高金属或合金耐磨蚀、耐磨损、抗蠕变性等（如 Ni-SiC、Pb-TiO$_2$）；（2）作为干性自润滑复合镀层（如 Ni-PTFE）；（3）提高高温强度（如 Ni-ZrO$_2$）等。

复合镀层的基本成分有两类：一类是基体金属，基体金属是均匀的连续相；另一类为不溶性固体颗粒，它们通常是不连续的，分散于基体金属之中，组成不连续相。所以，复合镀层属于金属基复合材料，从而使镀层具有基体金属和固体颗粒两类物质的综合性能。

相比其他采用制备复合材料达到增强性能的方法，复合电镀具有其独到的优越性和特点：

（1）反应大多在水溶液中进行，温度较低，很少超过 90℃，因此，除了目前已经大量使用的耐高温陶瓷颗粒外，可以采用复合电镀将各种有机物和遇热易分解的物质分散到镀层中以制备各种复合材料。相较于热加工方法，复合电镀过程中因温度较低，基体金属与夹杂几乎不发生反应，所以不会改变它们各自的性能。如果想要它们之间发生扩散，可以在电镀后进行相应的热处理，从而获得想要的性能，也就是说，复合电镀将材料所具备的性能掌握在自己手里，可以通过控制相关实验条件，获得自己所需的性能，增强了人们对材料性能获取的主动地位。

（2）一般情况下，只需在一般的电镀设备、镀液、阳极等基础上稍加改造，即可用来进行复合电镀。与其他电镀方法相比，复合电镀设备投资少，可以通过采用比较廉价的复合镀层来替代一些价格较贵的原材料，减少生产成本，并且其操作比较简单，易于控制，能源消耗低，效率高。所以，采用复合电镀方法制备复合材料是一个比较方便而且经济的方法。

（3）可以根据不同零件的性能要求，加入一种或数种性质各异的颗粒，制出各种各样的复合镀层，即根据不同的使用需求，通过改变镀层中颗粒的类型和含量来控制镀层的性质。即复合电镀技术可以使材料在基体金属不发生任何变化的情况下改变和调节材料的机械、物理和化学性能，使材料满足不同工况下的使用性能。

（4）由于很多零部件的性能（耐磨性、减摩、导电等）是由零部件的表面体现出来的，因此在很多情况下可以采用某些具有特殊性能的复合镀层代替其他方法制备整体的实心材料，这种方法不仅可以轻松地改变材料表面性质，还不会对基体材料的物理及力学性能产生影响。

根据镀层使用的目的，复合镀层分为防护-装饰复合镀层、功能复合镀层和用作结构材料的复合镀层。其中功能复合镀层是利用镀层的各种物理、机械、化学性能，如耐磨、导电等，来满足各种实用场合的需要，在生产和科研中应用很广，比如硬铬在铝基板上的复合电镀，通过对温度、电流密度和时间的优化，制备出了复合镀镍、铜和铬层，获得较高的抗点蚀性能[87]。耐磨复合镀层主要使用 Al_2O_3、ZrO_2、SiC、WC、TiC 等固体颗粒与 Ni、Cr、Co、Fe、Cu 等基体金属复合，通过复合电镀，形成具有良好耐磨性的复合镀层。

2.4.2 耐磨复合镀层

镍基碳化硅耐磨复合镀层是最早进行研究和得到实际应用的功能镀层。1962 年联邦德国的 W. Metzger 首先将镍-碳化硅复合镀层用于汽车转子发动机缸体内壁的渐开线型面上，并获得了成功。1963 年德国开发了商品名为 Nikasil 的镍基碳化硅复合材料，在各种往复发动机中采用它作为气缸的内衬。到目前为止，由于其昂贵的成本，仅有少数欧洲和日本的汽车厂家在其最新型的汽车中采用了镍-碳化硅复合镀层工艺。除了碳化硅外，镍还能与其他多种硬质固体微粒如氧化铝、二氧化钛等共沉积成耐磨复合镀层。但 Ni-Al_2O_3 复合镀层的耐蚀性低于纯镍层。除去镍基耐磨复合镀层外，还有铜基（最具代表性的为 Cu-SiC）。这两种金属基复合镀层中所添加的固体微粒大致和镍基相同。

下面以 Ni-SiC 复合镀层为例，说明耐磨复合镀层的制备及其工艺参数对镀层性能的影响。Ni-SiC 复合镀层的基础镀液有瓦特镀液和氨基磺酸盐镀液两种，但以第一种应用居多。表 2-22 为镍基耐磨复合镀层基础镀液组成及工艺条件。

表 2-22　镍基耐磨复合镀液组成及工艺条件

镀液组成及工艺条件	瓦特镀液		氨基磺酸盐镀液	
	配比 1	配比 2	配比 3	配比 4
硫酸镍浓度/g·L^{-1}	250~350	250		
氯化镍浓度/g·L^{-1}	40~60	60	7~9	15
硼酸浓度/g·L^{-1}	35~45		35~45	45
磷酸浓度/g·L^{-1}		35		
氨基磺酸镍浓度/g·L^{-1}			300~400	500
添加剂浓度/g·L^{-1}	适量	适量	适量	适量
固体微粒浓度/g·L^{-1}	适量	适量	适量	适量
pH 值	3~4	4.2	3~4	
温度/℃	50	40~45	50	57
阴极电流密度/A·dm^{-2}	3~8	3	3~5	30

很多学者对 Ni-SiC 镀层在轻合金上的性能进行了研究，如有研究通过以 A356 铝合金为基体，采用不同操作条件的电沉积法制备 Ni-SiC 复合镀层，对复合涂层中 SiC 颗粒含量的分析表明，随着电流密度的增加，镀液中的颗粒更容易在涂层中共沉积，随着镀液中 SiC 颗粒数量的增加，涂层中颗粒的含量也增加。还有采用复合电镀技术在 TA15 合金上制备了镍碳化硅复合涂层，以 GCr15 为对应材料，对室温和 600℃下 TA15 合金的摩擦磨损行为进行了比较研究，结果表明，所得到的涂层较致密，具有比 TA15 合金更高的显微硬度，涂层在 600℃下滑动有显著的减摩擦效果，但在室温下没有明显的减摩擦效果，该涂层具有比 TA15 合金更优越的耐磨性。为了提高 AZ91 镁合金的表面性能，有研究将不同碳化硅含量的 Ni-SiC 纳米复合涂层脉冲电沉积在含有碳化硅纳米颗粒的表面。研究结果表明，在所限定浓度范围内，随碳化硅含量的增加，镀层的耐腐蚀性与耐磨性显著提高[88-90]。

Ni-SiC 复合镀层存在硬度及耐磨性随着镀层中 SiC 含量的上升而上升这一现象，主要原因有：首先，SiC 颗粒本身具有强度高、屈服极限大的特点，所以其耐磨性强于基体。当材料表面的镍基体层被磨掉，SiC 颗粒就会露出来承受载荷。镀层中 SiC 颗粒含量越多，则耐磨性就越强。其次，硬质相粒子 SiC 分散强化基体，阻碍位错运动，使镀层不容易产生塑性变形，所以镀层有较高强度，使得 SiC 颗粒在基体中镶嵌得更加牢固，降低了镀层的磨损量。但是 SiC 颗粒的含量有一个极值，当超过这个值，镀层的性能不仅不提升，反而会变差。产生这种现象的原因主要是随 SiC 颗粒含量增加，在镀层内的出现比较严重的 SiC 颗粒团聚，降低了 Ni 与 SiC 的结合强度，使得在摩擦过程中，SiC 颗粒易从基体 Ni 中脱落，从而降低了镀层的耐磨性。

2.5　特种电镀

2.5.1　脉冲电镀

2.5.1.1　脉冲电镀基础

脉冲电镀，即采用脉冲电源代替直流电源的电镀方法。脉冲电镀是通过对电流进行调制来实现电镀的，它使用的电流是一个起伏或通断的直流冲击电流，所以，脉冲电镀实质上是一种通断直流电镀。传统电镀过程比较单调平稳，仅有电流或电压可调，而脉冲电镀在电镀过程中则有很多可以改变的参数。采用脉冲电镀，可以根据基体金属的不同，通过改变电流的波形、频率等参数，获得具有一定特性的镀层。

脉冲电镀的分类方法有很多种，其中，根据脉冲周期的不同，可以分为高频脉冲和低频脉冲两种。高频脉冲是指频率范围在 0~5000Hz（有的可达 10000Hz）之间的，其脉冲定时范围在 0.1ms~99.99s，属于非常通用的方法，但缺点在于此方法成本较高，一般用于贵金属电镀、线路板镀铜等方面。低频脉冲是指频率范围在 0~200Hz 之间的，其脉冲定时范围在 4~9999ms，其通用性不如高频脉冲方法，但是由于具有成本低的优点，经常被用来镀镍及其他非贵金属等。

脉冲电镀存在很多优势，如获得的镀层致密、孔隙率低、电导率高，有良好的防护能力；降低了浓差极化现象，提高了阴极的电流密度，实现了提高镀层沉积速率的目的；消除了氢脆，使镀层内部应力得到改善；减少了添加剂的使用，使镀层的纯度得到了提高，保证了镀层成分的稳定性，增强了深镀能力等。在某些时候，为了达到同样的技术指标，可采用脉冲电镀在表面镀一层较薄的镀层代替较厚的直流电源镀出的较厚的镀层，起到减少沉积材料的作用，这对一些贵金属的节约有重要意义。

当然，脉冲电镀也存在一定的限制，限制因素主要有：脉冲的通断时间选择受电容效应的影响，脉冲电镀的最大沉积速度不能超过相同流体动力学条件下直流电镀的极限沉积速度等。

2.5.1.2　工作原理

脉冲电镀的工作原理是利用电压或电流脉冲的张弛增加阴极的活化极化和降低阴极的浓差极化。当电流导通时，阴极附近的金属离子沉积下来；当电流关断时，阴极周围的放电离子恢复到初始浓度。这样周期地连续重复脉冲电流有利于金属离子的还原，并显著地改善镀层的物理化学性能。脉冲电镀参数主要有：脉冲电流密度 J_p、平均电流密度 $J_m = J_p \gamma$、关断时间 t_{off}、导通时间 t_{on}、脉冲周期 T（或脉冲频率 $f = 1/T = 1/(t_{on} + t_{off})$）、占空比 $\gamma = t_{on}/(t_{on} + t_{off}) \times 100\%$。

对于脉冲参数的选择，一般遵循以下几个原则：

（1）t_{on} 的选择。t_{on} 由金属离子在阴极表面消耗的速率 J_p 来确定。如果 J_p 大，金属离子在阴极表面消耗得快，脉动扩散层也建立得快，则 t_{on} 可取短些，反之则取长些。但无论 t_{on} 取长或取短都应考虑电容效应的影响。一般脉冲电镀贵金属的 t_{on} 选择在 0.1~2.0ms 范围内，脉冲电镀普通金属的 t_{on} 选择在 0.2~3ms 范围内。

（2）t_{off} 的选择。t_{off} 由受特定离子迁移率控制的阴极脉动扩散层的消失速率来确定。如果外扩散层向脉动扩散层补充金属离子使之消失得快，则 t_{off} 可取短些，反之则可取长些。但无论 t_{off} 取长或取短都必须考虑电容效应的影响。脉冲电镀贵金属的 t_{off} 选择在 0.5~5ms 内，脉冲电镀普通金属的 t_{off} 选择在 0.1ms。

（3）J_p 的选择。J_p 是脉冲沉积时金属离子在阴极表面的最大消耗速度，其值越大，过电位就越大，有利于晶核的形成。一般情况下，在 J_m 不变的情况下，峰值电流密度值越大，则得到的晶粒尺寸就越小，获得的镀层表面粗糙度越低，镀层更致密。其大小受 t_{on}、t_{off} 和 J_m 的制约。在选定 t_{on} 和 t_{off} 及保持 $J_m/J_p \leqslant 0.5$ 的前提下，选取 J_p 越大越好。

（4）γ 的选择。γ 由选定的 t_{on} 和 t_{off} 确定。一般脉冲电镀贵金属选取 γ 为 $10\% \sim 50\%$，脉冲电镀普通金属选 γ 为 $25\% \sim 70\%$。

以上四点是脉冲参数选择的一般原则，最佳脉冲参数的选取应由实验结果来确定。

脉冲电镀一般可分为单脉冲电镀（正弦波、锯齿波、方波、多波形，一般情况下，镀单金属以方波脉冲电流为好）和双脉冲电镀（周期反向脉冲电镀，最早应用且普遍）。在实际使用中，方波脉冲电镀使用较为普遍，多用于无特殊要求的镀金、银、镍等场合，因此很多对脉冲电镀的研究都是针对方波进行的，多波形脉冲电源多应用于合金类表面硬质氧化，而双脉冲电镀则应用于一些对材料表面要求较高的场合，如精密仪器、电子元件、陶瓷基片表面处理等。图 2-3 给出了几种常见脉冲电镀方法的电流波形。

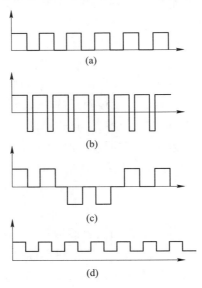

图 2-3　各种脉冲电流波形

（a）单向脉冲；（b）反向脉冲；（c）周期换向脉冲；（d）直流叠加脉冲

2.5.1.3　轻合金的脉冲电镀

下面以镁合金及铝合金为例，介绍在轻合金上脉冲电镀锌及其合金、镍、金的实例及所沉积镀层的性能状况。

　　A　脉冲电镀锌及其合金

　　与直流电镀锌镀层相比，脉冲电镀获得的锌镀层更加光亮细致、耐蚀性好。在无添加剂的碱性镀锌体系中，用脉冲电流电镀能够得到良好的镀层，因而可以减少添加剂的用量。镁合金上脉冲电镀锌层可以解决镀层质量不稳定的问题。通过将脉冲电镀锌层与直流电源电镀锌层的表面形貌、结构及耐蚀性进行比较发现，前者的沉积时间较短，相同时间下，脉冲电镀沉积的镀层更加致密，表面更加平整，晶粒尺寸更小，耐蚀性有很大的提升[91]。

　　与传统的镁合金防腐蚀涂层相比，锌镍合金涂层可能具有更好的防腐性能，采用脉冲电位电沉积法，在浸锌和镀锌铜后镀上锌镍合金涂层，发现电流的密度和频率、沉积时间和 t_{on}/t_{off} 对锌镍涂层的化学成分、厚度有较大影响，所镀锌镍涂层对 AZ91 镁合金具有很好的防腐作用[92-93]。还有研究在镁合金上先进行化学镀镍-磷合金，然后再进行脉冲电镀锌镍合金，形成组合涂层，通过扫描电镜及能谱仪等的分析表明，制备出的组合涂层表面无明显缺陷，成分均匀，致密，通过电化学分析表明，脉冲电镀镀层对化学镀镀层的腐蚀起到很好的机械保护作用，同时还可以作为牺牲阳极，具备电化学保护作用，对于镁合金基体的防腐具有重要意义[94]。

　　B　脉冲电镀镍

　　采用脉冲电镀法在铝合金基体上镀制镍镀层，通过对脉冲参数 t_{on}、t_{off} 及脉冲波形的分析发现，相比于直流电源电镀，铝合金上采用脉冲电镀镍可以细化镀层的晶粒，提升了镀层的致密度，增强了材料表面的耐腐蚀性能；通过调整 t_{on} 和 t_{off}，改善了镀层沉积条件，使获得的镀层硬度、耐蚀性均得到提高，减少了孔隙的产生；通过对不同的脉冲波形的分析，采用双脉冲波形进行电镀提高了获得镀层的均匀性[95]。

　　C　脉冲电镀金

　　在军工领域，一些电子设备中的微波元件的表面改性可以通过在这些器件表面镀金来实现。铝合金由于其特殊的性能，无法直接镀金，需要在基体上镀铜或者镀一层中性镍作为底层，例如通过在铝合金基体上采用化学镀镍的方法镀一层底层，然后进行脉冲电镀金。通过对脉冲镀层的物理与化学特性的分析，结果表明，电沉积的金镀层结晶细致，成分均匀，且经高温 300℃ 条件下保温半个小时后，未发生气泡现象，说明镀层有较好的附着力。

2.5.2　电刷镀

　　电刷镀又被称为选择电镀、无槽镀、涂镀、笔镀等，是电镀的一种特殊方式，电刷镀过程中不需要镀槽，只需要在不断提供电解液的条件下，用一支镀笔在工件上进行擦拭，即可获得电镀层。

2.5.2.1　电刷镀的原理

刷镀起源于槽镀技术，与电镀原理基本相同，过程受法拉第定律及其他电化学基本规律的支配，也属于电化学反应。但与一般的槽镀和化学镀不同的是其过程主要利用阴极和阳极的相对运动，使镀液中的金属离子在工件表面上沉积成金属镀层。

刷镀时，工件接电源的负极，镀笔接电源的正极，靠包裹着浸满溶液的阳极在工件表面擦拭，溶液中的金属离子在零件表面与阳极相接触的各点上发生放电结晶，并随时间增长逐渐加厚，由于工件与镀笔有一定的相对运动速度，因而对镀层上的各点来说是一个断续结晶过程。其工作过程如图 2-4 所示。图 2-5 和图 2-6 分别是实际工业应用中的电刷镀镀笔和电刷镀阳极。

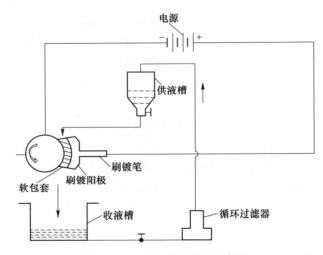

图 2-4　电刷镀工艺原理示意图

图 2-5　电刷镀工艺中使用的镀笔　　　　图 2-6　电刷镀工艺中使用的阳极

虽然电刷镀技术的基本原理与槽镀相同，但由于其阳极与零件表面接触、阳极和选定的局部表面相对运动、使用很大的电流密度这三个基本特点，决定了电刷镀的设备、溶液和工艺等方面具有其自身的特点。

2.5.2.2　电刷镀设备

电刷镀工艺的设备主要包括专用供液及集液装置、直流电源、镀笔等三部分。

供液集液装置的主要功能是给镀笔供液，其供液方式也可根据实际情况选择蘸取式、浇淋式或泵液式等，关键目的是要实现连续供液，保证金属离子的电沉积能正常进行。返回来的溶液一般采用塑料桶、塑料盘等容器收集，以供循环使用。

专用直流电源由整流电路、正负极性转换装置、过载保护电路及安培计等几部分组成。其中整流电路用于提供平稳直流输出，输出可无级调节的电压；正负极性转换装置用于满足电刷镀在工序中阳极或阴极的转换电解操作；过载保护电路用于刷镀过程的电路保护，实现快速切断主电源并保证电源和零件不会被烧坏。安培计用于在动态下计量电刷镀消耗的电量。

镀笔主要由阳极、绝缘手柄和散热装置组成，是电刷镀工艺的关键工具。阳极材料的基本要求是有良好的导电性，通常使用高纯石墨、铂-铱合金及不锈钢等不溶性阳极。根据被镀零件的形状，加工不同形状的阳极，通常被加工到被镀面的1/3。为了防止阳极与被镀件直接接触，阳极需用棉花和针织套进行包裹，过滤掉石墨粒子。套管材料要求有良好的耐磨性且不会污染镀液。绝缘手柄套在导电杆外面，常用胶木制作。刷镀过程会产生大量的热量，故镀笔上还需要安装散热片。

2.5.2.3　电刷镀溶液

电刷镀溶液是电刷镀技术的关键部分，对镀层性能有关键影响。

根据处理工艺环节的不同，刷镀使用的溶液种类也不一样。预处理溶液主要用于清洗工件表面油污的电净液和用于去除金属表面氧化膜和疲劳层，是使基体金属晶格显露出来的活化液。电镀液用于电沉积，每类金属电镀液又根据其沉积速率、镀液的性质、镀层的性能等特点分成不同的体系。钝化液主要用于处理铝、锌、镉等金属表面生成的氧化膜。退镀液主要用于退除镀件不合格镀层或多余镀层。

与槽液相比，刷镀工艺的溶液有明显的不同，例如，金属离子含量要高，导电性要好；适应刷镀工艺的温度范围要比较宽；稳定性要好，离子浓度和溶液的pH值变化区间比较窄；要适应外形复杂的镀件；要适应现代环保无毒性和无腐蚀性的要求。

2.5.2.4 电刷镀的特点及应用

A 电刷镀的特点

电刷镀也是一种金属电沉积的过程，基本原理与电镀相同。但与常规电镀相比，它又具有以下特点：（1）设备简单，携带方便，不需要大的镀槽设备；（2）工艺简单，操作方便，凡镀笔能触及的地方均可电镀，特别适用于不解体机件的现场维修和野外抢修；（3）镀层种类多，与基体材料的结合力强，力学性能好，能保证满足各种维修性能的要求；（4）沉积速度快，生产效率高，但必须采用高电流密度进行操作；（5）刷镀液不含氰化物和剧毒药品，故操作安全，对环境污染小；（6）但电刷镀也存在劳动强度大，消耗阳极包缠材料等缺点。

由于电刷镀技术方面的长足的进步，使这项技术在以下几个方面都得到广泛的应用：

（1）表面修复。当想获得小面积、较薄的镀层或局部镀层，且现场不解体修理机件，大型、精密零件不便于用其他方法修理，机械磨损、腐蚀、加工等原因造成零件表面尺寸和零件形状与位置精度超差等时，电刷镀可发挥其修复作用。

（2）表面强化。应用电刷镀技术可以强化新产品表面，使其具有较高的表面硬度、耐磨性、减磨性等力学性能和较高的表面耐腐蚀、抗氧化、耐高温等物化性能，使零件表面得到强化。

（3）表面改性。应用电刷镀技术，可以改善甚至改变零件材料的某些表面性能，如钎焊性、导电性、导磁性、热性能、光性能等，还可以用于表面装饰。

B 电刷镀的应用

对于电刷镀在轻合金上的应用，下面以铝及铝合金为例进行简单介绍。

电刷镀方法在铝材加工中的应用主要是进行表面导电改性处理，或者是用来恢复加工超差零件的尺寸精度等。然而，由于铝材种类繁多（纯铝、硬铝、锻铝、防锈铝、铸铝等），表面状态差异显著，因此，如何保证铝及其合金的刷镀质量一直是一个令人头疼的问题。铝上镀层结合力差的原因就是没能在镀前处理的过程中彻底去除氧化膜。能否彻底去掉氧化膜并防止其再生，是决定铝及其合金上电刷镀质量高低的关键。使用 FJY 系列刷镀技术中的铝活化液，可以显著提高活化效果，实际刷镀效果表明，该系列铝材活化处理技术具有广泛的适应性，镀层与基体的结合力甚至超过铝材本身的抗拉强度。

铝及铝合金的刷镀工艺流程可采取：机械打磨→电净→水洗→铝活化1→水洗→铝活化2→水洗→铝活化3→水洗→铝活化4→水洗→刷镀高韧性底铜→水洗→刷镀符合使用性能要求的工作层（铜、锡、金、银等）→水洗→检验。

（1）机械打磨。机械打磨的作用是为了去除在前期加工过程中残存的表面缺陷，例如铸造缺陷（氧化皮、毛刺、沙粒等）。有些铝件浸涂过表面保护剂（如清漆等），还有些铝件已经进行过阳极氧化处理（或化学氧化处理等），氧化处理后的表面有较厚的氧化膜（特别是阳极氧化处理）。因此，为了保证刷镀层与基体之间的结合力，刷镀之前必须用水砂纸打磨待镀表面，彻底去除表面附着物，露出新鲜的纯金属表面。

（2）电净。电净的作用是去除残留在工件表面的油污等污物。可以多进行几次电净处理，直到工件表面能被水完全湿润，不挂水珠。

（3）铝活化。铝活化1至铝活化4是为了彻底去除铝表面的氧化膜并防止其再生。此步骤是保证刷镀层与基体结合牢固的关键步骤。如果刷镀层与基体结合不牢，一定是该步骤没有处理到位。如果镀层结合不牢的质量问题，应彻底打磨掉刷镀层，重新进行活化处理。

（4）刷镀高韧性底铜。有人用酸铜或碱铜作铝上刷镀的过渡层，一般来说这种方法的成功率很低，常常出现基体的过腐蚀或镀层起皮现象。建议使用 FJY 系列刷镀液中的高韧性底铜，只有如此，才能保证刷镀质量。

（5）镀工作层。铝件的使用场合不同，工作层的性质也发生相应的变化。表面镀锡、镀银、镀金是为了提高其导电性能或焊接性能。表面镀镍、镀高硬铜可提高其耐磨性能。有时为了改善电磁屏蔽性能，也可能要求镀坡莫合金或镍磷合金等。一般情况下，可以将工作层直接镀在底铜上面。但是，如果工作层是镀金层，还应在底铜上镀一层镍作阻挡层，然后在镍上镀金。

为了防止电磁干扰，需要将电子设备密封在由铝合金制造的方舱内，方舱的交接缝处采用钎焊方法密封。为了提高铝合金表面的可焊性，需要在铝合金的表面上电刷镀铜。有研究采用西北工业大学研制成功的 FJY 系列铝合金表面电刷镀铜技术，在铝合金方舱的搭接面进行可焊性镀铜。测试结果表明，钎焊部位的搭接强度高于铝合金本身的机械强度。方舱成品和波导器刷镀分别如图 2-7 和图 2-8 所示。

图 2-7　军品方舱

图 2-8　军品波导器

　　为了减轻车辆的重量，很多发动机壳体的材质是铸铝的。与铸铁壳体相比，铸铝壳体的耐磨性要差一些。因此，常常需要对铸铝壳体的磨损面进行修复或表面强化。因为发动机使用一段时间后，轴与相关构件的配合间隙变大，机器震动加剧，瓦座发生剧烈磨损。当简单的零件更换已经不能满足维修要求的时候，采用刷镀法修复发动机壳体非常有效。图 2-9 是刷镀法修复发动机铸铝壳体的实物照片，修复部位是壳体的瓦座。

图 2-9　电刷镀方法修复发动机瓦座

　　在所有材质印刷机滚筒的电刷镀修复过程中，表面镀铬铝基滚筒的修复是最困难的。不论是铝基材，还是镀铬表面，很难保证其上的镀层与基体有牢固的结合力。只有采用 FJY 系列刷镀技术中的铬面、铝面复合刷镀方法才能保证刷镀质量。除 FJY 系列刷镀技术外，国内外其他任何刷镀技术均不能完成镀铬铝滚筒的电刷镀任务。图 2-10 是镀铬铝滚筒电刷镀修复实物照片。

　　由于金价昂贵，一般来说，很少有人要求在铝合金上电刷镀金。但是在特殊情况下，铝上电刷镀金也有其应用背景，图 2-11 是某物理研究所要求在铝上电刷镀金的实物照片。

图 2-10　镀铬铝滚筒电刷镀修复

图 2-11　铝上无氰镀金

　　通过铝材刷镀应用实例介绍可知，西北工业大学研制的 FJY 系列铝材表面刷镀技术可以在多种型号的铝及铝合金上刷镀高质量的表面镀层，解决了当前铝材刷镀层与基体结合力差的难题。在相关领域的特殊效果证明，该技术具有广阔的应用前景。为了满足和适应高速、高温、高压、重载、腐蚀及某些特定工况下零部件的修复与保护等需求，采用纳米元素对传统刷镀工艺进行改造、提升以获得性能优异的纳米复合镀层的纳米电刷镀技术正在兴起。

　　此外，电刷镀与其他表面技术的复合应用是多种技术互相取长补短的有机融合，是推广电刷镀技术在更大范围上应用的一大助力，它将使电刷镀技术更加灵活，适用性更强，应用领域更广。

2.6　化　学　镀

　　化学镀也称为无电解镀或者自催化镀，是在无外加电流的情况下借助合适的还原剂使镀液中金属离子还原成金属，并沉积到零件表面的一种镀覆方法，即

$$Me^{n+} + 还原剂 \longrightarrow Me + 氧化剂$$

化学镀的过程实质上是在金属的催化作用下，通过可控制的氧化还原反应产生金属的沉积过程。当镀件进入化学镀溶液时，镀件表面被镀层金属覆盖以后，镀层本身还对上述氧化和还原反应具有催化作用。化学镀的溶液组成一般包括金属盐、还原剂、络合剂、pH 缓冲剂、稳定剂、润湿剂和光亮剂等。与电镀相比，化学镀镀层均匀、针孔小。由于这些特点，化学镀技术在许多领域已逐步取代电镀，成为一种环保型的表面处理工艺。目前，已经能用化学镀的方法得到镍、铜、钴、钯、铂、金、银等金属或合金的镀层。

2.6.1　镀铜

化学镀铜层通常很薄，只有 $0.1 \sim 0.5 \mu m$。作为功能镀层时厚度较大，为 $1 \sim 10 \mu m$。化学镀铜层的物理、力学性能与金属铜差异很大，尤其是延展性和韧性较金属铜差很多。如化学镀铜时氢渗入镀层、有机杂质等夹杂在镀层中，都有可能使镀层呈脆性。适当的添加剂、镀后处理及加强搅拌可改善其延展性。其镀层的硬度较高，电阻率比实体金属铜大。

由不同镀液得到的化学镀铜层均为纯铜（与化学镀镍不同）。铜的标准电极电位为正值，较易从溶液中析出。化学镀铜时最常用的还原剂为甲醛，但甲醛有强烈的臭味，对人体有害。因此，近年来也采用其他还原剂，如肼、次磷酸钠、硼氢化物和乙醛酸等，但应用较少。化学镀铜时，常用的络合剂为酒石酸钾钠和乙二胺四乙酸钠（EDTA）。前者价格便宜，后者的镀液稳定性更好。

化学镀铜时的化学反应包括：

$$Cu^{2+} + 2HCHO + 4OH^- \longrightarrow Cu + 2HCOO^- + H_2 \uparrow + 2H_2O \tag{2-26}$$

该反应为主反应，在化学镀铜时还发生如下的副反应：

$$2HCHO + OH^- \longrightarrow CH_3OH + HCOO^- \tag{2-27}$$

$$2Cu^{2+} + HCHO + 5OH^- \longrightarrow Cu_2O + HCOO^- + 3H_2O \tag{2-28}$$

$$Cu_2O + H_2O \longrightarrow Cu + Cu^{2+} + 2OH^- \tag{2-29}$$

其中甲醛歧化的副反应是自身无意义的消耗，式（2-28）的副反应生成的 Cu_2O 会歧化生成分散在镀液中的铜微粒，导致镀液分解。因此，应尽量减少这些副反应，如加络合剂、稳定剂等添加剂。表 2-23 为酒石酸钾钠化学镀铜镀液组成及工艺条件。

表 2-23　酒石酸钾钠化学镀铜镀液组成及工艺条件

镀液组成及工艺条件	配比 1	配比 2	配比 3	配比 4
硫酸铜浓度/g·L^{-1}	10~15	20	10	35~70
甲醛浓度/mL·L^{-1}	10~20	5~8	5~8	20~30

镀液组成及工艺条件	配比 1	配比 2	配比 3	配比 4
酒石酸钾钠浓度/g·L⁻¹	$40\sim50$	100	25	$170\sim200$
氢氧化钠浓度/g·L⁻¹	$10\sim20$	30	15	$50\sim70$
碳酸钠浓度/g·L⁻¹		15		
pH 值	$11.5\sim12.5$	$11.5\sim12.5$	$11.5\sim12.5$	$11.5\sim12.5$
温度/℃	$25\sim35$	$25\sim35$	$25\sim35$	$25\sim35$

化学镀铜的主盐常用硫酸铜，也可以用硝酸铜、氯化铜、碳酸铜和酒石酸铜等。铜盐浓度增加，沉积速度会随之逐渐增加至一定值。镀层质量与铜盐浓度关系不大。添加剂包括稳定剂、加速剂和表面活性剂。稳定剂的作用与络合剂一样，是为了提高镀液稳定性。化学镀铜的稳定剂多为含氮或硫的化学物，如氰化物、硫化物、硫氰化物、亚铁氰化钾、吡咯、硫脲等。如果同时含有硫和氮，效果会更好。加速剂的主要作用是去极化，能使沉积速度加快。常用的有苯并二氮唑、胍、2-巯基苯并噻唑等，许多稳定剂同时也是加速剂。表面活性剂的主要作用是使表面张力降低，促进氢气的析出，减少镀层的脆性。非离子型表面活性剂效果较好，如脂肪醇聚氧乙烯醚、脂肪醇胺等。

考虑到甲醛对环境的污染，化学镀铜工艺主要采用次磷酸盐、1,2-乙二胺合钴等作为还原剂，在析出速度、镀层组成及表面形态等方面具有甲醛法工艺不具备的特性。

2.6.2　镀镍

2.6.2.1　化学镀镍技术的发展

化学镀镍是化学镀领域的起源。G. Gutzeit 首先比较系统地论述了化学镀镍的机理，总结了还原剂、络合剂的性质和作用，奠定了化学镀镍的理论基础。20世纪 80 年代后，化学镀镍在工艺、配方及废液处理等方面都获得了迅速的发展，是化学镀镍技术飞速发展的时期。一方面开发了耐蚀性较好的含磷 9% ~12%（质量分数）的高磷非晶结构镀层；另一方面也初步解决了化学镀镍工艺中诸如镀液寿命短、稳定性差等长期存在的一些问题，基本实现了镀液的自动供给与控制。随后，含磷 1% ~4%（质量分数）的低磷镀层和其他化学镀镍工艺相继被开发出来。低磷镀层具有硬度高、耐磨性好及可焊性好等优点，其镀层表面的硬度达 HV700，其磨损特性都优于中磷和高磷镀层，而且低磷镀层有着极佳的耐腐蚀性。

化学镀镍磷镀层可以通过控制镀层磷含量和热处理工艺来改变镀层的功能特性，比如经过热处理可以使非晶沉积态的镀层转变为结晶态的镀层，从而提高镀层的硬度。除工业上大量机械零件都要求镀层有耐磨、耐蚀性能外，镀层的导电性、可焊性、扩散阻挡性在电子工业中有重要用途。计算机硬盘要求镀层无磁性、无缺陷和具有可抛光性，光学反光镜则要求镀层内应力接近零，膨胀系数与基底接近及可抛光性好等。因为化学镀镍层同时具有镀层厚度与零件形状无关、硬度高、耐磨性好和具有天然润滑性及优良的耐腐蚀性等优点，并且还有许多可随磷含量而改变的磁性、可焊性和可抛光性等功能特性，因此，化学镀镍层被誉为"设计者的镀层"，随着轻合金的应用潜能逐渐被挖掘，像镁合金表面化学镀镍等的研究也越来越多，通过研究基体微观结构对镀层成核的影响及各种镀液参数的影响来优化工艺参数，获得具有良好防护性的镀层[96-99]。

镀层的质量取决于镀液和工艺条件等关键因素。1955 年，美国通用运输公司第一次提出商品化的卡尼根催化镀镍法。随后又相继开发出了 Duraposit 和 Durnicoat 法。到 1982 年又开发成功出以 Novotect 为代表的第三代化学镀镍商品镀液，这一镀液工艺不使用金属和含硫化合物作稳定剂，所得镀层有非常好的耐蚀性[100]。根据这一工艺，还延伸出了以次磷酸盐、硼氢化物、氨基硼烷和肼为还原剂的化学镀镍等工艺。目前，以次磷酸盐为还原剂的化学镀镍占整个化学镀镍总量的 99% 以上。

2.6.2.2　化学镀镍原理

以次磷酸盐还原镍离子的化学镀镍的过程的总的反应可以写成如下的形式：

$$3NaH_2PO_2 + 3H_2O + NiSO_4 \longrightarrow 3NaH_2PO_3 + H_2SO_4 + 2H_2 + Ni \qquad (2\text{-}30)$$

上述总反应的分步反应如下：

$$H_2PO_2^- + H_2O + e \xrightarrow{\text{催化}} H_2PO_3^{2-} + H^+ + H_{\text{吸附}}^- \qquad (2\text{-}31)$$

$$Ni^{2+} + 2H_{\text{吸附}}^- \xrightarrow{\text{供给能量}} Ni + H_2 \qquad (2\text{-}32)$$

$$2H_{\text{吸附}}^- \longrightarrow H_2 \uparrow + 2e \qquad (2\text{-}33)$$

$$H_2PO_2^- + H_2O + e \xrightarrow{\text{催化}} H_2PO_3^{2-} + H_2 \qquad (2\text{-}34)$$

$$H_2PO_2^- + H_{\text{吸附}}^- \xrightarrow{\text{供给能量}} H_2O + OH^- + P + e \qquad (2\text{-}35)$$

$$3H_2PO_2^- + e \xrightarrow{\text{催化、供给能量}} H_2PO_3^{2-} + H_2O + 2OH^- + 2P \qquad (2\text{-}36)$$

从式（2-30）~式（2-36）可以看出，采用次磷酸盐为还原剂化学镀镍过程除了还原出金属镍外，还还原出磷。所以，以次磷酸盐为还原剂得到的化学镀镍层实际上是镍磷合金镀层。当用含硼的还原剂时，除了还原出金属镍外，也还原出硼。当然，有时可以同时添加两种还原剂，在基体表面沉积出 Ni-P-B 复合镀层。

化学镀镍溶液一般由镍盐、还原剂、络合剂、pH 缓冲剂及各种添加剂组成。以次磷酸盐为还原剂的化学镀镍溶液有酸性和碱性两种。酸性镀液的特点是化学稳定性好且易于控制、沉积速率较高，镀层含磷量也较高，在生产中得到广泛的应用。碱性镀液的特点是 pH 值范围较宽，镀层的含磷量较低，但镀液对杂质较敏感，镀液的稳定性差，故碱性镀液在生产中应用较少。表 2-24 为酸性化学镀镍工艺镀液的组成及工艺条件。

表 2-24 酸性化学镀镍镀液组成及工艺条件

镀液组成及工艺条件	配比 1	配比 2	配比 3	配比 4
硫酸镍浓度/g·L^{-1}	30	25	20	23
次磷酸钠浓度/g·L^{-1}	36	30	24	18
乙酸钠浓度/g·L^{-1}		20		
柠檬酸钠浓度/g·L^{-1}	14			
羟基乙酸钠浓度/g·L^{-1}		30		
苹果酸浓度/g·L^{-1}	15		16	
琥珀酸浓度/g·L^{-1}	5		12	12
丙酸浓度/g·L^{-1}	5			
铅离子浓度/mg·L^{-1}		2	1	1
硫脲浓度/g·L^{-1}		3		
pH 值	4.8	5.0	5.2	5.2
温度/℃	90	90	95	90
镀层含磷量/%	10~11	6~8	8~9	7~8

化学镀镍溶液中的主盐为镍盐，一般采用氯化镍、硫酸镍、氨基磺酸镍及醋酸镍等无机盐。使用氯化镍做主盐，会显著增加镀层的应力，降低镀层的寿命。采用次亚磷酸镍作为镍和次亚磷酸根可以有效地避免硫酸根离子的存在，并能够显著控制碱金属离子的累积量，但该工艺主要存在的问题是次亚磷酸镍的溶解度有限和制备成本高。化学镀镍的反应是一个自催化的氧化还原过程，镀液使用的还原剂有次亚磷酸钠、硼氢化钠、烷基胺硼烷及肼等。

化学镀镍使用的络合剂一般都含有羟基、羧基及氨基等。化学镀镍溶液中的络合剂除了能控制游离镍离子的浓度外，还应能抑制亚磷酸镍的沉淀，有的络合剂甚至还能起到缓冲剂和促进剂的作用，提高镀液的沉积速度。络合剂的使用量主要取决于镍离子的浓度和其自身的化学结构。在镀液中每一个镍离子可与 6 个水分子微弱结合，当它们被羟基和氨基取代时，则形成一个稳定的镍配位体。一般情况下，络合剂的多个官能团能够通过氧和氮配位键产生一个镍的闭环配合物。当镀液中无络合剂时，镀液使用几个周期后，亚磷酸根会出现聚集，并产生亚磷酸镍沉淀；而加络合剂就能够大幅度提高亚磷酸镍的沉淀点，延长镀液的使用寿命。不同的络合剂组成对镀层沉积速率、表面形状、磷含量、耐腐蚀性等均有显著影响，因此选择络合剂既要保证沉积速率快，又要保证镀层质量好。

化学镀镍液是一个热力学不稳定体系，常常在镀件表面以外的地方发生还原反应，当镀液中产生一些有催化效应的活性微粒时，镀液容易产生激烈的自催化反应。因此，为了保证镀液的稳定，需要加入一定量的无机或有机稳定剂来稳定镀液，它们能优先吸附在微粒表面抑制催化反应，确保镍离子的还原只发生在被镀表面上。但必须注意的是，稳定剂是一种化学镀镍毒化剂，不能使用过量。试验证明，稀土也可以作为稳定剂，而且复合稀土的稳定性比单一稀土要好。

加速剂是一种加快反应速度的材料，使用机理可以认为是还原剂次磷酸根中氧原子被外来的酸根取代形成配位化合物，导致分子中 H 和 P 原子之间键合变弱，使氢在被催化表面上更容易移动和吸附。因此，加入加速剂能提高化学镀镍的沉积速率。常用的加速剂有丙二酸、丁二酸、氨基乙酸、丙酸、氟化钠等。此外，在化学镀镍溶液中，加入一些表面活性剂有助于降低镀层的孔隙率。一般常用的表面活性剂有十二烷基硫酸盐、十二烷基磺酸盐和正辛基硫酸钠等。

2.6.2.3　化学镀镍的应用

通过镀覆不同的镍基合金，可以赋予铝合金各种新性能，如磁性、润滑性等。一般铝合金化学镀镍前处理主要用浸渍的方法，包括蒸汽脱脂，喷水和流动水洗、酸洗等工序。除油最好用超声波的方法，但也可以用搅拌或移动零件的方法，碱性除油是在高温下进行的，效果也很好。在进入化学镀镍前最好在高温水中清洗，若水洗槽温度达不到化学镀镍槽的温度，可以用高温预镀槽进行几分钟化学镀，再进行正式的化学镀镍。

有研究对高强铝合金进行了化学镀镍，通过形貌观察、不同温度的热处理及耐热性能实验，表明此工艺处理后的镀层结构致密均匀、孔隙少、镀层光亮、结合力也较好，对于温度在 400℃ 以下化学镀层，其硬度随热处理温度的升高而增大，400℃ 处理后，镀层与基体的界面元素扩散现象明显，说明镀层在一定温度下具有保护铝基体的作用，尤其在瞬时高温的条件下镀层的保护作用更加明显[101]。

由于镁合金的电极电位低，电化学活性高，传统的化学镀镍溶液会对镁合金基体造成腐蚀，严重影响施镀效果。而且，镁会与镀液中的阳离子发生置换反应，这样沉积的镀层不但疏松多孔、结合力差，而且会影响到镀液的稳定性，缩短镀液的使用寿命。所以对于镁合金要想得到理想的镀层，最重要的是进行适当的前处理，使镁合金在前处理过程中生成的保护膜的作用下进行化学镀。按前处理方法的不同，镁合金的化学镀镍主要可划分为两种方法。第一种方法也是最早应用于镁合金的方法，是由 Dow 化学公司开发的浸锌工艺，简称 Dow 工艺。经过浸锌和预镀铜后的镁合金，可以按照铜合金的方法进行化学镀镍。第二种方法也是由 Dow 公司的 H. K. DeLong 等人设计的直接化学镀镍工艺。由于浸锌法过程复杂，要经过浸锌和氰化物预镀铜，而氰化物有剧毒，且浸锌法在高铝含量镁合金上难以得到令人满意的镀层，因此操作简单效果良好的直接化学镀镍方法逐渐受到重视。这种工艺主要应用了新的前处理方法，最早也是由 Dow 公司开发的，主要包括碱性清洗、酸性浸蚀、酸性活化、化学镀等步骤。

Ambat 等人对 AZ91D 镁合金的化学镀镍性能进行了研究，具体介绍了基底微观结构对涂层成核的影响及各种浴液参数的影响，并对实验参数进行优化，获得可以制备性能更好镀层的实验参数。邵忠才等人采用三种酸洗配方和活化配方对镁进行处理，通过对比实验研究了三种活化配方对镁的处理效果，实验结果表明，经 HNO_3（25mL/L）、H_3PO_4（25mL/L）、$NH_4H_2PO_4$（80~100g/L）、NH_4F_3（0~50g/L）的配方活化，在室温下，镁合金可直接实现化学镀镍，通过对镀镍层和活化层的性质的研究发现，镍磷涂层结构无晶态，镍磷涂层非常细致、均匀，活化涂层主要为氟化镁和 $Mg_2P_2O_7$，与镁基底相比，镁合金的腐蚀电位增加了约 1.1V，腐蚀电流密度明显下降，通过热冲击试验和锉刀试验表明，镁合金与镍磷涂层的黏附性良好[97, 102]。

2.6.3 复合镀

化学复合镀是化学镀与复合电镀的结合，即在化学镀中加入非水溶性固体微粒，当这些悬浮在镀液中的微粒与金属共沉积，就形成化学复合镀层。最早的化学复合镀工艺是由德国的 Metzger 研究成功的 $Ni-P-Al_2O_3$ 化学复合镀。化学复合镀不需电源和辅助阳极，不受基体材料形状的影响，并可获得硬度高和致密高的镀层。化学复合镀的基质金属有镍、铬、钴、铜和银等，化学复合镀所应具备的条件和影响因素与化学镀和复合电镀相近。化学复合镀综合了化学镀与复合电镀的优点。原则上，能进行化学镀的许多金属都可以进行化学复合镀，但至今研究与应用最多的是化学复合镀镍。$Ni-P-SiC$、$Ni-P-Al_2O_3$、$Ni-B-Al_2O_3$ 和 $Ni-P-SiO_2$ 化学复合镀层的硬度和耐磨性比电镀镍和化学镀镍高得多。经过热处理后的镀层硬度更高，其耐磨性高于复合电镀镍层。一般，各种镀镍层的硬度按照下列顺序依次增加：电镀镍、化学镀 Ni-P 合金、经热处理的化学镀 Ni-P 合金、化学复合镀 Ni-P-SiC 镀层、经热处理的 Ni-P-SiC 化学复合镀层。$Ni-P-PTFE$（聚四氟乙烯）、$Ni-P-(CF)_n$ 和 $Ni-P-MoS_2$ 化学复合镀层具有良好的自润滑性能，摩擦系数低，抗黏着力强，耐磨损性好。化学复合镀镍在工业领域，如汽车、机械、模具和电子工业等中有所应用。

　　化学复合镀液中固体微粒含量越高，镀层中微粒含量也就越高。一般，镀液中微粒的含量应是镀层中共析量的 10 倍左右。而镀层中金属与微粒的比可通过调节镀液的组成来控制。一般来说，镀液中微粒的最佳体积分数为 5% 左右。现在所应用的化学复合镀层中微粒的体积分数为 20%～30%，微粒适宜的粒径在 1～10μm 的范围，镀层厚度多为 12～25μm。化学复合镀镍通常用次磷酸钠作为还原剂的基础镀液。

3　涂　装　技　术

涂料是指涂布于物体表面，并在一定的条件下能够形成一层致密、连续、均匀的薄膜的一类液体或粉体材料，主要起到保护、装饰或其他特殊功能的作用。早期的涂料大多以植物油或天然树脂为主要原料，故又称作油漆。现在，合成树脂已取代了植物油或天然树脂。将涂料用一定的设备和方式涂布于物件的表面，经过自然或人工的方法干燥固化形成均匀的薄膜涂层，这一过程称为涂装。物体的表面材料千差万别，即使是同一种基材，不同的应用场合所需要涂装的涂料也不一样，如建筑内外墙，内墙涂料只要求有简单的装饰功能即可，而外墙涂料则要求具有良好的装饰、耐老化、耐水等性能。为了满足不同基材、不同场合的应用要求，生产出了种类繁多的涂料品种，相对应的涂装技术也得到了发展。

3.1　涂　　料

3.1.1　引言

自 1978 年改革开放后，中国打开了对外开放的大门，许多国家的涂料先后进入中国，促进了国内涂料行业的发展。进入 21 世纪后，中国的涂料发展进入了一个崭新的历史时期，2009 年中国的涂料年产量达 755.44 万吨，这是中国第一次超过美国，跃居全球涂料生产和消费的第一大国。

尽管涂料的应用与生产具有久远的历史，但在早期应用过程中并没有被纳入科学技术的领域，因为人们认为它是一种靠经验传授的工艺，至今还有许多人保持着这种看法。此外，早期的涂料所用原料主要是天然的植物油和天然树脂，因此，涂料长期被称作油漆。

随着科技的不断发展，如今的涂料与之前的油漆已经有很大的区别。科技发展使得涂料种类不断涌现，如硝基纤维漆、醇酸树脂、环氧树脂、聚丙烯酸、聚氨酯涂料等，并且新型涂料也在不断地被研发出来。随着对环境污染问题重视程度的增加，涂料的高固体分化、水性化和无溶剂化得到迅速的发展。现在的涂料行业正向着节省资源和能源、环保和有利于生态平衡的方向发展，水性涂料、特殊功能涂料等的出现就是最好的证明。

3.1.2 涂料的分类、作用及成膜方式

3.1.2.1 涂料的分类

经过长期发展，涂料有数千种之多。按涂料的形态可分为水性涂料、溶剂性涂料、粉末涂料、高固体分涂料等；按功能可分为防腐涂料、装饰涂料、导电涂料、耐高温涂料、隔热涂料、阻燃涂料、隐形涂料、抗菌涂料等；按施工工序可分为底漆、中涂漆、面漆、罩光漆等；按施工方法可分为喷涂涂料、辊涂涂料、浸涂涂料、电泳涂料等。

3.1.2.2 涂料的作用

涂料与塑料、橡胶和纤维等高分子材料不同，不能单独作为工程材料使用，涂料涂装在物体表面形成涂层，可赋予被涂材料以特定功能，其主要作用如下：

（1）保护作用。物体暴露在大气中，受到水分、气体、微生物、紫外线等各种介质的作用，会逐渐发生腐蚀，造成金属锈蚀等破坏现象，从而逐渐丧失其原有性能，降低其使用寿命。在物件表面涂上涂料，形成一层保护膜，使腐蚀介质不能直接作用于物体，避免了腐蚀的发生，从而延长了物品的使用寿命。例如，对于金属的腐蚀保护，源自高固含量溶液（17%~45%）的溶胶-凝胶涂层显示出优异的机械强度、良好的附着力，并在高温固化时为铝基材提供防腐蚀保护。目前已经研究和配制了溶胶-凝胶/环氧树脂混合涂料，其对应混合涂层显示出增强的机械强度，如硬度和耐磨性[103-104]。

（2）装饰作用。随着科技的发展，人类对生活质量的追求日益增强，涂料的装饰性能也显示出巨大的应用潜力，涂料涂敷在物体表面上，不仅可以改变物体原来的颜色，还可以配制出各种满足需求的颜色。通过涂料的精心装饰，可以将火车、轮船、自行车等交通工具变得明快舒适，还可使一些家用器具除了实用功能外，还可作为装饰品展示。

（3）特殊作用。除保护、装饰等作用外，涂层还可使材料表面具有绝缘、防污、防辐射、隐身等特殊功能。例如，液态氟碳喷涂料在铝合金制品上，具有优异的抗褪色性、抗起霜性、抗大气污染、抗紫外线照射和较强的抗裂性等，而铝型材经阳极氧化和电解着色后，对其进行电泳涂装，可具高透明性；镁合金表面通过合理选用环氧树脂和聚氨酯固化剂，可在其表面形成一层综合性能较好的耐高温涂料等；铝是飞机上使用最广泛的金属，在空客 A380 上，61%的零部件由铝合金制成，裸铝（非阳极氧化、氧化或涂漆）具有高反射率、低发射率，红外无损探伤检查铝制零件表面缺陷要求表面具有高发射率，此时需在铝制零部件表面涂上高发射率材料，如黑色油漆等[105]。

3.1.2.3　涂料成膜方式

大部分涂料是一种流动的液体（粉末涂料为固体形式），通过一定的涂装工艺在物体表面涂布，再经加热或溶剂挥发等途径在材料表面形成一层连续、坚韧的薄膜，这个过程中玻璃化温度不断升高。涂料的成膜机理因涂料的形态与组成不同而不同。根据涂料成膜物质的性质，涂料成膜方式可以分为两大类：由非转化型成膜物质组成的涂料以物理方式成膜，以及由转化型成膜物质组成的涂料以化学方式成膜。

A　物理成膜方式

依靠涂料内的溶剂或分散剂的直接挥发或聚合物粒子凝聚得到涂膜的过程称为物理成膜方式。物理成膜方式具体包括溶剂挥发成膜和聚合物凝聚成膜两种方式。

a　溶剂挥发成膜方式

溶剂挥发成膜是溶剂型液态涂料在衬底表面成膜的一种工艺。液态涂料在被涂物件上形成"湿膜"，其中所含有的溶剂挥发到大气中，涂膜黏度逐步加大至一定程度而形成固态涂膜。现代涂料品种中硝酸纤维素漆、过氯乙烯漆、沥青漆、热塑性乙烯树脂漆、热塑性丙烯酸漆和橡胶漆都以溶剂挥发方式成膜。在整个涂料成膜过程中，树脂不发生任何化学变化，通过溶剂挥发形成漆膜，其原理如图 3-1 所示。

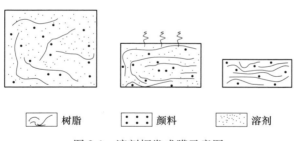

　　∿ 树脂　　∷∷ 颜料　　▦ 溶剂

图 3-1　溶剂挥发成膜示意图

溶剂的选择与成膜质量有很大关联。若溶剂挥发很快，则材料表面的涂料会因黏度过高而失去流动性，使涂膜不平整。另外，溶剂蒸发时散热很快，表面可能降至零点，使水凝结在涂膜中，导致涂膜失去本来的透明特性而发白或强度降低。而涂膜的干燥速度及程度直接与溶剂或分散介质的挥发能力有关，同时也与溶剂在涂膜中扩散程度及成膜物质的化学结构、相对分子质量和玻璃化温度、成膜时的环境条件和涂膜的厚度等有关。

b　聚合物凝聚成膜方式

聚合物凝聚成膜方式指在一定条件下涂料依靠其中作为成膜物质的聚合物粒

子相互凝聚形成连续的固态涂膜。分散型涂料主要是以这种方式成膜。含有可挥发的分散介质的分散型涂料（如水乳胶涂料）、非水分散型涂料及有机溶胶等，在分散介质挥发的同时产生高聚物粒子的接近、接触、挤压变形而聚集起来，如真石漆、乳胶漆就属于这种成膜方式。其成膜受环境温度、湿度影响。图 3-2 为乳液结构和乳液型涂料的成膜过程示意图。粉末涂料用静电或热的方法将其附在基材表面，在受热条件下高聚物热熔、凝聚成膜，有些粉末涂料在此过程中还伴随高聚物的交联反应（化学成膜）。

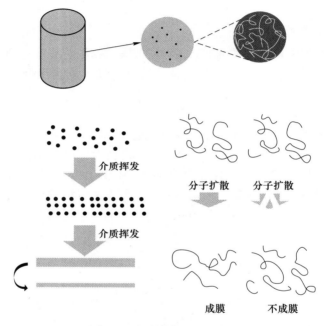

图 3-2　乳胶涂料成膜示意图

B　化学成膜方式

化学成膜指在加热、紫外光照或其他条件下，涂覆在基材表面上的低相对分子质量聚合物成膜物质发生交联反应，生成高聚物，获得坚韧涂膜。可将未交联的线型聚合物或者轻度支链化的聚合物溶于溶剂中配成涂料，然后在涂覆成膜后发生交联。另外，可以用简单的低分子化合物配成涂料，待涂料成膜后再令其发生交联反应。因此根据不同的过程将化学成膜机理分为两类：漆膜的直接氧化聚合和涂料组分之间发生化学反应的交联固化。

a　氧化聚合型

氧化聚合型涂料一般指油脂或油脂改性涂料。油脂组分大多为干性油，即混合不饱和脂肪酸的甘油酯。以天然油脂（如桐油、梓油等）为成膜物质的油脂涂料、含油脂成分的天然树脂涂料、酚醛树脂涂料和环氧酯涂料等涂料涂敷成膜后，与空气中的氧发生反应，产生游离基并引发聚合，最后可形成网状高分子结构。油脂的氧化速度与所含亚甲基基团数量、位置和氧的传递速度有关。利用钴、锰、铅等金属可促进氧的传递，加速含有干性油组分涂料的成膜。

随着涂料中的溶剂蒸发，交联反应随之进行。等交联反应完成后，涂膜不能再溶于原来的溶剂，甚至有些涂膜在任何溶剂中都不溶。相对分子质量大的涂膜干得快，并且空气必须透入整个涂膜中才能充分固化。在整个使用期中，涂膜与空气反应仍然缓慢进行，因此在室温下这种交联过程耗时较长。

b　交联固化型

反应交联固化的基本条件是涂料中所用树脂要有能反应的官能团，而固化剂要有活性元素或活性基团，把一般为线型结构的树脂交联成网状结构涂膜而完成固化反应，是热固性涂料包括光敏涂料、粉末涂料、电泳漆等的共同成膜方式。成膜过程中的影响因素主要有温度、催化剂、引发剂等。交联固化型成膜根据交联引发方式的不同，又可以分为固化剂固化型、热固化型、紫外光固化型等，环氧树脂漆是典型的以固化剂固化成膜的涂料。

某些涂料在自然条件下不能固化成膜，必须在一定温度条件下，树脂内部发生交联反应聚合固化成膜，原理如图3-3所示。例如，热固性氨基醇酸树脂涂料就属于这一类型，经过20min的140℃高温烘干，涂膜可以获得优异的性能，其硬度、光泽、附着力等均能达到指标的要求。此类油漆因独特的性能及高效的生产效率被大量应用于汽车的批量生产。

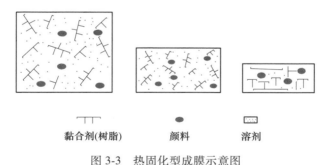

黏合剂(树脂)　　　　颜料　　　　溶剂

图3-3　热固化型成膜示意图

3.1.3　涂料的组成及常用涂料介绍

3.1.3.1　涂料的组成

涂料是由多种物质组成的混合物，因组成物质众多，所以构成了多种品种的涂料。大部分涂料一般由成膜物质、颜填料、助剂、溶剂四个部分组成（个别除外，如粉末涂料没有稀释剂，罩光清漆没有颜填料等）。涂料的基本组成见表3-1。

表 3-1　涂料的基本组成

涂料的组成	成膜物质	油料	干性油：桐油、苏子油、亚麻仁油等	不挥发分
			半干性油：豆油、棉籽油等	
		树脂	天然树脂：松香、虫胶、大漆、松香等	
			合成树脂：醇酸树脂、丙烯酸树脂、环氧树脂、酚醛树脂、聚氨酯树脂、氨基树脂、有机硅树脂、氟树脂等	
	颜填料	着色颜料	有机颜料：酞菁蓝、甲苯胺红、耐晒黄等	
			无机颜料：钛白、氧化铁红、氧化锌、铬黄、铁蓝、铬绿、炭黑、红丹、锌铬黄等	
		体质颜料	滑石粉、碳酸钙、硫酸钙、硫酸钡等	
	助剂		流平剂、消泡剂、分散剂、固化剂、防霉剂、增塑剂、催干剂、乳化剂、防结皮剂、偶联剂等	
	溶剂	活性	如紫外光固化涂料中的丙烯酸酯类活性稀释剂，环氧高固体分涂料中的环氧活性稀释剂等	挥发分
		非活性	有机溶剂：甲苯、二甲苯、乙酸乙酯、石油溶剂、香蕉水、丙酮、乙醇等（溶剂型涂料）	
			水（水性涂料）	

　　涂料随其类型不同，其组成也各异。颜填料是次要成膜物质，不包括颜填料的涂料呈透明状，被称为清漆，包含颜填料的不透明涂料被称为色漆（如磁漆、调和漆、底漆等），加有大量颜填料呈稠厚浆状体的涂料叫腻子。涂料组成中没有挥发性稀释剂的称为无溶剂漆，以有机溶剂作稀释剂的称溶剂型漆，以水作稀释剂的则称水性漆。此外根据不同涂料生产方式、使用目的还要加入各种辅料，称为涂料助剂或添加剂。

　　A　成膜物质

　　成膜物质包括主要成膜物质和辅助成膜物质两大类。主要成膜物质是指可单独形成有一定强度、连续的干膜的物质，如各种树脂、干性油等有机高分子物质及水玻璃等无机物质，是形成涂膜的关键成分。颜填料、某些助剂在涂膜形成时起着辅助作用，不能单独成膜，属于辅助成膜物质，但它们的存在能使涂膜更符合作用的要求，对成膜有辅助作用。

　　根据成膜物质形成漆膜过程又可将其分为转化型成膜物和非转化型成膜物。前者基料是未聚合或部分聚合的有机物，它通过化学反应交联形成漆膜，这类有机物有醇酸树脂、氨基树脂、环氧树脂、有机硅树脂及干性油、半干性油等。非转化型成膜物的成膜基料是分散或溶解在介质（溶剂）中的聚合物，如丙烯酸酯乳液、氯化橡胶、过氯乙烯、热塑性聚丙烯酸酯等，它们涂覆在底材表面后，其溶剂挥发，可在底材表面形成漆膜。

涂料配方中的主要成膜物质，也称为基料、漆料或漆基，都是以天然树脂（如虫胶、松香、沥青、大漆等）、合成树脂（酚醛树脂、醇酸树脂、氨基树脂、聚丙烯酸树脂、环氧树脂、聚氨酯树脂、有机硅树脂、氟树脂等）或它们的改性物（如有机硅改性环氧树脂等）和油料（桐油、豆油、蓖麻油等）三类原料为基础。

成膜物质是构成涂料的基础，能够粘接涂料中的颜料并牢固地黏附在底材的表面，如果没有成膜物质，则涂料无法形成连续的涂膜，即涂料的基本性能由成膜物质决定，主要包括油脂和树脂，还包括部分不挥发活性稀释剂。高分子树脂或油料是所有涂料都必须包含的主要成膜物质，此外溶剂（特别是水）、颜料、填料、助剂也是重要的组成部分。一般极性小、内聚力高的聚合物（如聚乙烯）黏结力很差，不适合作涂料用途树脂。高胶结性的树脂不具有硬度和张力强度，没有抵抗溶剂的能力，以及固化时收缩力大的树脂也不适合作为成膜物质。此外，成膜物质还要满足用户使用目的和环境要求。因此在成膜物质设计合成或选用时，应该在化学结构与性能方面予以全面考虑。

B　颜填料

颜填料按其性能和作用又大致可分为：着色颜料、金属颜料、功能颜料和体质颜料（填料）等四大类。

（1）着色颜料。可分为有机和无机两大类，几乎能涵盖所有的色相体系。无机颜料有钛白粉、立德粉、铬系颜料等；有机颜料按照色谱不同分为黄、橙、红、蓝、绿色等颜料，按化学结构可分为酞菁类、偶氮类、杂环类等。

（2）金属颜料。主要品种有铝粉（银色）、铜粉（金色）、锌粉和不锈钢粉。其中以铝粉的用量最大，铜粉的用量较铝粉少，光反射强度也稍逊于铝粉。铝粉、锌粉和不锈钢粉都具有防腐蚀作用，铝粉具有较好的装饰性。

（3）功能颜料。主要包括防污颜料、示温颜料、珠光颜料、荧光颜料、防锈颜料、导电颜料等。在涂料中使用功能性颜料可以赋予涂料特殊性能，而且颜填料还可以起到填充作用，降低成本。

（4）体质颜料（填料）。常见的有沉淀硫酸钡、碳酸钙、滑石粉、高岭土、硅藻石、石英粉、云母等。

颜填料的结构与形态决定颜填料与涂层材料其他组分之间的相互作用关系。颜填料本身都是具有化学活性的原子通过化学键连接起来的无机或有机化合物，并产生瞬时极性。这种瞬时极性或离子键不仅影响复合材料的流变性，还影响材料在某些状态下的电磁性能。无机颜填料的晶型与其光热稳定性密切相关，有机着色颜料存在共轭化学键、金属原子的络合配位级环状结构等问题。此外，颜填料不仅在结构上存在原子活性，晶体或颗粒表面还会存在很多缺陷，这些缺陷本

身是由化学键的断裂或空间结构的非稳定态引起的，在遇到其他具有相反特征的
原子或基团时也会发生吸引，这同样是颜料粒子在涂层中的应用基础。

作为影响涂料性能的主要因素之一，颜填料的物理化学结构对颜填料及与复
合材料的物理化学性能产生重要作用。不同类型的涂料对颜填料有不同的要求，
水溶性涂料使用的颜填料应与溶剂性涂料用的颜填料不同，尤其是电沉积的色漆
对颜填料的要求更高。在制作涂料时，除考虑颜填料品种对性能的影响外，还要
考虑不同颜填料比例和用量，如粉末涂料所用颜填料加入量应控制在 30%
左右[106-108]。

C　助剂

涂料中常用的助剂可以分为三类。第一类是为改善涂料性能的助剂，它们有
增稠剂、触变剂（防流挂剂）、防沉淀剂、防浮色发花剂、流平剂、浸润分散
剂、消泡剂等；第二类是为提高漆膜性能的助剂，它们有催干剂、交联剂、增滑
和防擦伤剂、增光剂、增塑剂、稳定剂、紫外光吸收剂、防污剂、防霉剂、抗菌
剂；第三类是为了赋予涂料特殊功能的助剂，如抗静电剂、导电剂、阻燃剂、电
泳改进剂、荧光剂等。助剂的加入量一般不超过涂料的 5%，它不能单独成膜，
但是对涂料的储存稳定性、施工性及涂膜的物理和化学性质却有很重要的影响。

D　溶剂

溶剂是用于溶解树脂和调节涂料黏度的低黏度液体。绝大部分涂料中所用的
溶剂是可挥发的，溶剂应具备溶解树脂的能力，并且还要使涂料有一定的黏度。
黏度大小的调节应与涂料的贮存和施工方式相适应。同时溶剂必须有一定的挥发
性，挥发后能使涂料形成特定性能的涂膜。理想的溶剂应当是无毒、闪点较高、
成本低、环境友好。对于非转化型涂料，溶剂有更为复杂的作用。它可能全部或
部分决定涂料的施工特性、干燥时间及最终涂膜的性能。因此，在涂料生产中常
采用混合溶剂作为基料的溶剂。

以有机溶剂（如石油溶剂、甲苯、二甲苯、香蕉水等）为稀释剂的涂料即
为俗称的溶剂型涂料，涂料涂装后溶剂挥发到大气中，造成严重的环境污染，逐
渐被其他更环保的涂料取代。以水为溶剂的涂料称为水性涂料，水的挥发比较
慢，漆膜性能一般，限制了此类涂料的使用范围。目前，市面上也有以活性稀释
剂（如光固化涂料中的丙烯酸丁酯、环氧高固体分涂料中的环氧活性稀释剂等）
为溶剂配制的新型涂料，环氧活性稀释剂降低了涂料的黏度，改善了施工性能，
有助于减少溶剂用量，使其在无溶剂涂料中有潜在的应用前景，这些稀释剂不挥
发到大气中，而且涂料性能优良，得到越来越广泛的应用和发展。

3.1.3.2　常用涂料

涂料的类型和种类很多，同一成膜物质的涂料，根据使用场合的不同，还可

以配制出很多品种的涂料，此处仅介绍一些常见的涂料。

A　溶剂型丙烯酸涂料

溶剂型丙烯酸涂料主要是指丙烯酸酯或甲基丙烯酸酯通过自由基溶液聚合反应生成的均聚物或共聚物。热塑型丙烯酸树脂的组成一般由不同甲基丙烯酸酯类单体共聚反应形成，利用过氧化苯甲酰或偶氮二异丁腈等通过自由基在溶液中聚合反应的原理形成。热固型丙烯酸树脂是通过溶剂挥发和官能团的反应交联固化成膜的，不仅有优越的保光保色性和耐候性，还具有优良的耐水性和耐油性等特点。现在广泛使用的热固性丙烯酸树脂漆主要是丙烯酸氨基漆和丙烯酸聚氨酯漆。用羟基丙烯酸树脂与氨基树脂结合作为基料制成的丙烯酸氨基漆比醇酸氨基漆有更好的耐光性和耐候性。另一类常见的丙烯酸聚氨酯漆是利用丙烯酸树脂的活性羟基与聚氨酯的活性异氰酸基发生化学反应交联形成的，故该漆以分装形式供应。

B　聚氨酯涂料

聚氨酯涂料可以分为双组分聚氨酯涂料和单组分聚氨酯涂料。双组分聚氨酯涂料一般是由异氰酸预聚物和含羟基树脂两部分组成，都具有良好的力学性能。主要应用方向有汽车修补涂料和特种涂料等。单组分聚氨酯涂料主要有氨酯油涂料、潮气固化聚氨酯涂料、封闭型聚氨酯涂料等品种，主要用于防腐涂料、预卷材涂料等，其总体性能不如双组分涂料全面。

C　硝基漆

硝基漆的主要成膜物是以硝化棉为主，配合醇酸树脂、改性松香树脂、丙烯酸树脂、氨基树脂等软硬树脂共同组成，还添加邻苯二甲酸二丁酯、二辛酯、氧化蓖麻油等增塑剂。溶剂主要有酯类、酮类、醇醚类等真溶剂。

D　环氧涂料

环氧涂料是一般含有较多环氧基团的涂料。环氧漆的主要品种是双组分涂料，由环氧树脂和固化剂组成。环氧漆的主要优点是对金属等无机材料的附着力很强，形成的镀层力学性能优良、耐磨和耐冲击，但一般用于底漆或内用漆。

E　氨基漆

氨基漆主要由氨基树脂和羟基树脂两部分组成。氨基树脂主要有丁醚化三聚氰胺甲醛树脂、甲醚化三聚氰胺甲醛树脂、丁醚化脲醛树脂等树脂。羟基树脂主要有中短油度醇酸树脂、含羟丙烯酸树脂、环氧树脂等树脂。氨基漆用于木器涂料的酸固化漆生产过程还需要加热固化，固化温度都在100℃以上。固化后的漆膜性能极佳，具有很好的装饰作用及保护作用。氨基漆主要用于汽车面漆、各种金属表面涂装、仪器仪表及工业设备的涂装。

F　不饱和聚酯涂料

不饱和聚酯涂料一般是由不饱和聚酯树脂的苯乙烯溶液、有机过氧化物等引发剂（交联催化剂）、环烷酸钴等促进剂、石蜡的苯乙烯等四组分混合制得，其中苯乙烯还起着溶剂合成膜物质的作用。其特点是它是无溶剂涂料，溶剂蒸气对环境污染小；可室温干燥，也可加热固化，在固化过程中漆膜收缩率较大，不易修补；漆膜硬而脆，容易损伤；漆膜必须打磨除蜡，并抛光；多组分包装，使用不方便；施工效率高，一道涂刷可获得厚涂层；尽管加入阻聚剂降低了空气阻聚的作用，但是漆的贮存稳定性还不够好，限制了其应用。其应用主要在金属表面的快干腻子、涂刷绝缘材料、缝纫机、化学储罐的涂层等。不饱和聚酯涂料也可制成色漆，一般采用添加黏度低的树脂或增塑剂分散颜料。聚酯树脂漆还可与光敏材料结合制成光感涂料，像照相底片一样能感光。

3.1.4　涂料的发展

随着工业的高速发展，环境污染是涂料发展必须解决的关键问题之一。传统涂料无论在制造过程还是施工应用过程中均会产生大量的有害废气和废水，特别是溶剂型涂料。1966 年美国率先颁布了第一个限制有机溶剂排放量的法规 *Development of Rule 66 Complying Solvents*。随后，欧洲、日本及北美等国家和地区相继颁布法规，对涂料中有机溶剂的排放量进行了严格的限制。目前，发展节能低污染型涂料（水性涂料、粉末涂料、高固体分涂料、光固化涂料）已经成为世界涂料发展的趋势。限制高耗油涂料的发展，重点围绕汽车、机电、石油化工等支柱产业的需求展开，大力发展高档合成树脂涂料、节能低污染型涂料、专用涂料和功能涂料。水性涂料、粉末涂料、高固体分涂料和紫外光固化涂料是当今涂料的重要发展方向。同时，涂料的功能化也是目前涂料发展的重要方向之一，如制备纳米涂料、隐身涂料、防火涂料、抗静电涂料、抗菌涂料等。

3.1.4.1　水性涂料

A　常见的水性涂料

水性涂料以水为分散介质和稀释剂，最突出的优点是分散介质水不污染环境，主要有水性聚氨酯型、环氧树脂型、水性丙烯酸树脂型等。水性聚氨酯是以水为分散介质的体系，主要有聚氨酯水溶液、聚氨酯分散液和聚氨酯乳液等三类。目前，水性聚氨酯涂料的发展主要受原材料、固化剂、封闭剂、交联剂等的限制。水性环氧树脂体系是指利用物理或化学的方法将环氧树脂以胶状形态或微粒形态均匀分散在水中，从而形成较为稳定的水性环氧乳液。环氧树脂水性化的制备方法主要有机械法、化学改性法及固化剂乳化法等。水性丙烯酸树脂广泛应用于胶黏剂、涂料等领域，其未来的发展路径主要是通过引入其他树脂或功能性单体，来获得高性能的水性共聚树脂。采用嵌段共聚、表面接枝共聚、核-壳种子共聚、互穿聚合物网络聚合及微乳液聚合等新型聚合工艺也是未来提高水性丙烯酸树脂性能的路径之一。

　　B　特殊功能水性涂料

　　特殊功能水性涂料主要有水性防腐涂料和水性氟树脂涂料。水性防腐涂料最常见的有丙烯酸体系、环氧体系及无机硅酸体系等。水性丙烯酸防腐涂料以固体丙烯酸树脂为基料，再配加改性树脂、颜填料、助剂及溶剂等配制成。水性无机富锌涂料以无机聚合物为成膜基料，通过锌粉与其反应在金属表面形成锌铁络合物，从而形成坚实的防护涂层。一般认为无机富锌涂层的防腐机理主要有利用锌粉的阴极保护作用和利用锌粉腐蚀产生锌盐逐渐堵塞涂层空隙而产生的屏蔽作用两种。当涂膜表面出现机械损伤后，锌粉的腐蚀产物在此沉积并形成保护膜，起到自修复作用。水性氟树脂主要包括全氟烷基乙基丙烯酸酯共聚物、甲基丙烯酸全氟乙基酯共聚物、全氟丙烯共聚物和偏二氟共聚物等。一般水性氟树脂都被制成单组分或双组分的乳液形式。水性氟树脂涂料具有耐高温、耐腐蚀和耐低温的特点，使用有效寿命长。

3.1.4.2　粉末涂料

　　粉末涂料有热塑性和热固性两类。热塑性涂料是以热塑性树脂为主要成膜物质，主要包括聚乙烯粉末涂料、含氟粉末涂料、聚苯硫醚粉末涂料、醋丁纤维素和醋丙纤维素粉末涂料等。聚氟乙烯粉末涂料一般由低密度聚乙烯制造，涂膜拉伸强度、表面硬度和冲击强度等物理、力学性能好。含氟粉末涂料常见的主要为偏氟乙烯涂料，可在200℃左右固化并烧结成膜。尼龙粉末涂料有优异的吸水性、耐酸碱盐及抗冲击性和柔韧性等力学性能，粉末颗粒大小和颗粒度分布是影响涂抹性能的重要因素。热固性粉末涂料以热固性树脂作为成膜物，通常是含有活性基团的聚合物和交联剂组成，主要有聚氨酯粉末涂料等。聚氨酯粉末涂料是由羟端基的聚酯和各种封闭型多异氰酸酯为成膜物质的粉末涂料，由羟基和异氰酸酯反应生成含氨基甲酸酯结构的聚氨酯交换膜。在巨大的环保压力下，粉末涂料正在不断地取代溶剂型涂料。粉末涂料及涂装技术的改进主要源自汽车行业、家电行业及普通工业领域需求的增长，其中包括原材料、制粉和涂装技术等的发展改进[109-110]。

3.1.4.3　高固体分涂料

　　高固体分涂料（HSC）主要是指固体含量在70%以上的涂料。但是，不同的涂料体系要求的固体含量是不相同的。HSC发展路径之一就是降低涂料中的溶剂，发展到极点就是无溶剂涂料，聚脲弹性体涂料就是此类涂料的代表。高固体分涂料的另外一个研究重点是低温固化型、官能团反应型及耐擦伤性好的高固体分涂料。

　　高固体分涂料的主要品种有氨基-醇酸树脂系、氨基-丙烯酸树脂系、丙烯酸-聚氨酯系等。高固体分醇酸树脂涂料的主要成分是醇酸树脂。醇酸树脂的特点是适用范围广和获得的镀层缺陷少等，这与醇酸树脂的表面张力较低有密切的关系。自干型醇酸树脂化学组成的优化导致溶液黏度下降，但也引起了干燥时间增加的问题，这可用合适的干料组合物来解决，或者开发一些高固体分醇酸树脂用新型干料，并通过一系列反应使涂膜快速固化。烘干型醇酸树脂是指将醇酸树脂配成能在升温作用下与脲醛（UF）或三聚氰胺甲醛（MF）树脂反应的体系。醇酸树脂的羟基也可在室温下或在强制干燥条件下与异氰酸酯反应，用以改善涂料的性能。

　　高固体分丙烯酸涂料主要成分选择丙烯酸聚合物，添加位阻胺光稳定剂（HALS）加以改性。丙烯酸树脂可与 MF 树脂一起配成烘干涂料体系，也可与异氰酸一起配成双组分自干涂料体系。在丙烯酸-MF 树脂体系中，添加新型的酸催化剂来改善涂料的贮存稳定性。这些新型酸催化剂被离子键或共价键封闭，实现了降低涂料的固化温度。

　　高固体分聚酯涂料的固体含量一般达 70% ~ 85%，具有无与伦比的综合性能，如含新戊二醇和三甲基戊二醇（TM-PD）的高固体分聚酯树脂涂料，适用于单组分三聚氰胺交联体系和双组分体系。单组分体系的聚酯树脂对底材有很强的附着力、耐溶剂性和耐污染性。双组分涂料能在低温下固化。在高固体分涂料中，交联反应的程度明显地影响涂料的性能，故酸催化剂的合适选择是关键。

3.1.4.4　光固化涂料

　　光固化涂料主要指在光照射下可以迅速交联固化成膜的一类新型涂料。与溶剂型涂料相比，光固化涂料具有固化速度快、无挥发性溶剂及可自动化生产等特点。适用于轻合金表面的光固化涂料，一般常用的低聚物有环氧丙烯酸酯、聚氨酯丙烯酸酯、聚酯丙烯酸酯、聚醚丙烯酸酯等，可以赋予金属制品美丽的外观，在汽车及航空部件等有很大的潜在应用前景[111-112]。UV 光固化涂料设计的关键问题是如何提高涂膜与各种基材之间的附着力，主要的原因有两方面：一是光固化涂料固化速度快，而且丙烯酸酯类单体聚合时体积收缩过大，漆膜产生的内应力来不及释放；二是金属基材与涂料之间难以形成物理化学作用。然而，这可以通过添加各种辅助材料来改善涂膜与基材之间的附着力。

3.1.4.5　纳米功能涂料

　　传统涂料发展的一个重要方向是功能化，即在传统的涂料中加入一些特殊的材料而使涂料获得一些特殊的性能，例如，加入阻燃材料获得阻燃涂料，加入导电材料获得导电涂料，加入纳米材料使纳米材料得到改性，从而给涂层赋予高性能和特殊功能。尤其是纳米功能涂料，已在国防军工等领域得到应用。纳米隐身材料是指由纳米材料与其他材料复合而成的功能型隐身材料，多应用于特殊装备的表面及结构涂层中，该类涂层对红外线的反射和吸收具有特殊的能力，是隐身技术领域中的关键材料，如雷达吸收波涂料等。利用纳米材料的表面效应，可以制备出吸收不同频段电磁波的纳米复合涂料。可用作雷达波吸收剂的纳米粉体有：纳米金属（Fe、Co、Ni 等）与合金的复合粉体、纳米氧化物（Fe_3O_4、Fe_2O_3、ZnO、NiO_2、TiO_2、MoO_2 等）的粉体、纳米石墨、纳米碳化硅及混合物粉体等。

纳米改性涂料的应用范围非常广泛，可以实现很多特殊的性质，例如，为了增强铝基板的摩擦学性能，研究人员通过添加 Al_2O_3、CeO_2 及 TiO_2 等纳米复合材料来改善铝金属的表面性能。据报道，这些纳米复合材料颗粒将导致摩擦学特性的改善，满足了工业需要具有增强摩擦学特性的新型涂层材料的需求。轻金属表面在被刷涂纳米改性耐腐蚀涂料后，其耐腐蚀和耐磨能力可以显著提高。虽然涂料强化层的力学性能高于轻合金基体材料，但其形成机理决定了强化层具有多孔的这一特殊特征，而通过在强化层表面刷涂纳米改性防腐涂料，既能起到封闭强化层孔的作用，又增强了耐腐蚀作用。据报道，纳米改性涂层在 $5\%HSO_4$ 和 $5\%HCl$ 腐蚀液中，经 30 天腐蚀无异常，耐盐雾中性试验中 3000h 无明显的变色、粉化、起泡和裂纹，耐腐蚀性远高于未经纳米改性的聚氨酯涂膜和氟碳类复合涂膜，对于热喷涂层表面防腐提供了有效的方法[113-115]。

3.2　涂　装　技　术

目前，涂料涂装已成为应用最广泛的表面技术，其种类也是多种多样，既有辊涂、浸涂及淋涂等传统工艺，也有流化床、静电喷涂及电泳涂装等现代工艺技术。其生产工艺流程既能实现对工件整体进行一次涂装，也可以根据实际需要进行分区涂装。

3.2.1　技术分类及特点

涂装技术发展经历了漫长的历史，形成了各式各样的涂装方法，这些方法的原理、应用条件、适用情况与范围各不相同，今天仍旧是最原始的手工刷涂和现代的静电涂装、电泳涂装和机器涂装并存的局面。从发展来看，连续化、机械化、自动化、低污染已成为现代涂装技术的发展方向。根据所采用的工具形式不同，可分为手工工具、机动工具、器械装备三种类型涂装，见表3-2。

表 3-2　涂装方法的种类

分类	涂装方法	所用主要工具和设备
手工工具涂装	刷涂、擦涂、滚刷涂、刮涂、气溶胶喷涂、丝网法	各种刷子、砂布包裹的棉花团、滚筒刮刀、气溶胶漆罐及丝网等
机动工具涂装	空气喷涂、无空气喷涂、热喷涂、转鼓涂装	喷枪、空气压缩机等、无空气喷涂装置、涂料加热器及喷涂装置、滚筒
器械装备涂装	辊涂、抽涂、离心涂装、浸涂、淋涂、幕式涂装、静电喷涂、自动喷涂、电泳涂装、化学泳涂装、粉末涂装法	辊涂机、抽涂机、离心涂装设备、浸涂设备、淋涂设备、幕式涂装设备、静电喷涂及高压静电发生器、自动涂装机或机械手、电泳涂装设备、化学泳涂装设备、各种粉末涂装设备

在涂装行业，有色金属材料应用较多的还是铝合金和锌合金。对于铝件的表面处理，目的是使被涂表面达到平整光洁、无锈蚀、无油水、无尘土等污物，以最大限度地发挥涂料的保护和装饰效果。铝件的预处理通常包括除油、除氧化皮、表面调整（氧化时不需要调整）、氧化、磷化。不同的材质需要不同的表面处理方法，不同的使用环境和涂料对表面处理的方法和质量的要求也不尽相同。此处只简单介绍一些铝件基材的涂装前处理方法，包括除油、除氧化皮、化学氧化和磷化等。

（1）除油：由于铝是两性金属，酸性、碱性处理剂均可。

（2）除氧化皮：常规的碱腐蚀工艺，一般用 NaOH。

（3）化学氧化和磷化：铝件分化学氧化和电化学氧化（阳极氧化），在涂装行业以化学氧化和磷化为主。其中碱性氧化呈金黄色膜，阿罗丁法（氧化磷化）呈绿色膜，铬酸盐氧化呈彩虹膜。

一般情况下，像镁、铝这些轻金属不需要涂刷保护层，因为其氧化产物具有较强的附着力和抗渗透能力，但当处于高盐、高湿、酸雾、碱性等腐蚀环境中，或因装饰等原因，也需要进行涂装。要使轻金属上的涂层牢固附着，关键在于充分的表面处理，基材上不能有油脂、锈蚀、污物和失效旧涂层，同时要特别注意所选择的底漆不能含有与底材不适应的颜填料等物质，像镁、铝等轻金属及合金通常可选用磷化底漆。

3.2.2　喷涂

喷涂是通过喷枪或碟式雾化器，借助于压力或离心力，分散成均匀而微细的雾滴，施涂于被涂物表面的涂装方法。喷漆作业使用含有大量溶剂的易燃漆料，在要求快速干燥的条件下挥发到空气的溶剂蒸气易形成爆炸混合物。特别是静电喷漆在 60kV 以上高电压下进行，喷漆嘴与被漆工件相距在 250mm 以内即易发生火花放电，会引燃易燃蒸气。喷涂的施工效率相较于刷涂等人工方式高几倍至十几倍，特别适用于大面积涂装，对缝隙、小孔及倾斜、曲线、凹凸等各种形状的表面均可施工，并获得美观、平整、光滑的高质量涂膜，采用高压无气喷涂等方法，还可实现高固体成分或无溶剂涂料的一次成膜，适用于各种类型的涂料。其缺点是易形成粉尘污染，涂料消耗大，利用率低，对人体和环境的影响较大。

喷涂法种类较多，如空气喷涂法、高压无气喷涂法、静电喷涂法、粉末静电喷涂法、火焰喷涂法。喷涂的方法在工业化生产和民用领域都有广泛的应用，如汽车涂装、家具的涂装等。在涂料施工中，应用最广的还是空气喷涂和高压无气喷涂，简称有气喷涂和无气喷涂。这里主要介绍这两种喷涂方法。

3.2.2.1　空气喷涂

空气喷涂也称有气喷涂，其原理是利用压缩空气从喷嘴中喷出所造成的低压将涂料从容器中吸出，涂料吸出后被气流吹成雾状，黏附在物面上。空气喷涂的优点是涂层均匀且效率高，获得的涂膜平滑美观，其工艺缺点是涂料耗量大，存在一定的环保和健康问题。尽管空气喷涂的气源已经过滤，但仍会夹杂空气中少量水分和油分，影响涂膜质量。

空气喷涂常用的工具和设备有喷枪、储漆罐、空气压缩机、油水分离器、喷涂室、排风系统等。其中喷枪有吸入式（吸上式）、自流式（重力式）、压入式（压送式），如图 3-4 所示。

(a)　　　　　　　(b)　　　　　　　(c)

图 3-4　喷枪涂料的供给方式
（a）自流式；（b）吸入式；（c）压入式

吸入式喷枪是现今应用最广泛的间歇式喷枪。这种喷枪的喷出量受涂料黏度和密度的影响较大，涂料杯中残存漆液会造成一定损失，但涂料喷出的雾化程度较好。目前，普遍使用的吸入式喷枪有 PQ-1 型（对嘴式）和 PQ-2 型（扁嘴式），其结构如图 3-5 所示。

自流式喷枪的涂料杯安装在喷枪的斜上部，其余构造与吸入式基本相同。优点是涂料杯中漆液能完全喷出，喷出量比吸入式大，但雾化程度不如吸入式。当

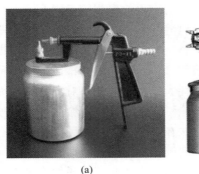

(a)　　　　　　　　　　　　　　　　(b)

图 3-5　吸入式喷枪

(a) PQ-1 型；(b) PQ-2 型

涂装量大时，可将涂料杯换成高位槽，用胶管与喷枪连接以实现连续操作。压入式喷枪依靠另外设置的增压箱供给涂料，它适宜生产流水线涂装和自动涂装。增大增压箱中压力可以使其同时供几支喷枪工作，涂装效率高。喷枪按照使用特点分有砂浆喷枪（喷嘴直径为 2~6mm，多为黄铜制作，枪头为圆锥形，有空气压缩机）、砂壁状涂料喷枪（喷嘴直径为 1~8mm）、多用喷枪、专用喷枪等。

　　适用喷涂施工的涂料有各种乳胶漆、水性薄质涂料、溶剂性涂料。砂壁状喷涂常用的工具是手提式喷枪，适用的涂料有乙-丙彩砂涂料、苯-丙彩砂涂料等，其涂层为砂壁状。厚质涂料喷涂常用的工具是手提式喷枪及手提式双喷枪，适用的涂料有聚合物水泥涂料、水乳型涂料、合成树脂乳液厚质涂料。

　　喷嘴是喷枪的关键部件之一。最原始的对嘴喷枪（PQ-1 型）很简单，仅有一个涂料出口和一个空气出口。PQ-2 型及大部分其他喷枪均有一个涂料出口和多个空气出口。喷嘴一般用热处理过的合金钢制作，耐涂料磨损。喷嘴口径随用途不同而大小各异，喷嘴口径越大，涂料喷出量就越多，需要的空气压力就越大，否则雾化颗粒就变粗。喷嘴口径与涂料黏度、涂装种类的关系见表 3-3。

表 3-3　喷嘴口径与涂料黏度、涂装种类的关系

喷嘴口径/mm	涂料黏度	涂装种类
0.5~0.7	小	图案、着色剂、虫胶漆等
1~1.5	一般	硝基漆、合成树脂漆、小面积喷涂等
2~3	高	底漆、中间涂料、大面积喷涂
3.5~5	很高	腻子、阻尼涂料等

3.2.2.2　高压无气喷涂

高压无气喷涂的原理是利用高压柱塞泵将涂料增压，通过高压软管疏导后形

成雾化喷液被从特殊喷嘴喷出，高速地涂于涂物上，形成光滑致密的涂层。一些铝合金船体的表面可采用高压无气喷涂，施工效率及品质可以达到设计要求，以获得更加美观的漆膜。但高压无气喷涂工艺也存在弊端，其喷出量和喷雾幅度不能调节，另外涂膜外观质量比空气喷涂差[116-117]。高压无气喷涂设备由动力源、柱塞泵、蓄压过滤器、输漆管、喷枪和涂料容器组成，如图 3-6 所示。

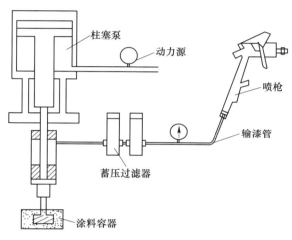

图 3-6　高压无气喷涂设备

高压喷枪由枪体、针阀、喷嘴、扳机组成，没有空气通道，喷枪轻巧、坚固密封。喷嘴采用硬质合金制造，可增强其耐磨损性。喷嘴规格有几十种，每种都有一定的口径和几何形状，它们的雾化状态、喷流幅度及喷出量都由此决定。因此高压喷枪的喷嘴可根据使用目的、涂料种类、喷射幅度及喷出量来选用（见表3-4）。

表 3-4　高压喷枪口径与涂料黏度、涂装种类的关系

喷嘴口径/mm	涂料黏度	涂装种类
0.17～0.25	很稀	溶剂、水
0.27～0.33	稀	硝基漆、密封胶
0.33～0.45	中等黏度	底漆、油性清漆
0.37～0.77	黏	油性色漆、乳胶漆
0.65～1.8	很黏	浆状涂料、溶胶

3.2.3　浸涂

浸涂是将被涂物体全部浸没在盛有涂料的容器中，经过一定的时间后从容器

中取出，从而在被涂物体表面形成涂层的涂布方法，优点是涂装效率高、操作简单，适用于小型的零件、管架、薄片材料及结构比较复杂的工件等，在生产生活中有着比较广泛的应用。浸涂法主要应用于烘烤型涂料的涂装，但也有用于自干型涂料的涂装，一般不适用于挥发型快干涂料（如硝基漆）。其主要工艺参数是涂料的黏度，它直接影响漆膜的外观和厚度，黏度过低，漆膜太薄；黏度过高，涂料的流平性差，因而漆膜外观差、流痕严重、余漆滴不尽。浸涂法最适宜的工作温度为 15~30℃，一次浸涂的厚度一般控制在 20~30μm，在干燥过程中不起皱的热固性涂料，厚度允许达 40μm。

作为有出色降解性能、与骨骼相当的力学性能和高生物活性等优点的镁及镁合金，在生物领域具有巨大应用潜力，当用于人体植入物时，存在耐腐蚀性差的主要问题，这导致植入物的强度显著降低，影响植入效用。采用浸涂法在 AZ31 镁合金表面制备可降解涂层，在最佳制备条件下，浸涂法制备的涂层均匀致密，性能较好，并且经分析，涂层样品在人体环境中表现出适当的降解能力且毒性较小，有一定的细胞相容性[118]。

采用浸涂的方法，省工省料，生产效率高，设备与操作简便，可机械化、自动化配套进行连续生产，最适宜单一品种的大量生产。但浸涂方法也有许多局限，如被涂工件不能太大，物面不可有积漆的凹面，仅能涂装表面同一颜色的产品，不适用要求细微精美装饰的工件。浸涂法一般易产生薄且不均匀的涂层，有流挂等弊病，因此含有大量低沸点溶剂或重质颜料及表面易结皮的涂料不宜采用此法涂装，且该法溶剂挥发量大，易污染环境，涂料的损耗率也较大。

浸涂的设备主要是浸漆槽、带有挂具的升降设备、传送设备、滴漆槽、干燥设备、通风设备等。浸漆槽的尺寸主要由被涂物件的大小决定。在工件全部浸没时，在它的周围要有一定的空间，对于小槽，周围的间隙不小于 50mm，对于大槽则不小于 100mm，工件在浸没时距离槽底至少 150mm，顶部离开液面的距离不少于 100mm。浸涂设备的漆槽装置中有搅拌器，用以防止颜料沉淀，但在浸漆的过程中不能进行搅拌，以免涂料中出现气泡。浸涂设备示意图如图 3-7 所示。

3.2.4　辊涂

辊涂法的原理是以涂装辊作为涂料的载体，涂料在涂装辊表面形成一定厚度的湿膜，借助涂装辊在转动过程中与被涂物接触，将涂料涂覆在被涂物的表面。辊涂尤其适合平面板状衬底的涂布，不适应其他形状的被涂物，如金属卷材的高速涂装。辊涂具有涂装速度快、生产效率高，可正反面同时涂布、涂料利用率接近 100% 等特点。辊涂机一般都采用统一的涂料循环输送及回收系统，涂料投入量大，涂料是在涂装辊表面以湿膜形式转移至被涂物表面，溶剂挥发快，易产生辊痕。

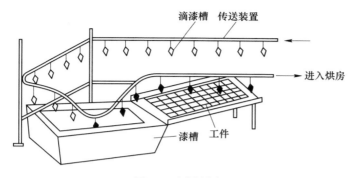

图 3-7　浸涂设备

辊涂机由一组数量不等的辊子组成，涂漆辊一般是橡胶的，供料辊、托辊一般用钢铁制成，通过调整两辊的间隙可控制涂膜的厚度。辊涂机又分板材单面涂漆与双面同时涂漆两种。结构上又有同向、逆向两种类型（见图 3-8 和图 3-9），逆向辊更适合卷材的连续涂装。

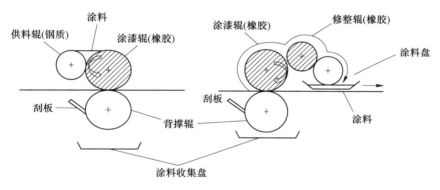

图 3-8　同向辊涂

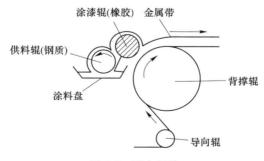

图 3-9　逆向辊涂

　　机械滚涂法适用于连续自动生产。其优点是生产效率极高，涂膜厚度可以控制；涂料鼓度较高，减少了稀释剂的使用；涂料利用率高，涂膜质量好。其缺点是设备投资大，加工时可能会有金属板断面切口和损伤，需进行修补。

3.2.5　淋涂

　　淋涂法也被称为流涂或浇涂，是使涂料喷淋或流淌过工件表面的一种涂装方式。施工时涂料经过喷嘴即淋刀，从上方淋下，形成一定宽度的水帘状涂幕，被涂物从下方经过，被涂面、涂幕平铺式覆盖，完成涂装过程。该法是浸涂法的改进，虽需增加一些装置，但适用于大批量流水线生产方式，是一种比较经济和高效的涂装方法，非常适用于大型物件、长管件和结构复杂的物件涂覆。它与喷涂法的区别在于漆液不是分散为雾状喷出，而是以液流的形式，如同喷泉的水柱一样。采用此方法，被涂物件放置于传送装置上，以一定速率通过装有喷嘴的喷漆室，多余的涂料回收于漆槽中，用泵抽走，重复使用。

　　淋涂的优点是生产效率更高，适用于大量流水线的工作方式，且用料省。多余的涂料可以流回容器，通过泵送到高位槽而进行循环使用；涂装效果更好，涂膜厚度可以精确调整，涂装面更均匀，输送泵采用变频调速，流量控制稳定；操作简单，作业性好，可实行隔离密闭操作，劳动保护好；可采用双淋头进行双组分涂料的涂装。淋涂的缺点有：适用工件少，只适用平面状物面的涂装，不能涂装垂直面；不适应对于多品种涂料的小批量涂装，更换涂料前必须将涂料循环系统洗净，因此更适用于同一种涂料的反复使用；不适用于薄层涂装，一次涂装的涂膜较厚等。

　　淋涂法主要分为两种：人工淋涂和幕帘淋涂。人工淋涂的主要设备和工具是盖有过滤网的槽子、盛漆桶、软管等；幕帘淋涂的主要设备由淋漆室、滴漆室、涂料槽、涂料泵、涂料加热器或冷却器、自动灭火装置等组成，被涂物靠运输链运送。幕帘淋涂设备构造及各部分名称如图 3-10 所示。漆液经单向定量泵打入漏斗，经过滤后，流出清洁的漆液。此时活动台板水平的传送带以一定速率移动而通过下落的漆幕，在台板的被涂物件上均匀地覆盖上一层漆膜。

3.2.6　电泳涂装

　　电泳涂装的原理是将被涂物浸渍在水溶性涂料中作为阳极，另设一个对应的阴极，依靠两极间直流电所产生的物理化学作用，使涂料均匀涂在被涂物上（见图 3-11）。电泳涂装技术首先由福特汽车公司最先应用于汽车。它是基于人们对金属表面防腐防锈要求的不断提高而相关表面处理工艺技术又不能较好地解决这种需求的压力下而逐渐研制开发的，是近年来发展起来的对水性涂料最具有实际意义的施工工艺。近来，电泳技术的产品品种由环氧树脂型发展到丙烯酸及聚氨酯型，其应用领域也由汽车工业扩展到运载工具及家电等行业。

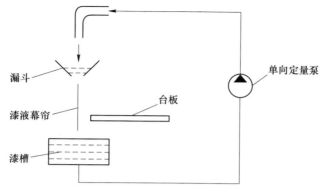

图 3-10　幕帘淋涂

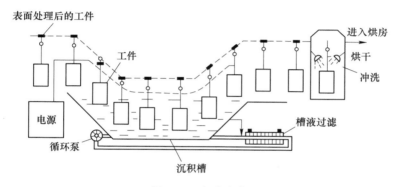

图 3-11　电泳涂装

电泳涂装是结合了电化学和高分子化学而产生的新工艺，其过程是一个极为复杂的电化学反应过程，其中主要过程包括电子定向泳动、电沉积、电渗及电解等。电子定向泳动是指在直流电场的作用下，分散介质中的正负带电胶体粒子向与它所带电荷相反的电极做定向移动。在电场作用下，吸附在带电荷的树脂粒子上的不带电颜填料粒子做定向移动。电泳速度主要取决于电场强度及水溶性树脂的双电层结构特性。当电流通过电泳漆时，水发生电解，阴阳极上分别放出氢气和氧气，体系的电导越大，水的电解作用越剧烈。这种大量气体在电极逸出直接引起树脂涂层针孔及粗糙等问题。移至阳极附近的带电胶体粒子在模板表体放出电子，呈现出不溶状态沉积，生成不溶于水的漆膜，即为电沉积。这种电沉积首先发生在电力线密度高的部位，电沉积发生会迅速引起工件的绝缘性，这就导致电沉积向电力线密度低的部位移动，直到制得完全均匀的涂层。最后一个关键工艺是电渗，这是一个电泳的逆过程，其主要作用是得到致密的漆膜。

电泳涂装可分为阳极电泳和阴极电泳，而使用较为广泛的是直流电源定电压法的阳极电泳。常见的电泳涂装工艺流程如图 3-11 和图 3-12 所示。据报道，在

FG-20301 镁合金表面沉积镍合金膜层作为电泳涂装的预处理，再进行合金化后电泳涂装，所得的涂层防腐、装饰性优良[119]。

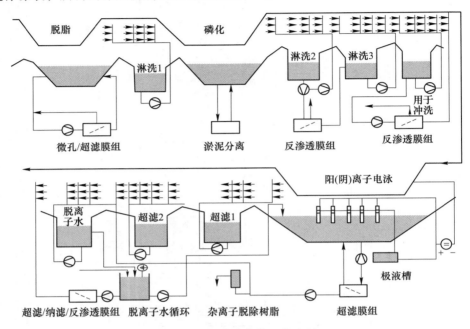

图 3-12　电泳涂装的工艺流程

　　电泳涂装所得漆膜具有涂层丰满而光滑的优点，其硬度和附着力等物理性能明显优于其他涂装工艺。具体来说，电泳涂装大大降低了对大气的污染和对环境的危害，又避免了火灾的隐患；涂装效率高及涂膜厚度均匀，解决了其他涂装方法对复杂形状工件的涂装难题；施工可实现自动化连续生产，生产效率高。然而，不可否认的是电泳工艺镀层也存在不少的缺陷，比如常见的漆膜缺陷有涂膜粗糙、缩孔、花斑、涂膜不均匀及水痕等，引起这些漆膜缺陷的原因与电泳涂装的主要工艺参数有关，如极间电压、电泳时间、涂料温度、涂料的固体含量和颜基比、涂料的 pH 值、涂料电阻、两电极面积比和极间距离等。

　　电泳涂装的涂层厚度较薄，一般为 $10 \sim 30 \mu m$，这就要求电泳涂装之前要对底材进行光饰或电镀处理，以满足电泳涂装的需要。电泳涂装的设备主要包括槽体、搅拌循环系统、电极装置、漆液温度调节装置、涂料补给装置、超滤装置、通风装置、电源供给装置、泳后水洗装置、储漆装置及固化装置等。阴极电泳涂装金属不易氧化，相对阳极电泳涂层更具有一般意义。

3.2.7　粉末涂装

　　粉末涂料及其涂装技术是涂料与涂装领域中的新材料、新技术和新工艺，它的问世引起世界各国表面处理行业的普遍重视与广泛应用，是涂料涂装领域中应用与发展最快的一项工艺技术。并且由于其显著特点而得到广泛应用，范围涉及多个行业，包括仪器仪表、机电设备、电子元件、医疗器械、汽车零部件、航空航天、轻工等。

3.2.7.1 粉末涂装的优缺点

粉末涂料及粉末涂装与其他涂料和涂装技术相比，有以下优点：

（1）无溶剂、少污染。粉末涂料由于不含任何溶剂，从而避免了在涂装过程中因溶剂挥发引起的废气或因水溶性废料造成的废水对环境形成的严重污染。因此，粉末涂装具有极大社会效应和发展潜力。同时，由于涂装中无溶剂挥发防止了溶剂带来的毒性、易燃等现象的发生。

（2）涂膜性能好。粉末涂料在涂布与成膜过程中因没有溶剂或水介质的挥发，故不易形成针孔等缺陷，得到的涂层更致密且坚固耐用。同时，对于一些常温下不溶或难溶于有机溶剂而性能优异的高分子树脂，可采用粉末涂装的方法，从而得到具有各种功能的高性能涂层。

（3）涂装效率高。粉末涂料一次涂装可得 $50 \sim 300 \mu m$ 的涂膜，而液体涂料一次涂覆膜厚约 $5 \sim 20 \mu m$。如要达到厚膜或中高档要求的涂层，则须经过多道涂覆工序，可见粉末涂装效率要高出溶剂型涂料涂覆效率好几倍。同时，由于不含溶剂，粉末涂装就避免了液体涂料在厚膜涂装时所常产生的流挂、积滞、塌边、针孔及边角涂覆不良的缺陷。

（4）涂料利用率高。一般液体的溶剂型或水性涂料在涂装时，由于涂覆损失及涂料较难以回收利用的原因，其涂料的实际利用率在 50% 左右；而粉末涂料在涂覆时由于上粉率大及未被涂上的粉末可以通过一定回收设备加以回收再利用，因此其实际利用率均在 95% 以上。随着近年来粉末涂装技术与设备的不断开发，回收技术的不断改进，粉末涂料利用率可高达 99.5%。

（5）涂装工序简化、经济效益高。粉末涂装由于一次性涂覆就可达厚膜要求，因此可大大简化涂装工序，而通常的溶剂型涂料涂装则需经过涂覆底漆、中间漆、面漆等几喷几烘数道工序，有时外加刮腻子、打磨等"三磨三砂"工序，前后十几道至二十多道工序，涂装周期长，费工费时费料。粉末涂装由于工序大减，除前处理外一般只需涂覆、固化、冷却等 $3 \sim 4$ 道工序，一涂一烘一次成膜，大大降低了设备投资和场地配置，节省了资源与能源，缩短了涂装周期，从而大大提高了经济效率。

应该指出，粉末涂装也存在一些不足之处，主要有以下几点：

（1）不易薄层化。粉末涂装的膜厚一般均在 $50 \sim 60 \mu m$，要实施 $40 \mu m$ 以下的涂层十分困难。

（2）涂膜外观较差。粉末涂膜一般较厚且为100%固体分，固化成膜需借助热能熔融而流平，因其熔融黏度高而流平困难，易造成轻微桔皮状，使涂膜的平整性和光泽不及液体涂料的涂膜，从而限制了粉末涂装在高装饰性要求产品上的应用。

（3）调色换色困难。粉末涂料配色不能在涂装前用原色料调配，必须在制粉生产混炼挤出前配定；同时在粉末静电涂装中换色也必须清理供粉—喷房—回收整个系统，故难以短时间内完成换色。近年来，由于相关涂装设备系统的不断改进，换色时间已大为减少。

（4）固化温度高。粉末涂料烘烤温度通常均在160℃以上，耗能大，同时也限制了其在不耐高温的产品上的应用。近年来，已有在130℃下固化的粉末品种的开发问世，但由于其膜层性能尚有待改善提高，因此其应用的范围还受到限制。

上述粉末涂装所存在的问题正是当今世界粉末涂料及涂装技术所面临的重大课题，许多世界著名公司为解决这些课题投入了相当大的力量，并于近年来相继推出不少新涂料、新设备和新工艺，为粉末涂装的应用与发展起到重要推动作用。

3.2.7.2　粉末涂装方法

已获得工业应用的粉末涂料的施工方法有：火焰喷涂法（融射法）、流化床法、静电粉末喷涂法、静电流化床法、静电粉末振荡法、粉末电泳涂装法等。现将各种涂装方法列表说明，见表3-5。

表 3-5　粉末涂装方法

涂装方法	输送方式	附着方式	涂装过程及原理
火焰喷涂法	压缩空气	熔融附着	粉末涂料通过火焰喷嘴的高温区熔融或半熔融喷射到预热的基底表面
流化床法	空气吹动	工件预热	压缩空气通过透气板使粉槽内的粉末处于流化态，将预热的工件浸入，使涂料附着
静电粉末喷涂法	压缩空气	静电引力	利用电晕放电使雾化的粉末涂料在高压电场下荷负电荷并吸附于荷正电的基材表面
静电流化床法	空气吹动	静电引力	用气流使粉末涂料呈液化态并带负电，放入带正电工件，涂料被吸引吸附，再加热熔融固化
静电粉末振荡法	机械静电振荡	静电引力	高压静电下靠阴极电栅的弹性振荡使粉末充分带电和克服惯性，沿电场引力吸附于被涂物表面
粉末电泳涂装法	液体化	电泳	将粉末涂料分散到加有表面活性剂的液体介质中，用电泳的方法涂覆

由于篇幅原因，下面仅对流化床法、静电粉末喷涂、静电流化床三种方法进行简单介绍。

A 流化床法

流化床涂装是将粉末涂料置于装有多孔隔板的圆筒或长方形容器中，压缩空气从底部通过隔板，将隔板上的涂料粒子悬浮翻腾成液体沸腾状的涂装方法，又叫沸腾床涂装。虽然说流化床涂装是第一代粉末涂装工艺，但是，由于其独有的特性，至今应用仍很广泛，并由手工操作发展到自动化操作，且随着热固性环氧粉末涂料的问世，粉末涂料的涂装工艺技术有了新的发展。

流化床涂装的应用有很多，例如，植保机械—隔膜泵铝合金零部件结构较为复杂，零件内部有纵横交错的通道，涂装中高压静电法由于静电屏蔽作用，会使很多孔洞角落无法喷上粉末，此时用流化床工艺是比较适宜的。流化床涂装工艺也可用于精加工，有研究通过此种方法在铝合金上进行涂装，表面轮廓仪测试证明此技术不仅保证了良好的光洁度，并且不会影响工件的几何公差要求[120]。除尼龙外，难溶解的树脂如聚乙烯、聚丙烯等也可用此法施工。图 3-13 为流化床结构示意图。

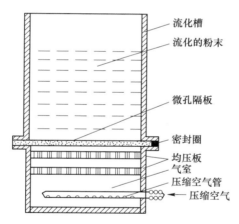

图 3-13 流化床结构图

流化床法涂装的工艺如下：

（1）工件前处理。工件须除油和除锈。将工件浸入汽油或三氯乙烯蒸气中清除油污，用喷砂或抛丸除锈，清理干净。

（2）预热。预热的温度应高于粉末涂料的熔化温度 20℃ 左右，根据工件的大小、涂层的品种及厚薄的不同来确定预热温度。

（3）覆蔽。工件中不需要涂覆的部分可用夹具（如硅橡胶）保护起来，这种夹具起到夹取工件和保护的双重作用。

（4）涂覆。将工件浸入流化床，为获得均匀而连续的涂层，工件浸涂一次取出后，立即反转 180°，待涂层熔化后再浸涂一次，又立即反转 180°，浸涂一次的时间为 1~2s。

（5）加热固化。为使工件上的涂层更好地固化成膜，应使其进入烘干室再次加热。固化温度与固化时间这两个工艺参数从获得最佳涂膜性能和尽量缩短施工周期来确定。例如，环氧粉末涂料的固化温度为 180~190℃，固化时间为 40~50min。

流化床涂装法的特点有：一次涂装可得到几百微米以上的厚膜；涂装设备比较简单，投资少；涂装时粉末涂料的损失较少。缺点是涂膜较厚，不易薄涂，且均匀性较差；不适用于结构较复杂的被涂物或大型的被涂物；被涂工件需要进行预热，且预热温度较高，热能损耗较大，使得被涂工件需满足一定的要求才能进行涂装。一般热塑性粉末涂料都是采用流化床法进行涂装。

在普通流化床结构上加一个振动机构，将使粉末涂料在流化床内悬浮流化更均匀，并可减少粉末的飞扬，其结构如图 3-14 所示。

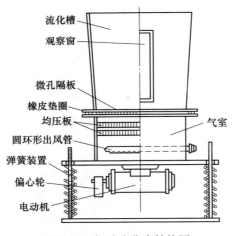

图 3-14　振动流化床结构图

B　静电粉末喷涂法

粉末静电喷涂的原理是利用高压电晕放电产生静电场，使得带有负电荷的粉末在静电力和运载气体的双重作用下均匀地飞向接地工件，并经过烘烤固化形成厚度均匀平整光滑的涂层。静电粉末喷涂铝合金型材是一种常见的表面处理技术。这种处理方法工艺流程简单，成品率高、能耗显著降低，对环境友好，有效降低了工人的劳动强度，并对待处理的铝材表面质量要求不高，抗腐蚀性好，处理后的铝材耐酸碱盐雾能力优异，提升了铝合金型材的适用范围和服务年限。

金属工件表面涂层的静电粉末涂装工艺流程如下：

（1）基材前处理。这是影响到涂膜性能和质量的主要步骤。一般包括表面清洁、除油、除锈等前处理，对涂层要求高的还要有磷化等步骤。

（2）覆蔽。对于不需涂装的部位，需要在工件预热之前，涂上不导电的硅橡胶溶液或用胶布覆盖。

（3）预热。为了使工件获得所需厚度的涂层，在喷涂之前可将工件加热到一定温度。工件预热的温度应略高于塑料熔融温度，预热时间视工件大小和厚薄而定。

（4）喷涂。喷涂时，须将工件接地，喷枪头部接负高压电源。粉末涂料的选择极大地影响了涂膜质量。粉末粒子呈球状得到的涂布效率最为理想。粒度小、密度小的粉末涂料受重力影响小而得到较高的涂布效率。粉末的电阻率越小，粉末粒子越易放出电荷，吸附力减小，易脱落。所以，粉末的电阻率越大，涂层的饱和度越易达到。静电粉末喷涂设备如图3-15所示。

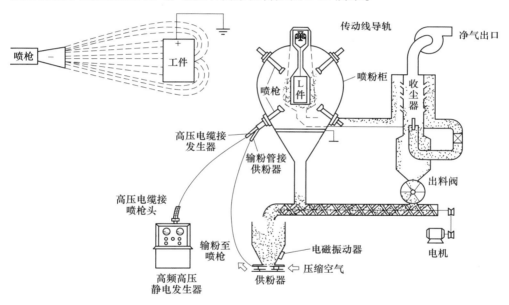

图3-15　静电粉末喷涂设备

（5）固化。固化过程分为熔融、流平、胶化和固化4个阶段，温度升高到熔点后，工件上的表层粉末开始熔化，并逐渐与内部粉末形成旋涡直到全部熔化，粉末全部熔化后，开始慢慢流动，在工件表面形成薄而平整的一层，此阶段称为流平，温度继续升高到达胶点后，有几分钟短暂的胶化状态（温度保持不变），之后温度继续升高，粉末发生网状胶链反应而彻底固化。不同的粉末在烘烤温度和时间上是各不相同的，一般固化炉温度设定在190℃±10℃，烘烤时间为25min±5min，工件最底部距离烘炉底部及侧壁100mm以上。一般环氧粉末涂料的固化条件为180～220℃，20～30min。烘烤温度低时，熔融、流平性差，固化不完全；温度高时涂膜老化泛黄。

静电粉末喷涂的优点有：不会有漆雾飞散到空气中，改善了劳动环境；使喷漆工艺实现自动化，有效提高工作效率；与其他的方法相比，节省大量漆料；涂料有很强的吸附能力。缺点是对溶剂的选择性较强，涂层的质量受温度、湿度等的影响；其直流电压高达 100kV，操作过程中需注意安全；被涂工件的形状会造成电场强弱的变化，从而会对形成漆膜的均匀性产生影响等。

C　静电流化床法

静电流化床法的原理是在床身的粉末中放置一个接负高压电极，当电极接上负高压时产生电晕放电，周围空气电离产生大量的自由电子，粉末在电极上下不断运动，捕获电子成为负离子粉末，这种粉末吸附在工件上完成涂装。静电流化床涂装工艺是静电技术与流化床工艺相结合的产物，它不需要预加热，且必须后加热，此外还需要涂装室、高压静电发生器、集尘系统、固化装置等。如采用手工操作，则只有涂装室和高压静电发生器，然后再配一些简单的回收装置即可，用途较自动系统更广泛，可用于实现小批量生产。

（1）涂装室。静电流化床的涂装室与流化床的结构相似，区别是在流化床内部的透气隔板上增加了一个电晕电极，并且床身要用绝缘性好的非金属材料制成。电晕电极一般做成尖状或刀刃状，但这种电极在实践中不但不能改善涂装效率，反而使涂膜的均匀性变差，当粉末被涂到 0.2mm 时，被涂物上的粉末就出现崩落，这种现象在边角处尤为突出。美国 3M 公司研究的"静电充电栅网"结构的电极可以解决这种缺陷。

（2）高压静电发生器。这是粉末静电流化床涂装的关键设备。静电发生器的波纹电压系数对涂膜的质量有明显影响。试验表明，在合理的工作电压和电流值下，波纹电压系数为 1% 时，涂装 15s 能获得 0.51mm 的光滑涂膜；波纹电压系数为 20% 时，涂装 30s 获得的涂膜有凹坑，厚度为 0.36mm。由此可知，波纹电压系数是选择高压直流电源的主要参考因素。

（3）集尘系统。静电流化床的集尘系统比静电喷涂要求低。一般静电喷涂每分钟喷粉量为 70～300g，而静电流化床每分钟用粉量为 10～30g，两者比较，静电喷涂的涂装效率要低些。静电流化床的气态粉末流速低于粉末喷涂速度，部分未被吸附的粉末受重力作用仍然降落于流化床内，只有小部分细粉被集尘器回收。吸尘管路中含尘气流的粉尘浓度很低，故可采用小型袋式除尘器，其集尘效率可达 99%。

（4）固化装置。涂装好的工件要进行加热固化，因为粉末静电流化床主要用于防腐涂层和绝缘涂层的涂覆，对材料表面的装饰性要求不高，因此可采用节约能源的远红外加热固化技术，高频感应加热方法虽然对涂层的固化效果较好，且加热耗时短，仪器操作简便，但由于设备价格较高，限制了它的使用范围。对固化装置的要求是稳定均匀，保温性好，造价低廉。

静电流化床法与先进的静电喷涂法相比较有许多优点，如设备结构简单，集尘和供粉装置要求低，粉末屏蔽容易解决，可得到较厚的涂膜，特别是涂装形状简单的工件，此外还具有效率高、成本低、操作方便等优点。不过，静电流化床法涂装的被涂物顺着床身高度方向产生的涂层不均匀性仍未克服，该工艺只适合线状、带状物体等的自动化连续生产。

在采用静电流化床施工时，涂装效率主要是取决于这三方面的因素：云雾区域的粉粒密度、工件在云雾区域暴露的时间及工件与气化浴顶端的距离。不言而喻，由于重力抵消静电力，因此离气化浴顶端越远，"云雾"的密度也就越小。根据粉末涂料的不同密度，一般来说，从气化浴顶端起向上50~100mm是密度均匀的云雾区，由此可见，只有那些垂直高度不大于50~75mm的涂件才适宜采用静电流化床涂装工艺，如电器的铁心、弹簧、手柄、电容器，以及电阻元件、成卷薄板、金属织网、电线和电缆等。

静电流化床是在普通流化床的流化槽内增设了一个接负高压的电极，当电极接上足够高的负电压时，就产生电晕，附近的空气被电离产生大量的自由电子，粉末在电极附近不断上下运动，捕获电子成为负离子粉末，当有接地（作为正极）被涂物通过时，这种负离子的粉末就被吸附到被涂物上。再经烘烤固化即形成连续均匀的涂膜。图3-16是用于涂装线材的静电流化床，特点在于其顶部有一块多孔板，增大了床内的粉末浓度，从而形成云雾。在相同条件下，其涂膜厚度较没有多孔板的静电流化床而言，可增厚1倍左右，并且会使粉末的使用量减少2/3左右。

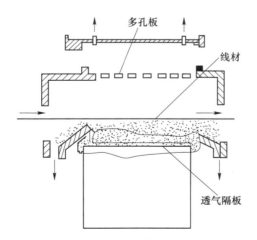

图3-16 涂装线材的静电流化床

4 转化膜技术

<<<<<<<<<<<<<<<<<<<<<<<<<<<<<<<<<<<<<<<<<<<<<<<<<<<<<<<<<<<<<<<<<<<<

4.1 转化膜基本原理

转化膜是由金属的外层原子和选配介质的阴离子反应而在金属表面上生成的膜层，在机械、电子、仪表、仪器、汽车、船舶及飞机制造等领域得到了广泛应用。转化膜成膜一般是通过使金属与某种特定的腐蚀液相接触，在选定介质条件下发生化学或电化学反应，在金属表面形成稳定的难溶化合物膜层的技术，转化膜形成的过程可用下式表示：

$$m\mathrm{M} + n\mathrm{A}^{x-} \longrightarrow \mathrm{M}_m\mathrm{A}_n + xn\mathrm{e} \tag{4-1}$$

式中，M 为金属原子；A^{x-} 为介质中的阴离子；$\mathrm{M}_m\mathrm{A}_n$ 为不溶性反应产物，形成表面覆盖层（化学转化膜）。

按照式（4-1），化学转化膜与金属上的其他覆盖膜层（如电镀层等）不一样，它的生成必须有基底金属的直接参与，也就是说，它是处在表层的基底金属直接同选定介质中的阴离子反应，使之达成自身转化的产物（$\mathrm{M}_m\mathrm{A}_n$）。由此可见，化学转化膜的形成实际上可以看作是金属的受控腐蚀过程。

在式（4-1）中，电子是视为反应产物来表征的。这就表明，化学转化膜的形成既可是金属-介质界面间的纯化学反应，也可以是在施加外电源的条件下所进行的电化学反应。对于前一种情形，式（4-1）所产生的电子将交给介质中的氧化剂；在后一种情形下，电子将交给与外电源接通的阳极，并以阳极电流的形式脱离反应体系。

需要指出的是，式（4-1）只能当作是在上述各个意义用来定义化学转化膜的一种表达方式，它不一定能真实表征化学转化膜的形成过程。事实上，这个过程相当复杂，它可以是在不同程度上综合化学、电化学和物理化学等多个过程的结果。化学转化膜的真实组成也不总是与式（4-1）所表达的典型化合物一样。

4.1.1 膜层的分类及常用施工方法

表面转化膜几乎可以在所有的金属表面生成。金属表面转化膜的分类根据分类原则不同而不同：

（1）按基体材料的不同，可分为铝材转化膜、锌材转化膜、镁材转化膜、钢材转化膜等。

（2）按膜层的用途，可分为耐蚀转化膜、耐磨转化膜、装饰转化膜、涂装底层转化膜等。

（3）按转化过程中是否存在外加电流，分为化学转化膜和电化学转化膜两类，其中化学转化膜包括化学氧化、磷酸盐处理（磷化）、铬酸盐处理（钝化）等；电化学转化膜包括阳极氧化膜、微弧氧化膜等。

（4）按生产工艺，可分为阳极氧化膜、微弧氧化膜、化学氧化膜、磷化膜、钝化膜及着色膜等。

使金属表面生成转化膜通常有两种方式：一种是在处理液中不含有重金属离子，而使金属表面的金属与阴离子反应生成转化膜，此种使用的处理剂称为非成膜型处理剂，其使用实例有磷酸铁、铅酸盐等；另一种是在处理液与底材金属之间虽然也发生了某种程度的溶解现象，但主要还是依靠处理液本身含有的重金属离子的成膜作用，此种使用的处理剂称为成膜型处理剂，其使用实例是磷酸锌、磷酸锰等。

转化膜常用处理方法有：浸渍法、阳极化法、喷淋法、刷涂法等。其特点与使用范围列于表4-1。

表 4-1　化学转化膜的主要施工方法、特点及适用范围

方法	特点	适用范围
浸渍法	工艺简单易控制，由预处理、转化处理、后处理等多种工序组合而成。投资与生产成本较低，生产效率较低，不易自动化	可处理各类零件，尤其适用于几何形状复杂的零件。常用于铝合金的化学氧化、钢铁氧化或磷化、锌材钝化等
阳极化法	阳极氧化膜比一般化学氧化膜性能更优越。需外加电源设备，电解磷化可加速成膜过程	适用于铝、镁、钛及其合金阳极氧化处理。可获得各种性能的化学转化膜
喷淋法	易实现机械化或自动化作业，生产效率高、转化处理周期短、成本低，但设备投资大	适用于几何形状简单、表面腐蚀程度较轻的大批量零件
刷涂法	无需专用处理设备，投资最省、工艺灵活简便。但生产效率低、转化膜性能差、膜层质量不易保证	适用于大尺寸工件局部处理或小批零件及转化膜局部修理

在工业上应用的还有滚涂法、蒸汽法（如 ACP 蒸汽磷化法）、三氯乙烯综合处理法（简称 TFS 法），以及研磨与化学转化膜相结合的喷射法等。

4.1.2　主要作用及应用研究

化学转化膜的作用主要有以下六个方面：

（1）提高材料的耐蚀性。表面转化膜通常具有较好的化学稳定性。铝及铝合金通过采用钼酸盐、高锰酸盐等氧化处理；镁及镁合金的化学转化工艺主要有铬酸盐工艺、磷酸盐高锰酸盐工艺、锡酸盐工艺等，均能有效地提高材料的耐蚀性[121-123]。通过硫酸、硼酸阳极氧化，在 2024-T3 铝合金上制备出的阳极氧化涂层，能够提高其耐腐蚀性能；还有通过阳极氧化和月桂酸改性制备二氧化钛纳米涂层，通过实验分析，结果表明，涂层具有良好的防腐性能[124-125]。

（2）提高材料的耐磨性。在轻金属的冷作加工中，化学转化膜有着十分广泛的应用，因为这种膜可以同时起到润滑和减摩的作用，从而允许工件在较高的负荷下进行加工。如在镁合金上的碳酸盐转化涂层，此涂层是作为 AZ31 上对 Ni-P 和 Ni-P/nano-SiC 涂层进行化学镀之前的预处理工艺，研究表明，碳酸盐转化涂层处理 60min 后，得到高磷含量的致密均匀涂层，在最佳热处理温度 300℃下，沉积的复合涂层耐磨性最好[126]。

（3）提高材料的装饰性。有的化学转化膜具有各种色彩，如锌镀层经过铬酸盐处理可以得到彩虹色、军绿色、亮白色、黑色等不同外观。有的化学转化膜由于多孔，还可以进行染色，如铝材等轻金属材料经不同的着色处理，或对金属材料进行不同的钝化处理，均可呈现不同的色调或色彩，提高产品的外观质量，有研究通过将铈转化涂层沉积到铝合金基体上，除可获得特殊的保护作用外，还可以获得黄色外观等[127-128]。在硫酸溶液中进行阳极氧化得到的膜具有较高的透度，膜微孔吸附能力强，经着色处理后能得到各种美观艳丽的色彩，在特殊工艺条件下还可以得到具有瓷质外观的氧化层，如铝型材的瓷质氧化。氧化膜不仅外观类似瓷釉，而且还具有搪瓷般的光泽和质地，瓷质阳极氧化随着铝型材合金成分和氧化工艺的不同，氧化膜的厚度、色泽也发生不同的变化，优质的型材材料和正确的氧化工艺，可以获得外观呈银白色（或乳白色）、瓷质感强的氧化膜[129-130]。

（4）用作涂装及电镀底层。作为涂层底层的转化膜，其基本要求是膜层致密、质地均匀、晶粒细小、厚度适中[131-132]。对轻合金来说，电镀的一个困难问题是表面易钝化而导致结合不良，采用具有适当膜孔结构的化学转化膜作底层，可以使镀层与基体金属牢固结合。铝及铝合金制品在进行电镀前，必须事先对其施加底层，而后才能进行电镀。在基质表面上施加底层的方法有很多，除了电镀锌、浸锌、化学镀镍之外，阳极氧化处理也是重要方法之一。利用阳极氧化膜的多孔性，可以提高金属镀层与基体的结合力。

（5）绝缘。例如，通过对电解液配方的改进和对电流密度、氧化时间、温度的控制，采用阳极氧化技术，对铝板表面进行氧化处理，使铝板表面形成一层高绝缘性化学转化膜，用该铝板制作的铝基覆铜板，具有良好的绝缘性能和耐击穿性。采用阳极氧化涂层作为二氧化物混合钢管装置中使用的铝（JIS A2017）

垫片的绝缘层，是一种独特的金属垫片绝缘技术[133]。

（6）防爆。轻合金材料如铝、镁等金属元素较易与铝、镁反射产生热量，瞬间产生 3000℃ 的高温，因此轻合金在煤矿中的使用受到严格限制。为了改善轻金属摩擦打火的缺陷可采用阳极氧化的表面处理技术，制备出的涂层是一种耐磨性良好的多孔金属氧化物，近年来，铝合金、钛合金、镁合金的阳极氧化技术发展迅速，在煤矿轻合金表面具有潜在的应用价值，以防止碰撞和摩擦点火[134]。

对于轻合金表面的防护性转化膜的研究有很多，例如，有在铝合金零件表面采用以硝酸铜（$Cu(NO_3)_2 \cdot 3H_2O$）、高锰酸钾（$KMnO_4$）为主体的无铬转化膜，以转化膜防护性能为目标，获得的转化膜色泽纯正均匀，工艺绿色节能，且膜层有良好的结合力，有较强的耐磨性和一定的耐蚀性；在镁合金表面采用铈盐处理，获得的转化膜可以很好地抑制金属的腐蚀，增加了合金的点蚀能力，也有通过使用磷酸盐-高锰酸盐溶液在 AZ91D 镁合金上获得无铬转化涂层的，经过耐蚀性测试，表明磷酸盐-高锰酸盐溶液转化膜的耐蚀性与传统铬酸盐溶液转化膜相当，但涂装后的耐蚀性前者优于后者[135-137]。

铬酸盐转化膜是各种金属上最常见的化学转化膜，这种转化膜即使在很薄的情况下，也能极大地提高基体金属的耐蚀性，铬酸盐转化膜优异的防护性能还在于当膜层受到机械损伤时，它能使裸露的基体金属再次钝化而重新得到保护，即具有所谓的自愈合能力。

在镁合金的耐腐蚀性提高方面，应用最广泛的就是铬酸盐工艺，清洗和酸洗后，将镁合金浸入含铬酸盐的溶液中，形成的铬酸盐膜层为金属基材提供保护并提高后续油漆涂层的附着力。在铝上也有采用铬酸盐转化涂层的，例如，AA6060 铝上铬酸盐转化膜的形成，可有效抑制金属间化合物颗粒的阴极反应活性，对提高镀层铝的耐丝状腐蚀性能非常有利[138-140]。

对化学转化膜防护效果的影响因素有：被处理基体金属的本质；转化膜的类型、组成和结构；膜层的处理质量，如与基体金属的结合力、孔隙率等；使用的环境等。

金属表面的化学转化膜能起到防护作用的原因，一是降低了金属本身的活性，使金属的热力学稳定性提高；二是将金属与环境介质隔离开。应该指出，同其他防护层（如金属镀层）相比，化学转化膜的防护功能不高，它往往不足以使金属得到有效保护。因此化学转化膜一般是与其他防护层联合组成多元的防护层，化学转化膜常作为这个多元系统的底层。例如化学转化膜+油漆涂层的多元防护系统得到了广泛的应用。化学转化膜在多元防护层系统中的作用，一是增加表面防护层与基体金属的结合力；二是在表面防护层（如油漆层）局部损坏或者被腐蚀介质穿透时防止腐蚀的扩展。

4.2　阳极氧化膜

金属或合金的阳极是将金属或合金的制件作为阳极置于电解液中，在外加电流作用下使其表面形成氧化物薄膜。金属氧化物薄膜改变了表面状态和性能，可提高金属或合金的耐腐蚀性、硬度、耐磨性、耐热性及绝缘性等。本节主要介绍铝及其合金的阳极氧化、铝阳极氧化膜的封闭及镁合金阳极氧化。

4.2.1　铝及其合金的阳极氧化

铝是使用量最大、应用面最广的轻金属材料，依据合金元素与加工方法的不同形成了庞大的材料体系，是仅次于钢铁的第二大金属材料。虽然铝是比较活泼的金属（标准电位为 -1.66V），又是易钝化的金属，在空气中，表面容易生成天然氧化物膜，但是这层自然氧化物膜的厚度只有 $0.01 \sim 0.1 \mu m$，保护作用并不强，因此需要进行额外的处理来提升其保护及其他作用。通过阳极氧化处理，可使氧化膜增厚至几十微米，甚至几百微米。阳极氧化是铝及铝合金常用的表面处理方法，此方法获得的氧化膜具有良好的力学性能，与基体的结合强度大，耐蚀性、装饰性、耐磨性、电绝缘性等良好，应用十分广泛。铝及其合金的阳极氧化是将金属部件置于相应电解液（如硫酸及铬酸等，其中硫酸溶液应用最广）中作为阳极，并在特定条件和外加电流作用下，进行电解，使制件获得所需厚度的氧化铝薄层，其厚度为 $5 \sim 20 \mu m$，硬质阳极氧化膜可达 $60 \sim 200 \mu m$。图 4-1 和图 4-2 分别为已制备阳极氧化膜、硬质阳极氧化膜的制件。

图 4-1　阳极氧化膜着色　　　　　　　　图 4-2　硬质阳极氧化膜

4.2.1.1　基本内容介绍

A　成膜原理

铝是两性金属，铝表面氧化物膜的生成不仅与电位有关，还与溶液的 pH 值有关。从 Al 的电位-pH 图（见图 4-3）可以看出，在 pH 值范围为 $4.45 \sim 8.38$ 时，铝表面所生成的天然氧化膜层（$Al_2O_3 \cdot H_2O$）能够稳定地存在，厚度为

$0.01 \sim 0.015\mu m$，只有几个分子层的厚度，可以保护铝基体在中性和弱酸性环境中不再进一步被腐蚀，但对于稍微苛刻的环境下，这种在空气中自然形成的膜就无法有效地保护铝基体了。阳极氧化是铝及铝合金表面处理最常见的一种方法，它的根本目的是使铝及铝合金材料表面生成一层具有阻止进一步腐蚀氧化起到保护作用的氧化膜，阳极氧化处理后的表面耐蚀性将大大提高，同时还具有较强的吸附性，采用各种着色方法处理后，能获得诱人的装饰外观。一般认为，铝和铝合金在碱性和酸性两种电解液里都能进行阳极氧化，最常用的是酸性电解液，即图 4-3 中的金属酸性溶解区。

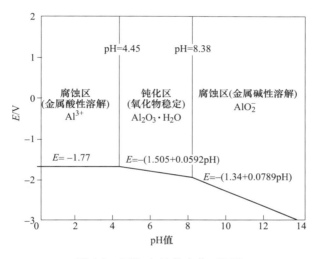

图 4-3　25℃时 Al 的电位-pH 图

在铝及铝合金的工业阳极氧化工艺中，电解液一般为具有中等溶解能力的酸性溶液，如硫酸、铬酸及草酸等。电解质是强酸性的，阳极电位较高。阳极反应首先是水的电解，产生初生态的原子氧 [O]。氧原子立即对铝发生氧化反应，生成氧化铝，从而形成薄而致密的阳极氧化膜。阳极发生的反应如下：

$$H_2O - 2e \longrightarrow [O] + 2H^+ \tag{4-2}$$

$$2Al + 3[O] \longrightarrow Al_2O_3 \tag{4-3}$$

阴极只是起导电作用和析氢反应，在阴极发生下列反应：

$$2H + 2e \longrightarrow H_2 \uparrow \tag{4-4}$$

同时酸对铝和生成的氧化膜进行化学溶解，其反应如下：

$$2Al + 6H^+ \longrightarrow 2Al^{3+} + 3H_2 \uparrow \tag{4-5}$$

$$Al_2O_3 + 6H^+ \longrightarrow 2Al^{3+} + 3H_2O \tag{4-6}$$

因此，氧化膜的生长与溶解同时进行，只是在氧化的不同阶段两者的速度不同，控制溶液组成和工艺条件可以使膜的生长速度大于溶解速度，就能使铝表面生成所需厚度的氧化物膜，当膜的生长速度和溶解速度相等时，膜的厚度才能达到定值。

B　氧化膜的结构

典型的铝合金阳极氧化膜具有双层结构，即密膜层（阻挡层）与孔膜层（见图4-4）。阻挡层的厚度很小，厚度为 0.01~0.05μm，电阻率高达 $10^9 \Omega \cdot m$，显微硬度可达 15000MPa。孔膜层存在大量孔隙（每平方厘米上亿个），因此可以进行着色处理，获得装饰性外观，厚度可达 250μm，电阻率较低（$10^5 \Omega \cdot m$）。无论是着色还是不着色的阳极氧化膜，都需要进行封闭，使孔闭合以提高膜的保护性和保持着色效果。

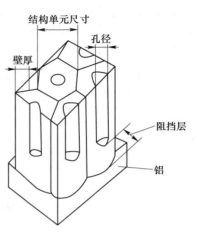

图 4-4　阳极氧化膜的结构示意图

孔隙率和孔径与电解液性质和工艺参数有关。例如，在 10℃、15% 硫酸中进行阳极化处理，得到的氧化膜的孔径为 12nm，对应于电压 15V、20V、30V，氧化膜的孔隙率分别为 $77×10^9$ 孔/cm^2、$52×10^9$孔/cm^2、$28×10^9$孔/cm^2。

C　工艺流程

工艺流程包括除油、碱蚀、出光、化学抛光或电化学抛光（预处理阶段）、阳极氧化、着色、封闭（后处理阶段）。其中着色部分将在着色膜部分进行介绍。

（1）除油。铝及其合金的除油可以使用酸性、中性、碱性溶液，目前工业上采用的主要是以碱性化学除油为主，但是与钢铁的碱性化学除油相比，溶液中的强碱含量很低甚至是没有，除油温度也很低。另外，采用水基清洗剂进行常温条件下的除油，可以节省资源，采用废硫酸氧化液或者废硝酸出光液可以实现综合利用。

（2）碱蚀。碱蚀的目的是除去制件在碱性除油中残存的氧化膜、表面变质层、渗入基体表面层的污物等，使表面均匀一致。

（3）出光。碱蚀后的铝制件表面仍残留一些不溶于碱的铜、锰、硅、铁等合金元素，俗称"硅灰"，必须除去，同时需中和铝表面的碱性。对于一般工业纯铝及铝合金，采用 30%~50%（体积分数）的硝酸溶液；高硅铝合金和铸铝合金，采用 HNO_3：HF＝1：3 的混合酸；对于建筑铝合金，因含硅、镁少，基本不含铜、锰、铁等，可采用废硫酸氧化液，既废物利用，又可防止杂质带入氧化槽。

（4）化学抛光或电化学抛光。使制件表面获得平滑光亮的表面。

常见的铝及其合金的阳极氧化方法有：硫酸阳极氧化、铬酸阳极氧化、草酸阳极氧化、瓷质阳极氧化、硬质阳极氧化等。目前主要采用硫酸、铬酸、草酸等，本节主要对这三种工艺进行介绍。

4.2.1.2 硫酸阳极氧化

普通硫酸阳极氧化可获得 $0.5 \sim 20.0 \mu m$ 吸附性较好的膜层，适用于一般防护或作为油漆涂层的黏结底层（如飞机外蒙皮等）。目前，工业上最普遍使用的是硫酸直流阳极氧化，因硫酸交流阳极氧化电流效率低，氧化膜的耐蚀性差、硬度低，所以很少使用。

表4-2为硫酸阳极氧化的配方及工艺条件，此工艺几乎适用于所有铝及其合金的阳极氧化。目前95%以上的阳极氧化均采用硫酸电解液，如果没有特殊说明，阳极氧化通常是指硫酸阳极氧化。在硫酸电解液中阳极氧化处理后，所得的氧化膜吸附能力强、膜的硬度较高、经封闭后耐蚀性良好，膜层无色透明，易染成各种颜色，可发挥防护和装饰作用。

表 4-2　硫酸阳极氧化配方及工艺条件

配方及工艺条件	配方 1	配方 2	配方 3
硫酸（H_2SO_4）浓度/g·L^{-1}	160~200	160~200	100~110
铝离子（Al^{3+}）浓度/g·L^{-1}	<20	<20	<20
温度/℃	13~26	0~7	13~26
电压/V	12~22	12~22	16~24
电流密度/A·dm^{-2}	0.5~2.5	0.5~2.5	1~2
时间/min	30~60	30~60	30~60
阴极材料	纯铝或铝锡合金板	纯铝或铝锡合金板	—
阳极与阴极面积比	1.5:1	1.5:1	1:1
搅拌	压缩空气搅拌	压缩空气搅拌	压缩空气搅拌
电源	直流电	直流电	交流电

A　特点

与其他酸阳极氧化相比较，硫酸阳极氧化在生产成本、氧化膜特点和性能方面具有明显的优越性：生产成本低，膜的透明度高，耐蚀性和耐磨性好，电解着色和化学染色容易。硫酸氧化膜的孔隙率达到35%，金属离子能从其孔底析出，使色泽美观。在化学染色中，多孔型膜吸附力强，染色液易渗进膜孔而发生化学作用或物理作用，染成各种鲜艳的颜色。其缺点是不适宜用于大孔隙的铸造件和铆接的组合件的表面处理。

B　影响因素

影响氧化膜质量的因素有很多，包括合金成分、硫酸浓度、杂质、温度、电流密度等工艺因素[141]。

　　a　合金成分

　　通常情况下,合金元素的存在会使氧化膜的质量变差,例如,有的铝合金中含铜量较多,则这种铝合金生成的氧化膜缺陷也会相应增多,再如含硅量较多的铝合金,得到的氧化膜则会发灰,表面光泽暗淡。一般来说,在同样的实验条件下,纯铝及低合金成分铝合金的氧化膜硬度最高,膜层最厚,耐蚀性最好,并且成分均匀一致,随着合金成分的含量增加,膜质变软,特别是重金属元素对其影响最大[142]。

　　b　硫酸浓度

　　图 4-5 为硫酸浓度对氧化膜的生成速度的影响,氧化膜的生成速度与电解液中硫酸浓度有密切的关系[143]。通常在阳极氧化初期,在较高浓度硫酸溶液中的阳极氧化膜的生成速度大于在较低浓度硫酸溶液中的速度,且对应的阳极氧化电压较低,硫酸的质量分数每提高 1%,可降低约 0.04V,这意味着阳极氧化膜在生成过程中释放较小的热量,但随着阳极氧化时间的持续进行,较高浓度硫酸溶液中的膜生成速度逐渐与较低浓度硫酸溶液中的速度相近,甚至小于较低浓度硫酸溶液中的膜生成速度,这是因为较高浓度硫酸溶液在阳极氧化后期对阳极氧化膜的溶解作用不断加大。因此,从降低生产成本、提高生产效率和保证产品质量三方面综合考虑,对生产 10μm 以下铝阳极氧化厚膜,硫酸浓度取 170~190g/L 较为合适;对生产约 15μm 铝阳极氧化厚膜,硫酸浓度取 160~170g/L 较为合适;而对生产大于 25μm 铝阳极氧化厚膜,硫酸浓度取 155~165g/L 较为合适。

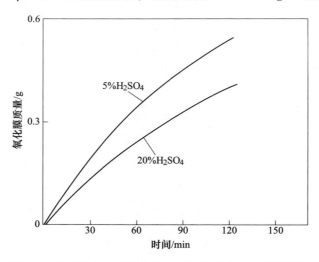

图 4-5　硫酸浓度(质量分数)对氧化膜生成速度的影响

　　在其他条件不变时,硫酸浓度增大将使电解液对氧化膜的溶解速度增加,氧化膜的生长速度减慢，孔隙增多。膜的弹性好，吸附力强，易于染色，但膜的硬度较低。反之，氧化膜生长速度增快，膜的孔隙率降低，硬度较高，耐磨性和反光性良好，适宜于染成各种较浅的淡色。

　　c　杂质

电解液中常见的杂质有 Cl^-、F^-、Al^{3+}、Cu^{2+}、Fe^{2+} 等，其中对阳极氧化膜影响最显著的是 Cl^-、F^-、Al^{3+}。电解液中可能存在的杂质是阴离子（如 Cl^-、F^-、NO_3^-）和金属离子（如 Al^{3+}、Cu^{2+}、Fe^{2+}）。当 Cl^-、F^- 等阴离子含量高时，膜的孔隙率增加，膜表面疏松粗糙，甚至使氧化膜发生腐蚀。通常这些杂质在电解液中的允许含量为 Cl^- 小于 0.05g/L、F^- 小于 0.01g/L。因此，必须严格控制水质，一般要求用去离子水或蒸馏水配制电解液。

Al^{3+} 含量增加，氧化膜表面出现白色斑点，吸附能力下降；当 Al^{3+} 含量超过 20g/L 时，电解液的氧化能力显著下降。当铝制件中含铜、硅等元素时，随着氧化过程的进行，由于电解液中的阳极溶解作用，使合金元素 Cu^{2+}、Si^{2+} 不断集聚。当 Cu^{2+} 含量超过 0.02g/L 时，氧化膜上会出现暗色条纹和斑点。可以用铅作阴极，阴极电流密度控制在 0.1～0.2A/dm² 时，使铜在阴极析出。在电解液中 Si^{2+} 通常是悬浮状态，以褐色粉末状物吸附在阳极上，一般用滤纸或微孔管过滤机过滤排除。

　　d　温度

温度对氧化膜生长速度和性质的影响与硫酸浓度的影响相似，如图 4-6 和图 4-7 所示，温度升高时，膜的溶解速度加大，膜的生成速度减小。较高的阳极氧化硫酸溶液（以下简称为槽液）温度下，其导电性较好，在相同电流密度下需要的电压降低，但对阳极氧化膜的溶解速度加快，生成的阳极氧化膜硬度与耐磨

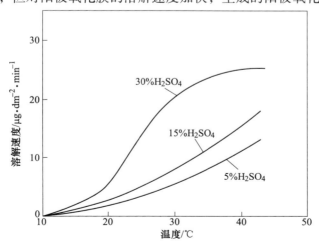

图 4-6　温度对膜溶解速度的影响

性等质量指标会下降。厚膜的生产过程较长，随阳极氧化膜的不断增厚，释放膜孔内热量变得越来越困难，从而使得铝工件的表面温度相对较高，槽液对阳极氧化膜的溶解变得加剧。因此，厚膜生产工艺的槽液温度控制应适当低于普通膜工艺的温度，以兼顾产品质量与生产成本，适宜的槽液温度取 17~19℃。

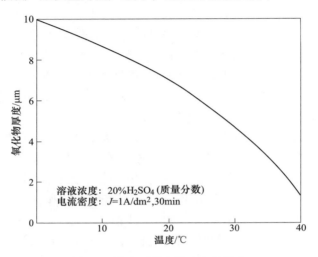

图 4-7　温度对膜生长速度的影响

e　电流密度

电流密度与生产效率有直接的关系，选择电流密度必须从电源容量、槽液体积，搅拌与制冷能力及产品质量要求等多方面综合考虑。一般普通阳极氧化电流密度取 $1.2~1.4A/dm^2$，对生产不小于 $25\mu m$ 铝阳极氧化厚膜，为提高生产效率与减少阳极氧化膜的溶解，应适当提高电流密度，取 $1.5~1.6A/dm^2$ 为宜，直流氧化膜硬度比交流氧化膜高，直流和交流叠加使用时，可在一定范围内调节氧化膜硬度。

电流密度影响着氧化膜的生长，如图 4-8 所示。在其他条件相同时，提高电流密度会使氧化膜的生长速度加快，膜的孔隙率高，易于染色，而且硬度和耐磨性也有所提高。反之，则膜的生长速度减慢，但生成的氧化膜致密。不过，提高电流密度对增加氧化膜生长速度和膜厚的作用是有限度的，当氧化膜生长速度达到极限值就不会再增加。这是因为电流密度太高时电流效率下降，同时由于温度升高使膜的溶解速度加快。

f　搅拌

在氧化过程中，由于产生较多的热量，造成工件附近的溶液温度升高较快，使氧化膜质量下降，因此溶液应当进行搅拌，通常可以采用无油压缩空气搅拌或用泵使电解液循环。

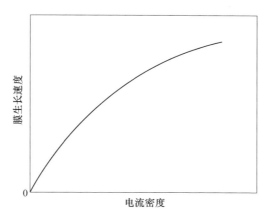

图 4-8　电流密度对膜生长速度的影响

g　交流电流

在使用交流电流时，由于氧化过程中只有一半时间是阳极过程，硫酸浓度应控制得低一些，电流密度可以高一些。得到的氧化膜具有很高的透明度和孔隙率，但硬度和耐磨性较低。使用交流电流时，两极上均可装挂制件，但它们的面积应当相等。要得到与直流电流氧化时同样厚度的氧化膜，氧化时间应当加倍。

4.2.1.3　铬酸阳极氧化

铬酸阳极氧化的配方一般是由单一的铬酸配制成的，是比较传统的工艺。铬酸氧化膜比硫酸氧化膜和草酸氧化膜薄得多，一般厚度只有 $2\sim5\mu m$，膜层薄对精密零件的装配不会产生影响，对表面粗糙度的影响也不大，故该工艺适用于精密零件表面的改性。铬酸氧化膜膜层质软，并且有很好的弹性，在应用过程中不会出现较为明显的疲劳强度衰退问题，但是这种膜层的耐磨性没有硫酸阳极氧化产生的膜层好。铬酸阳极氧化膜的外观因基材的成分不同而产生变化，氧化膜的颜色由灰白色到深灰色，颜色自然，膜层不透明，膜层致密呈树状分支结构，孔隙率较低，很难染色，在不做封孔处理的情况下也可以使用。铬酸溶液对铝的溶解度小，使针孔和缝隙内残留的溶液对部件的腐蚀影响小，适用于铸件、铆接件和机械加工件等的表面处理。铬酸阳极氧化膜与有机涂料结合力好，是油漆涂料的良好底层。

但是因铬酸对铜的溶解能力较大，所以铜质量分数大于 4% 的铝合金一般不适用铬酸阳极氧化。铬酸法得到的膜不会明显降低基体的疲劳强度，其耐蚀性高，大量用于飞机制造业、航空航天等，其他工业应用较少。由于不论铬酸溶液成本或是电能消耗都比硫酸阳极氧化贵，而且氧化液中铬会污染环境，即使采取环保措施，也会提高工艺的成本，因此，使用受到一定的限制。表 4-3 为铬酸阳极氧化的工艺条件。

表 4-3　铬酸阳极氧化的工艺条件

配方及工艺条件	配方 1	配方 2	配方 3
铬酸浓度/g·L^{-1}	50~60	30~40	95~100
温度/℃	33~37	38~40	35~39
电流密度/A·dm^{-2}	1.5~2.5	0.2~0.6	0.3~2.5
电压/V	12~22	12~22	16~24
时间/min	30~60	30~60	30~60

影响铬酸阳极氧化膜层质量的主要因素如下[144-146]：

（1）铬酸浓度。要想在铝合金表面形成具有一定厚度的多孔型氧化膜，所选择的电解液必须对金属铝和氧化膜具有一定的溶解能力，新配制的铬酸槽液能够维持一个比较低且稳定的游离铬酸含量，使用一段时间后，对镀件的试片盐雾试验就会显示不合格的镀件，这是因为槽液的六价铬离子被还原成了三价铬离子，六价铬离子浓度降低直接导致氧化膜出现大量的缺陷，膜层抗蚀能力下降。由此可见，长期成分稳定的槽液是稳定氧化膜的生成速度与溶解速度的关键，也是生成优质氧化膜的基本保障条件。如果槽液中游离铬酸含量太高，溶液对铝及氧化膜的溶解速度加快，会使氧化膜生成速度与溶解速度的恒定比减小，反而得不到厚度、耐蚀性等综合性能良好的氧化膜。

（2）有害离子。在铬酸阳极氧化槽液中，铬酸酐原料中不可避免会存在 SO_4^{2-} 和 Cl^- 杂质，且工件漂洗水也会带入 Cl^- 杂质。在氧化过程中，若溶液中 Cl^- 含量升高，可能会侵蚀膜层的形成，造成氧化膜粗糙；SO_4^{2-} 则会加快六价铬在阴极上还原为三价铬，使铬酸消耗增加，也可能会对膜层外观质量产生影响。

（3）电压。铬酸阳极化得到的氧化膜较致密，随着氧化膜增厚，电阻也逐渐升高。为了使氧化过程能够正常进行，膜厚达到要求，必须在阳极化过程中逐步升高电压，使电流密度保持在规定的范围内。一般是在氧化开始的 15min 内使电压逐步由 0V 升至 25V，维持电流密度在 $2A/dm^2$ 左右，然后再逐步将电压升至 40V，并维持到氧化处理结束，总计时间约 1h。

（4）杂质。在铬酸阳极化电解液中，SO_4^{2-}、Cl^-、Cr^{3+} 都是有害的杂质。SO_4^{2-} 含量超过 0.5g/L，Cl^- 含量超过 0.2g/L 时，氧化膜变粗糙。Cr^{3+} 会使氧化膜变得暗而无光。因此，配制电解液时应当使用蒸馏水或去离子水。当溶液中 SO_4^{2-} 含量过多时，可以加入 $Ba(OH)_2$ 或者 $BaCO_3$，使其生成 $BaSO_4$ 沉淀，经过滤除去。如 Cl^- 含量太多，只能弃去部分溶液重新进行调整，或者全部更换。在阳极化过程中 Cr^{6+} 在阴极上还原产生 Cr^{3+}。当溶液中 Cr^{3+} 积累过多时，可以通电进行处理，使 Cr^{3+} 在阳极上氧化为 Cr^{6+}。通电方法是：以铝作阳极，不锈钢作阴极，维持阳极电流密度 $i_a = 0.2A/dm^2$，阴极电流密度 $i_c = 10A/dm^2$。

4.2.1.4 草酸阳极氧化

铝合金的草酸阳极氧化可制备出 8~20μm 的氧化镀层，被称为"Alumite"法或"Eloxal-Verfahren"法。草酸对铝合金及其氧化膜的溶解能力较弱，获得的氧化膜孔隙率低，耐蚀性及耐磨性比采用硫酸制备出的氧化膜好。在草酸阳极氧化工艺中，阴极上的草酸被还原为羟基乙酸，阳极上的被氧化成二氧化碳，需要外加较高的电压，并极易出现电击穿及烧蚀现象。此外，草酸阳极氧化的槽液对氯离子极为敏感，生产成本比硫酸阳极氧化高 3~5 倍，氧化膜的色泽易受工艺条件的影响。因此该工艺一般只在特殊要求的情况下使用，如用于铝锅及铝饭盒等日用品的表面装饰保护层。草酸阳极氧化的工艺条件见表 4-4。

表 4-4 草酸阳极氧化的工艺条件

配方及工艺条件	配方 1	配方 2	配方 3
草酸浓度/g·L^{-1}	2~3	50~100	50
温度/℃	15~21	35	35
电流密度/A·dm^{-2}	1~2	2~3	1~2
电压/V	110~120	40~60	30~35
时间/min	120	30~60	30~60
电源	直流	交流	直流

影响草酸阳极氧化膜层质量的主要因素如下：

（1）材质。草酸阳极氧化工艺适用于纯铝及镁合金的阳极氧化，对含铜及硅的铝合金则不适用。

（2）溶液成分。该电解液对氯离子非常敏感，其质量浓度超过 0.04g/L 时膜层就会出现腐蚀斑点。

（3）电压。由于草酸阳极氧化工艺得到的氧化膜致密，电阻高，只有在高电压下才能获得较厚的氧化膜。为了防止氧化膜不均匀和高电区发生电击穿现象，操作过程中必须逐步升高电压。

（4）杂质。草酸阳极化电解液对 Cl$^-$ 非常敏感，一般允许含量为 0.04g/L，过高则膜层会出现腐蚀斑点，配制溶液应使用蒸馏水或者去离子水。Al^{3+} 的含量不允许超过 3g/L，过多时需要更换溶液或者弃去部分溶液补加新液。根据经验，每通电 1A·h，约消耗草酸 0.13~0.14g，同时有 0.08~0.09g 铝离子进入溶液。

4.2.2 铝阳极氧化膜的封闭

在铝合金阳极氧化工艺中，氧化膜由大量的微孔结构组成，这些微孔给阳极氧化膜赋予了特殊的着色功能，但也增加了铝合金在自然环境中的有效面积，降低了铝合金的耐蚀性。这就要求想制备出高质量的氧化膜就需要增加对氧化膜微孔的封闭工艺，以有效降低氧化膜裸露的孔隙。封闭的方法有沸水封闭法、蒸汽封闭法、重铬酸盐封闭法和水解封闭法等。

4.2.2.1 沸水封闭法

沸水封闭的原理是利用 Al_2O_3 的水化作用，适用于无色氧化膜，热水温度 90~100℃，pH 值为 6.5~7.5，封闭时间 15~30min。封闭必须用蒸馏水或者去离子水，不能使用自来水，以免杂质进入氧化膜的微孔，使膜的透明度及色泽受到影响。反应如下：

$$Al_2O_3 + nH_2O =\!=\!= Al_2O_3 \cdot nH_2O \qquad\qquad (4\text{-}7)$$

式中，n 的值为 1 或 3。

当 Al_2O_3 水化为一水合氧化铝（$Al_2O_3 \cdot H_2O$）时，其体积可增加约 33%；若生成三水合氧化铝（$Al_2O_3 \cdot 3H_2O$）时，体积几乎增大一倍，可将孔隙完全堵住。

4.2.2.2 蒸汽封闭法

蒸汽封闭的原理与沸水封闭法相同，一般在 110~120℃、3×10^5~5×10^5 Pa 条件下，处理时间为 30min，在压力容器中进行。高温水蒸气的封闭速度极快且不易受水质的影响，获得的封孔膜质量高，具有良好的耐腐蚀性。此法的缺点是工作环境较差，不适合处理大型工件。

4.2.2.3 重铬酸盐封闭法

重铬酸盐封闭的工艺参数条件为重铬酸钾浓度 60~70g/L，高温 90~95℃，pH 值为 6~7，要求封闭时间 15~25min。在封闭工艺中，热水分子与氧化铝进行水化反应生成一水合氧化铝和三水合氧化铝，氧化膜的内孔壁与重铬酸生成碱式铬酸铝（$AlOHCrO_4$）和碱式重铬酸铝（$AlOHCr_2O_7$）。制备出的重铬酸盐封闭膜略带黄色，耐蚀性好，特别适合于铝铜合金。值得关注的重铬酸盐封闭工艺需要在高温下进行，Cr 剧毒会引起严重的健康问题。重铬酸发生的化学反应式如下：

$$2Al_2O_3 + 3K_2Cr_2O_7 + 5H_2O =\!=\!= 2AlOHCrO_4 + 2AlOHCr_2O_7 + 6KOH \qquad (4\text{-}8)$$

4.2.2.4 水解封闭法

水解封闭法在国内应用较广泛，主要应用在染色后氧化膜的封闭，此法克服了热水封闭法的许多缺点。原理是易水解的钴盐与镍盐被氧化膜吸附后，在阳极氧化膜微细孔内发生水解，生成氢氧化物沉淀将孔封闭。在封闭处理过程中，发生如下反应：

$$Ni^{2+} + 2H_2O \Longrightarrow 2H^+ + Ni(OH)_2 \downarrow \tag{4-9}$$

$$Co^{2+} + 2H_2O \Longrightarrow 2H^+ + Co(OH)_2 \downarrow \tag{4-10}$$

生成的 $Co(OH)_2$ 和 $Ni(OH)_2$ 沉积在氧化膜的微孔中，将孔封闭。由于少量的 $Ni(OH)_2$ 和 $Co(OH)_2$ 几乎是无色透明的，因此它不会影响制品的原有色泽，故此法可用于着色氧化膜的封闭。

4.2.3 镁合金阳极氧化

DOW17 工艺在镁合金表面形成的氧化膜主要是由 Cr_2O_3、$MgCr_2O_7$ 及 Mg_2FPO_4 构成的复合膜，膜外观粗糙多孔，颜色为稻黄至果绿。HAE 工艺形成的氧化膜主要是 MgO、$MgAl_2O_4$ 尖晶石混合结构，膜外观为均匀的棕黄色。还有一些新的阳极氧化涂层被研究出来，相比 DOW17 或 HAE 等旧阳极氧化工艺，获得的涂层性能更好。

镁合金的阳极氧化膜工艺主要是指用镁合金作为阳极，在外加电压的作用下，利用工件与处理液之间的电化学反应在工件表面形成保护氧化膜层的表面处理技术。镁合金阳极氧化改变了表面状态和性能，如表面着色，提高耐腐蚀性、增强耐磨性及硬度，保护金属表面等，但该工艺电解液中含有六价铬化合物，对环境和人体健康构成严重危害。

镁合金阳极氧化工艺路线为：脱脂→水洗→酸洗→水洗→氟化处理→阳极氧化→冷水清洗→热水洗→干燥。典型处理工艺为 DOW17 和 HAE 氧化工艺，其工艺及条件见表 4-5。

表 4-5 镁及镁合金阳极氧化典型工艺

类型	成分	含量/g·L^{-1}	温度/℃	电压/V	电流密度/A·dm^{-2}	时间/min
DOW17	NH_4HF_2	240~360	71~82	70~90	0.5~5（AC 或 DC）	5~25
	$Na_2Cr_2O_7 \cdot 2H_2O$	100				
	$H_3PO_4(85\%)$	90				
HAE	KOH	135~165	15~30	70~90	2~2.5（AC）	8~60
	$Al(OH)_2$	34				
	KF	34				
	Na_3PO_4	34				
	$KMnO_4$ 或 K_2MnO_4	20				

4.3 着 色 膜

金属表面着色的目的是根据需要赋予金属表面不同的色彩，其原理是通过化学浸渍、电化学和热处理法等在金属表面形成一层带有某种颜色且具有一定保护能力的膜层。这些化合物膜层通常为化学稳定性好的氧化物、硫化物、氢氧化物和金属盐类等。由于生成化合物的厚度及结晶差异的原因，这些化合物对光线有反射、干涉等效应，因而呈现不同的颜色。一般来说，所有的表面覆盖都可以赋予金属表面不同的色彩。金属着色不仅改善了制件的外观，而且也提高了制件的耐蚀性，因此可以作为服装配件、建筑装潢等的防护装饰性处理。

一般金属着色有化学法、热处理法、置换法、电解法等几种工艺方法。用这些工艺所得膜层的外观效果受多种因素影响，其中工件表面预处理和后处理状态对膜层的影响较大。金属的染色是一种通过金属表面的大量微孔或金属表面对染料的强烈吸附和化学反应使金属表面发色的工艺，有时也可用电解法使金属离子与染料共同沉积而产生色彩。一般而言，最适用于进行着色的氧化膜，是从硫酸电解液中获得的阳极氧化膜，它能在大多数铝及铝合金上形成无色且透明的膜层，其孔隙的吸附能力也较强。

下面将对铝合金的着色和染色进行简单讨论，主要是对吸附着色、电解着色及自然着色进行简单介绍。

4.3.1　吸附着色

铝合金阳极氧化膜层着色的目的是使铝制品获得鲜艳美丽的装饰性外观。着色是由染料封闭氧化膜的空隙所形成，故不改变氧化膜的基本物理化学性质。着色可以使用有机染料和无机染料工艺，通常使用有机染料进行着色，这是因为有机染料着色的牢固度、上色速度、色调鲜艳度都优于无机染料。然而，铝合金的阳极氧化着色对工艺要求比较严格，它要求铝制件一旦氧化后必须清洗干净然后立即进行着色处理，生产过程需要保持着色液的清洁度、染料浓度和 pH 值达到工艺要求，若有偏差则容易发生着色故障[147-148]。

4.3.1.1　无机颜料着色

无机颜料着色方法出现得较早，但目前已不怎么采用，而是越来越多地采用有机染料着色方法。无机颜料着色原理主要是利用物理吸附作用，即无机颜料分子吸附于膜层微孔的表面，对氧化膜进行填充（见图 4-9）。无机颜料着色的优点是耐晒性好，缺点是着色色调不鲜艳，与基体结合力差。采用无机颜料着色时所用溶液分为两种，这两种溶液本身不具有所需颜色，只有在氧化膜孔隙中发生化学反应后才能产生所需色泽，具体工艺条件见表 4-6。

图 4-9 无机颜料着色示意图

表 4-6 无机颜料着色的工艺条件

颜色	组成	质量浓度/g·L⁻¹	温度/℃	时间/min	生成的有色盐
红色	醋酸钴	50~100	室温	5~10	铁氰化钾
	铁氰化钾	10~50			
蓝色	亚铁氰化钾	10~50	室温	5~10	普鲁士蓝
	氧化铁	10~100			
黄色	铬酸钾	50~100	室温	5~10	铬酸铅
	醋酸钴	100~200			
黑色	醋酸钴	50~100	室温	5~10	氧化钴
	高锰酸钾	12~25			

4.3.1.2 有机染料着色

有机染料着色机理复杂，涉及物理吸附和化学反应（见图 4-10）。有机染料着色色泽鲜艳，颜色范围广。有机染料染色工艺操作简单，没有色差或色差无差别，几乎可以染出任意颜色，可以在同一铝合金表面染出多种颜色和花

图 4-10 有机染料着色示意图

纹，颜色鲜艳装饰性极强。但由于有机染料存在分解褪色、耐晒性差的问题，因此多用于室内装饰。

在铝的氧化膜上进行有机染料着色，机理为：（1）有机染料与氧化膜不发生化学反应，染色只是由于在氧化膜孔隙中物理吸附了有机染料；（2）有机染料分子与氧化铝分子发生了化学反应，由于化学结合而存在于膜孔中。

这种化学结合的方式有如下几种：氧化铝与染料分子上的磺酸基形成共价键，氧化铝与染料上的酚基形成氢键，氧化物中的铝与染料分子形成络合物等。具体结合形式取决于染料分子的性质和结构。有机染料着色的工艺条件见表 4-7。

表4-7　有机染料着色的工艺条件

颜色	染料名称	质量浓度/g·L⁻¹	温度/℃	时间/min	pH 值
红色	茜素红（R）	5~10	60~70	10~20	
	酸性大红（GR）	6~8	室温	2~15	4.5~5.5
	活性艳红	2~5	70~80		
	铝红（GLW）	3~5	室温	5~10	5~6
蓝色	直接耐晒蓝	3~5	15~30	15~20	4.5~5.5
	活性艳蓝	5	室温	1~5	4.5~5.5
	酸性蓝	2~5	60~70	2~15	4.5~5.5
金黄色	茜素黄（S）	0.3	70~80	1~3	5~6
	茜素红（R）	0.5			
	活性艳橙	0.5	70~80	5~15	
	铝黄（GLW）	2.5	室温	2~5	5~5.5
黑色	酸性黑（ATT）	10	室温	3~10	4.5~5.5
	酸性元青	10~12	60~70	10~15	
	苯胺黑	5~10	60~70	15~30	5~5.5

4.3.2　电解着色

　　电解着色是将阳极氧化后的铝合金在含有金属盐的水溶液中进行交流电解，在电场的作用下，被还原的金属离子在氧化膜孔隙的底部沉积（见图4-11），从而实现对氧化层的着色，金属的盐类决定着色效果。同样，电解时间、电流和电压也在一

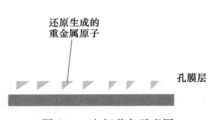

图4-11　电解着色示意图

定的程度上影响颜色。此外，在氧化膜多孔层的底部也可以沉积金属氧化物或金属化合物，进而实现电沉积物对光的散射作用而呈现各种色彩，以获得具有良好的耐磨、耐光、耐热及抗化学腐蚀性能的着色膜。目前电解着色工艺在建筑装饰用铝型材上得到了广泛的应用。常用的方法有直流阴极电流法、交直流叠加法、脉冲氧化法、直流周期换向法、间断阴极电流法、不对称交流法等。

　　电解着色的工艺流程为：铝制件→除油→清洗→电解抛光或化学抛光→清洗→硫酸阳极氧化→清洗→中和→清洗→电解着色→清洗→封闭→光亮→成品检验。电解着色的工艺条件见表4-8，交流电解着色的工艺条件见表4-9。

表 4-8　电解着色的工艺条件

颜色	组成	质量浓度/g·L⁻¹	温度/℃	交流电压/V	时间/min
金黄色	硝酸银	0.4~10	室温	8~20	0.5~1.5
	硫酸	5~30			
青铜色至褐色至黑色	硫酸镍	25	20	7~15	2~15
	硼酸	25			
	硫酸铵	15			
	硫酸镁	20			
青铜色至褐色至黑色	硫酸亚锡	20	15~25	13~20	5~20
	硫酸	10			
	硼酸	10			
紫色至红褐色	硫酸铜	35	20	10	5~20
	硫酸镁	20			
	硫酸	5			
黑色	硫酸钴	25	20	17	13
	硫酸铵	15			
	硼酸	25			

表 4-9　交流电解着色工艺条件

序号	成分（浓度/g·L⁻¹）	电压、电流密度	pH 值	时间/min	温度/℃	颜色
1	硫酸镍（25）	10~17V 0.2~0.4A/dm²	4.4	2~15	20	青铜色至黑色
	硫酸镁（20）					
	硫酸铵（15）					
	硼酸钠（25）					
2	硫酸亚锡（10）	8~16V	1~1.5	2.5	20	浅黄色至深古铜色
	硫酸铵（10~15）					
	稳定剂（适量）					
3	硫酸钴（25）	17V	4~4.5	13	20	黑色
	硫酸铵（15）					
	硼酸（25）					
4	硫酸镍（50）	8~15V	4.2	1~15	20	青铜色至黑色
	硫酸钴（50）					
	硼酸（40）					
	磺基水杨酸（10）					

工艺分析如下：

（1）主盐。在电解着色过程中，重金属主盐浓度应控制在工艺范围内，过低不易在膜孔中着色，过高则容易产生浮色，很容易脱落。

（2）温度。温度一般控制在 20~35℃ 较为适宜，过低着色速度慢，只能着较浅的颜色，高于 40℃ 则着色速度太快，容易产生浮色。

（3）电压。交流电压低，则着色较浅，提高电压可以增加着色深度。因此在同样条件下，改变电压就可以在氧化膜微孔内分别着上多种不同的单色。

（4）时间。在着色液的浓度、pH 值、温度和交流电压都相同的条件下，随着电解着色时间的逐步延长，可以在氧化膜的微孔内分别着上由浅到深的不同单色。

在电解着色液中，必须加入添加剂，主要作用有稳定电解着色液，促进着色膜色泽均匀，延长电解液着色寿命，广泛应用的有：硫酸铝、葡萄糖、EDTA、硫酸铵、酒石酸、邻苯三酚，以及市场供应组合添加剂 GKC 等。在电解着色的预处理中，要水洗充分，并进行空气搅拌，保证温度均匀，以免出现色调不一致的缺陷。尽量避免出现电接触不良、电极配置不当等情况的发生，同时要注意控制电压、电流和 Na^+、Cl^-、NO_3^-、Al^{3+} 等离子的含量。

4.3.3　自然着色

自然着色法又称为整体着色，其原理是膜层选择性吸收特定波长的光线，剩余光线被反射并发生干涉作用而显色。这种着色的特点是成膜带色。含有硅、铬、锰、镁等成分的铝合金在进行阳极氧化时直接生成有一定颜色的氧化膜的方法称为合金发色法，在以磺基水杨酸、氨基磺酸、草酸等为主体的电解液中进行阳极氧化处理而得到有色氧化膜的方法称为电解发色法。自然着色法是合金发色法和电解发色法的综合，详见表 4-10。先选择合适的铝合金，再在相应的有机酸电解液中进行电解发色，这种方法膜层颜色范围较宽，合金主加元素不同、组织状态不同，都会使膜层色调不均匀，电解液着色法的显色原理目前已很明确，不同的电解质溶液和电解条件等都会引起颜色的改变。

表 4-10　自然着色法的分类

自然着色法	合金发色法	含有硅、铬、锰等成分的铝合金材料在进行阳极氧化处理时，产生带有颜色的氧化膜的方法
	电解发色法	在以磺基水杨酸、马来酸和草酸等为主的有机酸溶液中进行阳极氧化处理而得到着色氧化膜的方法

铝及其合金着色的工艺流程及条件如下：铝制件→机械抛光→化学脱脂→清洗→化学处理→清洗→自然着色→清洗→封闭→光亮→成品检验。自然着色法的工艺条件见表 4-11。

表 4-11　自然着色法配方及工艺条件

序号	配方		工艺条件				
	成分	浓度/g·L⁻¹	电流密度/A·dm⁻²	电压/V	温度/℃	厚度/μm	色泽
1	磺基水杨酸	62~68	1.3~3.2	35~65	15~35	18~25	青铜色
	硫酸	5.6~6.0					
	铝离子	1.5~1.9					
2	草酸	5	5.2	20~35	20~22	15~25	红棕色
	草酸铁	5~80					
	铁硫酸	0.5~4.5					
3	钼酸铵	20	1~10	40~80	15~35	保持峰值电压至所需色泽	金黄色、褐色、黑色
	硫酸	5					

阳极氧化膜的色泽受电解液的酸浓度、时间、电流和电压等因素的影响，要严格按工艺规范操作。该方法有如下特点：工艺简单、无污染；需高电压和高电流，溶液稳定性不好，易失效，成本高；仅局限于特定的铝合金和特定的电解液，自然着色工艺逐渐让步于硫酸阳极氧化加电解着色；需用离子交换装置持续净化电解液，对电解液中 Al^{3+} 的含量有严格要求；膜层耐蚀性和耐磨性都很好，获得产品的耐光性、耐候性好、硬度高，可作为铝制品的表面精饰，广泛用于户外建筑、工艺美术和医疗器械等。

4.4　微弧氧化膜

微弧氧化工艺又被称为微等离子体氧化，其原理是将轻合金工件置于电解液中通过弧光放电的作用来实现在基体表面生长出以基体金属氧化物为主的陶瓷膜层。该工艺的关键是阳极氧化电压超过某一值时基体表面初始生成的绝缘氧化膜被击穿而产生微区弧光放电，形成瞬间的超高温区域，区域内的氧化物或基体金属被熔融气化，并与电解液进行复杂的物理化学接触反应，形成非金属陶瓷层。与普通阳极氧化技术所不同的是利用微弧等离子体弧光放电增强了在阳极上发生的化学反应。普通阳极氧化处于法拉第区（见图 4-12），所得膜层呈多孔结构；微弧等离子体氧化处于火花放电区中，电压较高，所得膜层均匀致密。

微弧氧化的成膜过程是一个化学反应、电化学反应、等离子体反应同时发生的复杂过程。理论上来讲，微弧氧化过程有阳极氧化、火花放电、微弧氧化和弧光放电等 4 个阶段，但具体的成膜过程工艺主要取决于基体材料、电解质成分和电参数等，不同的反应体系形成的氧化成膜会出现较大的差异。由于微弧氧化成

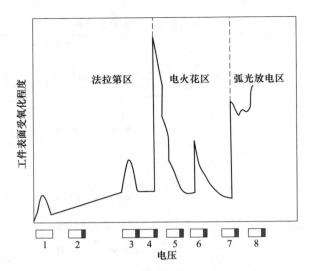

图 4-12　膜层结构与对应电压区间的关系模型

1—酸浸蚀过的表面；2—钝化膜形成；3—局部氧化膜形成；4—二次表面形成；
5—局部阳极上火花放电阳极氧化形成；6—富孔的火花放电阳极氧化膜；
7—热处理过的火花放电阳极氧化膜；8—被破坏的火花放电阳极氧化膜

膜是在瞬间完成的，其反应机理非常复杂，至今还没有统一的模型可以解释。

微弧氧化工艺的主要特点是工艺简单和效率高，采用的电解液对生态环境友好，对异形零件、孔洞、焊缝的可加工能力强于任何其他的表面陶瓷化工艺。还可以根据工艺成本的需求合理控制中间过程的化学反应速度及沉积速率，对控制精度要求低，制备出具有相同性能陶瓷层的工艺成本低于阳极氧化工艺。

下面主要对铝合金的微弧氧化进行详细介绍，并简单说明镁合金及钛合金上的微弧氧化。

4.4.1　铝合金的微弧氧化

铝合金微弧氧化镀层是通过电解液中高压放电作用，使铝合金表面形成一层以 $\alpha\text{-}Al_2O_3$ 和 $\gamma\text{-}Al_2O_3$ 为主的硬质陶瓷层，该层的厚度超过阳极氧化，硬度优于电镀，且前后处理简单，是一种很有发展前途的表面处理工艺。

根据电化学可知，当铝合金处于阳极状态下，可发生如下反应：

$$Al - 3e \longrightarrow Al^{3+} \tag{4-11}$$

Al^{3+} 在碱性溶液中经一段时间的积累，达到一定浓度时，即可发生以下反应，形成胶体物质，即

$$Al^{3+} + 3OH^- \longrightarrow Al(OH)_3 \tag{4-12}$$

$$Al(OH)_3 + OH^- \longrightarrow Al(OH)_4^- \tag{4-13}$$

氧化时, $Al(OH)_4^-$ 在电场力的作用下, 向阳极(即工件)表面迁移, $Al(OH)_4^-$ 失去 OH^-, 变成 $Al(OH)_3$ 而沉积在阳极的表面, 最后覆盖全表面。当电流强行流过阳极表面形成这种沉积层时会产生热量, 这个过程促进了 $Al(OH)_3$ 脱水转变为 Al_2O_3, Al_2O_3 沉积, 然后在试样的表面形成介电性高的障碍层, 即高温陶瓷层。

4.4.1.1 氧化膜结构特征与组成

图4-13为微弧等离子体氧化膜表面形貌。氧化膜表面存在许多放电气孔, 并且孔周围还有熔化的痕迹, 说明放电区瞬间温度确实很高。铝合金微弧等离子体氧化膜具有致密层和疏松层两层结构(见图4-14), 氧化膜与基体之间界面上没有大的孔洞, 界面结合良好。致密层中具有刚玉结构, α-Al_2O_3 的体积分数高达50%以上, 并与 γ-Al_2O_3 结合在一起, 使沉积层具有很高的硬度, 微弧等离子体氧化膜层中致密层的晶粒细小, 硬度和绝缘电阻大; 疏松层晶粒较粗大, 并存在许多孔洞, 孔洞周围又有许多微裂纹向内扩展。

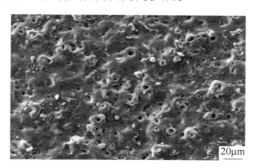

图4-13 微弧等离子体氧化膜表面形貌

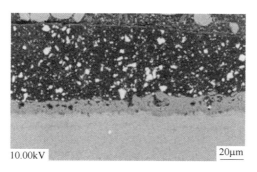

图4-14 铝合金微弧氧化膜横截面图像

铝合金氧化膜结构为 α-Al_2O_3、γ-Al_2O_3 和一定量的复合烧结相。图4-15为

$\alpha\text{-Al}_2\text{O}_3$、$\gamma\text{-Al}_2\text{O}_3$ 的分布曲线。可见，从外表面到膜内部（离 $\text{Al-Al}_2\text{O}_3$ 界面较远），$\alpha\text{-Al}_2\text{O}_3$ 体积分数逐渐增加，$\gamma\text{-Al}_2\text{O}_3$ 相体积分数逐渐减小。$\alpha\text{-Al}_2\text{O}_3$ 为 Al_2O_3 的稳定相，熔点可以达到 2050℃，$\gamma\text{-Al}_2\text{O}_3$ 等同素异构相则为亚稳相，在 800~1200℃加热，γ 相便可转变为 α 相。微弧等离子体氧化可以在材料表面形成大量的等离子体高温区，这为无序的 Al_2O_3 向 $\gamma\text{-Al}_2\text{O}_3$ 的转变和从 $\gamma\text{-Al}_2\text{O}_3$ 向 $\alpha\text{-Al}_2\text{O}_3$ 的转变提供了条件。研究表明，在微弧等离子体氧化过程中，依次相变可能不是 $\gamma\text{-Al}_2\text{O}_3$ 或 Al_2O_3 形成的主要途径。

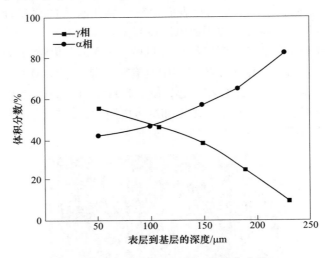

图 4-15　$\alpha\text{-Al}_2\text{O}_3$、$\gamma\text{-Al}_2\text{O}_3$ 的分布曲线

研究热喷涂 Al_2O_3 亚稳相形成机理时发现，溶液滴状熔融的 Al_2O_3 在较大过冷度时，γ 相成核率大于 α 相成核率，因此高冷却速率导致液滴凝固时易形成 γ 相。在微弧等离子体氧化过程中，在每个火花熄灭的瞬间内，熔融 Al_2O_3 迅速固化形成含有 $\alpha\text{-Al}_2\text{O}_3$、$\gamma\text{-Al}_2\text{O}_3$ 结构的陶瓷氧化层。外表层熔融 Al_2O_3 直接同溶液接触，冷却速率大，有利于 $\gamma\text{-Al}_2\text{O}_3$ 相的形成。由外向内熔融，Al_2O_3 与溶液直接接触的概率减小，冷却速率逐步下降。所以，陶瓷氧化层外表面 γ 相的相对含量较高，并由表向里逐渐下降。α 相则正好相反，其相对含量由表向内逐渐升高。尽管陶瓷氧化膜的形成过程很复杂，但最终组成陶瓷膜的 $\alpha\text{-Al}_2\text{O}_3$、$\gamma\text{-Al}_2\text{O}_3$ 相主要从熔融 Al_2O_3 凝固而来。

4.4.1.2　氧化铝的性能

微弧氧化陶瓷膜具有卓越的性能，该膜层硬度、耐磨、耐蚀等性能与传统的方法相比都有了较大的提高。陶瓷膜层的最大厚度可达 300μm，绝缘电阻大于 100MΩ，致密层中的显微硬度 HV 大于 1500，极值点硬度 HV 可达 2300。利用显微力学探针分析，从陶瓷层的表面到内部，硬度和弹性模量逐渐增加，在内层达到最大值，分别是 15GPa 和 250GPa。微弧氧化陶瓷层具有与硬质合金相当的耐磨性能，优于铝合金表面镀硬铬涂层，在一定的压力载荷范围内，陶瓷层具有每行程 $3.4\sim4.3\mu m$ 的耐磨性能，优于等离子喷涂陶瓷涂层的耐磨性能（每行程 $15\sim20\mu m$），陶瓷层的划痕临界载荷为 40N（镀硬 Cr 涂层为 18N），耐盐雾腐蚀寿命大于 2000h[149-151]。

A 耐磨性

图 4-16 所示的磨损失重曲线是在磨损实验机上测得的，磨损件为灰铸铁。评定耐磨性用两个试样的绝对磨损量的比值 $\varepsilon=\omega_A/\omega_B$ 表示（其中，ω_A 为标准试样磨损量，ω_B 为被研究试样磨损量）。若 $\varepsilon>1$，则被研究试样的磨损量小，即耐磨性好于标准试样；反之则耐磨性较差。由图 4-16 和图 4-17 可见，经氧化后的试样的耐磨性远远优于未经氧化的试样。10000 周期的磨损试验表明，氧化试样的耐磨性提高了 5 倍左右。

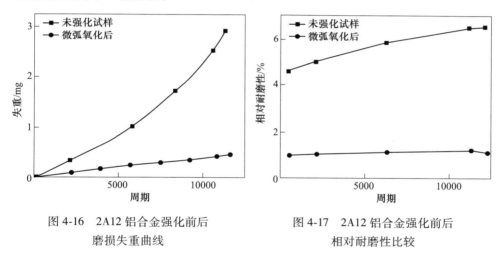

图 4-16　2A12 铝合金强化前后　　　　图 4-17　2A12 铝合金强化前后
磨损失重曲线　　　　　　　　相对耐磨性比较

B 硬度

氧化陶瓷膜的硬度用显微硬度计测定。由图 4-18 可知，最初随着电流密度的增加，所获得的陶瓷膜硬度也增加，但当电流密度超过 $8A/dm^2$ 以后，陶瓷膜维氏硬度增加的趋势减缓。其原因是在电流密度小时，能量密度也就相对较低，使得烧结不充分，α-Al_2O_3 含量较少，所以硬度较低；但是当电流密度过高时，能量密度过大而使涂层组织过烧，生成的陶瓷膜不致密，因此其硬度增加不再明显。

C 综合性能

表 4-12 为铝合金微弧等离子体氧化膜层与硬质阳极氧化工艺所得膜层性能的比较。可见，铝合金的微弧等离子体氧化膜层具有极好的综合性能。微弧等离

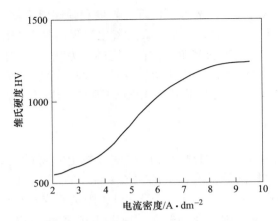

图 4-18　维氏硬度与电流密度的关系曲线（氧化时间为 30min）

子体氧化膜层的孔隙率低、耐蚀性好、耐磨性好、硬度高、韧性高，且能在内外表面生成均匀膜层，从而扩大了微弧等离子体氧化技术的适用范围。

表 4-12　铝合金微弧等离子体氧化与硬质阳极氧化工艺所得膜层的性能比较

性能	微弧氧化膜	硬质阳极氧化膜
最大厚度/μm	200~300	50~80
显微硬度 HV	900~2500	300~500
击穿电压/V	2000	低
均匀性	内外表面均匀	产生"尖边"缺陷
孔隙相对面积	0~40	>40
耐磨性	磨损率 $10^{-7}mm^3/(N \cdot m)$（摩擦副为碳化钨，干摩擦）	差
5%盐雾实验/h	>1000	>300($K_2Cr_2O_7$ 封闭)
表面粗糙度 R_a	可加工至约 0.037μm	一般
抗热震性	300℃后水淬，35 次无变化	好
热冲击性	可承受 2500℃以下热冲击	差

4.4.1.3　电解液体系

根据所采用的电解液的酸碱度，一般将其分为酸性电解液氧化法和碱性电解液氧化法。

酸性电解液法主要采用浓硫酸溶液作为电解液，轻合金在 500V 左右的直流电压下形成微弧陶瓷膜。若在电解液中加入一定量的添加剂，则能够显著改善电解液的性质，更有利于合金的微弧氧化工艺。同样，采用磷酸或者其盐溶液作为电解液对轻合金进行氧化，再经过铬酸盐处理一样可以制备出质量合格的微弧氧化膜。若在上述电解液中加入含氟的盐，则可以获得强度、硬度适中，而结合力、耐蚀性、电绝缘性和导热性均优良的氧化铝陶瓷膜层。然而，考虑到酸性电解液对环境造成的污染大，碱性电解液就成为微弧氧化工艺的首要选择，铝合金表面膜层的微观结构可以通过调整和改变电解液中其他的金属离子浓度来实现。在使用后的碱性电解液中，阳极生成的金属离子还可以转变为带负电的胶体粒子而被重新利用。表 4-13 给出了不同溶液微弧等离子体氧化的配方和工艺条件。

表 4-13　不同溶液微弧等离子体氧化配方和工艺条件

序号	溶液成分	电流密度 /A·dm^{-2}	起弧电压 /V	最终电压 /V	溶液温度 /℃	氧化时间 /min	膜层颜色
1	NaOH 5g/L，KOH 2g/L，添加剂 A 2g/L，Na$_2$SiO$_3$ 10g/L	1～10	120～220	360	20～40	20～60	棕褐色至黑色
2	NaOH 5g/L，KOH 2g/L，NaF 2g/L，Na$_2$SiO$_3$ 10g/L，添加剂 B 3g/L	1～10	120～220	360	20～55	20～60	淡红色至粉红色
3	NaOH 1.5g/L，KOH 2g/L，Na$_2$SiO$_3$ 10g/L，添加剂 B 2g/L，添加剂 C 2g/L	1～10	120～220	360	20～55	20～60	淡黑色至黑色
4	KOH 4g/L，Na$_2$SiO$_3$ 10g/L，添加剂 B 2g/L，添加剂 C 3g/L	1～10	120～220	360	20～55	20～60	浅灰色至灰色

氧化膜颜色取决于多种因素，尽管都是硅酸盐体系，氧化时间与电流密度、溶液温度等参数都相同，但是由于配方及组分浓度的不同，最后得到的氧化膜也不同（见表 4-13）。氧化膜颜色主要取决于其表面光散射的效应，它是由孔中析出的金属及氧化物胶体粒子对光线散射所引起的，具有某种类型的光散射分布规律，实际上，胶体颗粒产生的光散射是对外反射出的不同波长光谱波段，尤其对析出物的大小接近可见光的波长量级（400～700nm）的粒子，产生光的选择散射吸收，具有独特的颜色；析出金属的种类决定了光散射，如以镍-钴和镍-锡为基础的电解质形成古铜色和黑色的氧化物层，铜电解质产生深褐色-黑色氧化层，钼酸盐或钨酸盐电解质产生蓝色及蓝黑色氧化物层等。

4.4.1.4　前处理及后处理工艺

A　前处理

为了保证金属表面氧化陶瓷层的质量，在微弧等离子体氧化前要经过简单的脱脂处理，主要采用化学脱脂法，具体工艺见表4-14。

表 4-14　微弧等离子体氧化前处理工艺

配方成分及工艺条件	1	2	3
碳酸钠（Na_2CO_3）浓度/g·L^{-1}	15~20	15~20	25~30
磷酸三钠（$Na_3PO_4 \cdot 12H_2O$）浓度/g·L^{-1}	—	20~30	20~25
水玻璃（Na_2SiO_3）浓度/g·L^{-1}	5~10	10~15	5~10
OP-10 乳化剂浓度/g·L^{-1}	1~3	1~3	—
焦磷酸钠（$Na_4P_2O_7 \cdot 10H_2O$）浓度/g·L^{-1}	20~30	—	—
温度/℃	60~80	60~80	60~80
时间	至油除净	至油除净	至油除净

B　后处理

在微弧等离子体氧化结束后，受陶瓷膜层生长特性影响，其表面往往存在大量孔洞，从而导致其耐腐蚀性能下降。为克服这些微观缺陷，不论氧化后的陶瓷膜着色与否，需对微弧氧化陶瓷膜层进行封孔处理以提高其耐蚀性能，增强其对基体的保护能力。微弧等离子体氧化陶瓷膜的封闭方法主要采用热水封闭法，工艺参数为温度97~100℃，pH 值为 5.5~6（用醋酸调节），封闭时间 10~30min，其原理为氧化膜表面和孔壁在热水中发生水化反应，生成水合氧化铝，使原来氧化膜的体积增加33%~100%，氧化膜体积的膨胀使膜孔显著缩小，从而达到封孔的目的。为防止水垢被吸附在氧化膜孔洞中，热水封闭要采用蒸馏水或者去离子水，不能用自来水。

4.4.1.5　影响因素

微弧等离子体氧化过程是将铝等金属置于电解质水溶液中，利用电化学方法产生火花放电而进行，电解液的组分及电解液的温度、电压、电流密度等对膜层质量的影响较大。

A　电解液的影响

a　电解液组分

电解液的组成影响陶瓷膜层的生长工艺和性能。对于同一金属或合金而言，不同的电解液的成膜能力也不同[152-155]。添加剂的种类就是影响成膜能力的一个因素。按用途不同，添加剂分为导电剂、钝化剂、稳定剂和改良剂。导电剂可提高溶液导电性，促进微弧氧化反应，如 KOH、NaOH 等；钝化剂可促进微弧氧化基体初期成膜，减缓表面被腐蚀率，如 Na_2SiO_3、硼酸等；稳定剂有助于防止电解液成分变化，延长溶液使用寿命，如有机酸盐等；改良剂可以改善陶瓷膜结构和性能，常见如 Na_2WO_4 等。另外，在硅酸钠溶液中生成的膜层表面较粗糙，磷酸钠溶液中生成的膜层较平滑，可以作为制备装饰性膜层的基础体系。人们还采用不同的电解液组分获得许多色彩均匀的装饰性膜层、绝缘膜层、隔热膜层、光学膜层，以及在催化、医药、生物工程中应用的功能性膜层。

图 4-19~图 4-21 分别显示了在不同溶液中膜层的生长速率与溶质离子浓度的关系曲线。从图 4-19 可以看出，当 NaOH 浓度在 1~6g/L 之间变化时，成膜速率在 0.9~1.2μm/min 之间变化，此时膜的颜色呈灰白色。但当其浓度超过 5g/L 时，膜表面粗糙度值增大，故一般采用 4~5g/L。图 4-20 为 NaOH 体系电解液中 Na_2SiO_3 浓度变化与成膜速率的关系曲线，可见，Na_2SiO_3 浓度从 5g/L 变到 10g/L 时，成膜速率基本不变，在 0.6μm/min 左右。但当 Na_2SiO_3 浓度再增加时，成膜速率变化较大，升至 2.0μm/min，但此时氧化膜变得较粗糙。图 4-21 是 NaOH 体系电解液中 $NaO(PO_3)_6$ 的浓度变化对成膜的影响，由此图可以看出，当

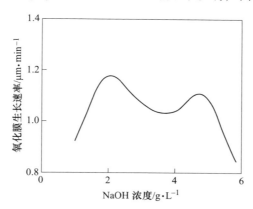

图 4-19 氧化膜生长速率与 NaOH 浓度关系曲线

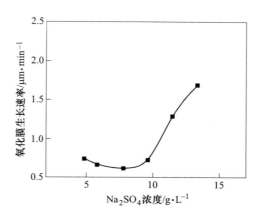

图 4-20 氧化膜生长速率与 Na_2SiO_3 浓度关系曲线

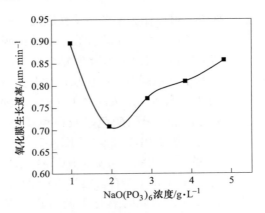

图 4-21 氧化膜生长速率与 NaO(PO$_3$)$_6$ 浓度关系曲线

NaO(PO$_3$)$_6$ 浓度为 1g/L 和 5g/L 时成膜较快，成膜速率可达 0.9μm/min 以上，且膜较致密。不同的是，浓度为 1g/L 时膜较粗糙，浓度为 5g/L 时膜光滑。一般取 NaO(PO$_3$)$_6$ 浓度为 4~5g/L 为宜。

    b 电解液 pH 值

    陶瓷层的生长速度还受溶液酸、碱度的影响，其生长速度在 pH 值的一定范围内较佳。当铝在酸性水溶液中（pH<4.45），在 -1.8V 以下电位时，理论上的存在状态为金属铝（见图 4-3）。在 -1.8V 以上电位时，理论上的存在状态为铝离子。若水溶液 pH 值在 4.45~8.38 之间时，当铝的电位在 -2.0V 以下时，铝呈金属状态；而电位在 -2.0V 以上时，铝表面形成氧化膜层 Al$_2$O$_3$·3H$_2$O，在高温烧结的作用下，Al$_2$O$_3$·3H$_2$O 脱水发生相变，生成 α-Al$_2$O$_3$ 和 γ-Al$_2$O$_3$。当铝在 pH 值高于 8.38 的碱性溶液中，在 -2.0V 以下时，铝的电位属于负阴极电位，铝以金属铝状态存在；在 -2.0V 以上时，铝的电位属于正阳极电位，铝则以铝酸根离子状态存在。但图 4-3 中的各条平衡线是以金属与其离子之间或溶液中的离子与含有该离子的反应产物之间建立的平衡为条件的，绘制该图时往往把金属表面附近液层的成分和 pH 值大小等同于整体溶液的数值。但是在实际反应体系中，金属表面附近和局部区域内的 pH 值与整体溶液的 pH 值往往并不相同。因此在实际反应的情况下，往往会偏离平衡条件。在微弧等离子体氧化的条件下，所施加的电压不全为铝的电压，其中一部分使阴极的电位发生变化，同时也引起溶液中的电压下降。而 pH 值过大，溶解速度过快，陶瓷层生成速率就会减慢。可以通过用磷酸或氢氧化钾对溶液的 pH 值进行调整，来控制陶瓷层的生成速度。

    c 电解液温度

    温度对陶瓷膜的生成速度与质量也有一定的影响。温度过低，氧化作用弱，起弧电压高，膜层生长速度慢、硬度低；温度过高，膜层溶解性增强，边沿易烧蚀，粗糙度高。因此，温度控制在 20~50℃ 较合适。微弧氧化过程会产生大量的热，引起电解液温度升高，电解液组分发生改变，为保证氧化温度和电解液组分均匀，需加必要的搅拌和冷却装置。在不同的电解液体系中，温度-成膜速率曲线不完全一致，但是其总体走向是大致相同的，即随着温度的升高，成膜速率均呈现下降趋势[153,156]。

B 电参数

电参数作为影响微弧氧化膜层的关键因素之一，包括电压、电流密度、能量密度、频率等，其主要影响膜层外观、厚度和性能，在所有的电参数中，电流密度对膜层的影响较大，其他电参数也在不同程度地影响膜层性能[153,157-158]。

a 电压

在一定的条件下，对电解液施加不同的交流电压而得到的氧化膜，可以通过单位面积增重法测定出膜厚。图4-22为0.3mol/L工业硅酸钠电解液在交流电压作用下，电压与单位时间内单位面积样品增重（Δm）的关系曲线。由图4-22可以看出，随着电压的升高，样品在单位时间单位面积上的增重在不断增加，即氧化层的厚度在增加。可将增重换算成膜厚，即

$$h = \frac{m_2 - m_1}{A\rho} = \frac{\Delta m}{A\rho} \tag{4-14}$$

式中，m_1、m_2分别为微弧等离子体在氧化前、后铝板的质量；A为铝板的表面积；ρ为膜层的密度。

可用Al_2O_3密度大致来代替氧化膜的密度。经试验和计算，经微弧等离子体氧化30min后的膜层可达1μm。

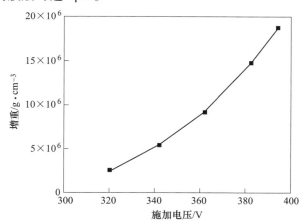

图4-22 单位体积增重与施加电压的关系曲线

b 电流密度

图4-23为磷酸盐、碳酸盐和硅酸盐体系中某三种配方的电解液微弧等离子体氧化过程中电流密度与陶瓷层厚度的关系曲线。可见，在一定范围内（电流密

度为 $0\sim1.8A/dm^2$），这三种溶液中陶瓷层厚度都随着电流密度的增大而增大。但是，当电流密度进一步加大，磷酸盐体系的氧化膜层的厚度就会出现明显的下降，而硅酸盐体系的膜层厚度可以持续到电流密度为 $3.5A/dm^2$ 后才会出现下降趋势，碳酸盐体系在电流密度大于 $4A/dm^2$ 时，膜厚仍然随电流密度的增大呈缓慢增长趋势。由此可知，电流密度对膜层增长有一个极值，对不同的溶液体系该极值不同。这个值的存在，对实际生产中电流与电压的选择具有较大的意义，超过该值，陶瓷层生长过程中极易出现脆裂现象。

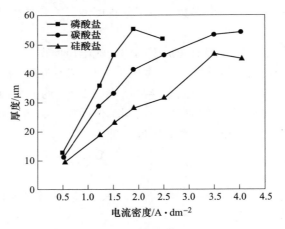

图 4-23　电流密度与膜层生长厚度的关系曲线
（氧化时间为 1h）

图 4-24 是电流密度与表面粗糙度的关系曲线。可见，随着电流密度的增加，

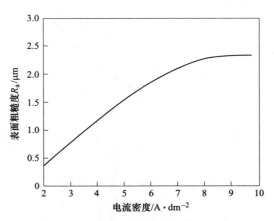

图 4-24　电流密度与表面粗糙度的关系曲线
（氧化时间为 30min）

膜层表面粗糙度增大。其原因是微弧等离子体氧化是靠击穿膜层形成放电通道来进行的。随着电流密度的增加，反应速度加快，反应越剧烈，产物就会过早地堵塞较细小的反应通道，膜层表面粗糙度随电流密度的增加而增大。表 4-15 给出了在一定电解液组成（NaOH+磷酸盐）条件下，不同微弧等离子体氧化电流密度对膜层性能的影响。

表 4-15 电流密度对膜层性能的影响

氧化电流密度 /A·dm^{-2}	总膜厚/μm	致密层厚度/μm	显微硬度 HV	熄弧时间 /min	膜层外观
3	62.0	44.8	854	105	细腻、均匀
4	78.0	48.3	796	75	细腻、均匀
6	87.0	50.5	729	33	不均匀
8	106.0	52.5	686	25	不均匀

随着微弧等离子体氧化电流密度增大，熄弧时间迅速缩短，见表 4-15。虽然在大电流密度时能够很快得到较厚的膜层，但由于微弧等离子体氧化过程中膜层形成必须经过较长时间凝结、脱水，并将初始氧化过程中形成的 $\gamma\text{-}Al_2O_3$ 经高温烧结后转化为 $\alpha\text{-}Al_2O_3$，这样才能使膜层的硬度有较大幅度的提高。电流密度越高，微弧等离子体氧化的时间越短，膜层转化越不充分，硬度就越低。因此，为得到性能较为理想的膜层，必须选择合适的微弧等离子体氧化电流密度。

c 能量密度

能量密度即指处理工件上单位表面积内的微弧等离子体能量。具体地说，它表示通过微弧区单位面积氧化膜上的电流（即电流密度）与电压的乘积。微弧等离子体氧化时的能量密度对膜层性能的影响如图 4-25～图 4-27 所示，随着能量密度的提高，陶瓷层的致密度、显微硬度及其与基体的结合强度也有增大的趋势。而能量密度则与电压、电流有关，由此也可说明电参数对膜层性能的影响。

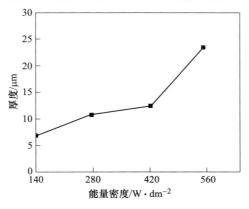

图 4-25 能量密度与膜层厚度的关系曲线

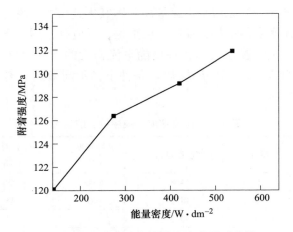

图 4-26　能量密度与附着强度的关系曲线

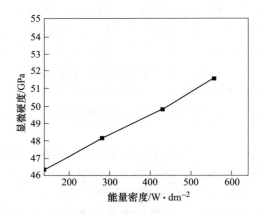

图 4-27　能量密度与膜层显微硬度的关系曲线

　　从图 4-25 可以看出，随着能量密度的增加，膜层的厚度显著增加。它使阳极化学反应速度增大，在相同的时间内沉积的氧化物增多。同时，热效应加大，导致电解液的温度升高。为了使氧化过程能正常进行，应设置冷却系统，它将有效地把电解液的温度控制在适当的范围内。一般使用的碱性电解液对氧化铝的溶解速率并没有显著影响。在微弧等离子体氧化过程中，与溶膜相比成膜过程占优势，所以表现为膜层厚度随电压、电流密度的增加而增加。由图 4-27 可知，随能量密度的增加，膜层硬度明显增加。

　　能量密度的增加提高了试样上的电压，从而提高了放电微区中的温度。这样，更加有利于元素铝氧化生成的氧化铝、沉积反应生成的氧化铝水合物，在高温下发生由无定型到晶态的转变。温度越高，脱水后发生相变生成 α 相的可能性增大，α 相的氧化物（刚玉）的相对含量就越多，最终得到的氧化膜的显微硬度也就越高。在氧化膜的两层结构中，致密层与疏松层中的温度梯度及与外界电解液的接触情况不同，导致了它们的相组成不同。致密层中的 α-Al_2O_3 相对含量高于 50%（体积分数），而疏松层中的 γ-Al_2O_3 相对含量较高。致密层结构致密，虽然存在气孔（放电通道），但其气孔很小，因此从表面上观察较光滑，手感好，是主要的工作层；疏松层因颗粒较大，显微结构中呈现出较大孔洞而显得粗糙不平，构件使用过程中应将其打磨掉。

d 频率

脉冲放电模式属于场致电离放电，火花存活时间短，放电能量大，有利于致密层的较早形成。高脉冲频率下，致密层的质量分数增大，表面粗糙度降低，膜层硬度增大，耐磨性能增强，得到的陶瓷层性能优异。随着脉冲频率的提高，膜层的生长速率先增大后减小，而能耗的变化规律与之相反。

4.4.2 镁合金的微弧氧化

镁合金微弧氧化（MAO）的原理是将镁合金置于电解质水溶液中进行高压放电，使材料表面膜微孔产生火花放电斑点生成陶瓷膜层。微弧氧化镀层能够有效提高镁合金的耐蚀性、耐磨性及抗热冲击性等。目前，镁合金微弧氧化工艺常用的电解液体系有硅酸盐系、磷酸盐系、偏铝酸盐系等。基于这些电解液体系得到的氧化陶瓷膜层主要成分是氧化镁，其特征是疏松多孔、致密性低及耐蚀性差，要实现防腐还需要通过特定的工艺对其进行封闭处理，以实现功能多样化，如防腐、耐磨及装饰特征等。镁合金微弧氧化工艺一般使用碱性物质做电解质，不含有剧毒且污染环境的物质，对操作者和环境绿色友好。

微弧氧化工艺流程一般为：除油→去离子水漂洗→微弧氧化→自来水漂洗，比普通的阳极氧化工艺简单。表 4-16 是镁合金微弧氧化与两种典型阳极氧化工艺比较。

表 4-16 镁合金微弧氧化（MAO）与两种典型阳极氧化工艺比较

工艺	溶液化学成分	溶液温度/℃	电流密度/A·cm^{-2}	电压/V
DOW17	重铬酸钾	71~82	0.5~5	≤100
	二氧化胺			
	磷酸			
HAE	氢氧化钾	室温	1.8~2.5	≤8
	氢氧化铝			
	氟化钾			
	磷酸钠			
	锰酸钾			

续表 4-16

工艺	溶液化学成分	溶液温度/℃	电流密度/A·cm^{-2}	电压/V
	氢氧化钾			
MAO	硅酸钾	10~20	0.5~1.5	≤340
	氟化锂			

镁合金微弧氧化工艺具有如下特点：电解质为碱性物质，不含铬、氰化物等致癌物质，对操作者和环境的污染性能小；微弧氧化膜层与底漆的结合力比阳极氧化得到的膜层的结合力强；镁合金微弧氧化陶瓷膜层的耐蚀性能优于阳极氧化膜层和化学转化膜；较普通阳极氧化，膜的孔隙率大大降低，耐蚀性及耐磨性有较大提高；氧化电压高，设备投资大，产生电弧易造成局部过热，溶液需要大功率冷却设备，能耗大，在汽车零件上的生产和应用受到限制。

4.4.3　钛合金的微弧氧化

基于高比强度、低密度及优异的力学性能等特点，钛合金在航空航天及医疗等领域是首选材料。然而，钛合金也有明显的劣势，如在高温条件下发生的氧脆行为。当温度超过 600℃时，钛合金表面氧化的速率快速而复杂，表面甚至来不及形成致密的氧化膜。当温度继续升高，钛合金表面的氧化膜层再次开始增厚，氧化层下面的富氧层就会产生更加强烈的"吸氧效应"，这种现象又被称为氧脆现象。氧脆现象严重制约了钛合金在汽车及航空航天等领域中的广泛应用。据报道，微弧氧化是解决该问题的有效途径之一。微弧氧化工艺可以在钛合金表面生成致密的金属氧化物陶瓷膜层，而且还能保持钛合金材料原有的质地轻、硬度高等性能优势。根据钛合金微弧氧化的基本原理，影响氧化膜性能的关键因素主要有电解液配置、电源参数、添加剂及氧化时间等条件，不同的制备条件下制备的膜层的性能存在很大的不同。微弧氧化的氧化膜层由三个不同的层组成，从基体开始由内向外依次分为过渡层、致密层和疏松层，各层的厚度、微观结构及成分组成主要受基体的化学成分、电解液的成分组成和电源参数的影响。靠近基体的过渡层和基体是冶金结合，膜与基体的结合强度高，其成分组成主要是锐钛矿 TiO_2 相。致密层的成分主要由金红石 TiO_2 相和少量的锐钛矿 TiO_2 相组成，而疏松层的成分主要是锐钛矿 TiO_2 相和少量的金红石 TiO_2 相。电解液的成分组成直接决定膜层组成相的含量，也必然控制着物理化学性能。因此，氧化膜的组织结构与物理化学性能在较宽的范围内可调。

4.5　化学氧化膜

4.5.1　引言

在金属表面上的覆盖层，除了用上述的一些方法外，还可以用化学法，使金属或金属涂层表面原子与介质中的阴离子发生反应生成化合物薄膜，以达到防腐蚀的目的。在工业上使用最多的是金属的氧化处理生成氧化膜涂层，金属磷化处理生成磷酸盐膜涂层，金属涂层表面钝化处理生成铬酸盐膜涂层，这些涂层通常称为化学转化涂层。

常用的铝合金表面处理技术之一就是化学氧化。化学氧化是相对于阳极氧化而言的，其原理是铝合金在不通电的条件下，浸入处理溶液中发生化学反应，在金属表面生成与基体有一定结合力的、不溶性的氧化膜的工艺。化学氧化可以提高铝合金的耐蚀性及漆膜结合力，在涂漆前处理和复杂铝合金零件表面处理中占有重要地位。

4.5.2　化学氧化膜的特点

氧化膜较薄，厚度约为 $0.5\sim4\mu m$；其具有多孔、质软及良好的吸附性，可作为有机涂层的底层。氧化膜本来都是不导电的，但由于膜层很薄，所以就具有导电的特性，可在其上电泳涂装。与阳极氧化相比，化学氧化处理对铝工件疲劳性能影响较小。其操作简单、不用电能、设备简单、成本低、处理时间短、生产效率高、对基体材质要求低，但其耐磨性和抗蚀性能均不如阳极氧化膜。

4.5.3　化学氧化溶液组成

化学氧化溶液应该含有两个基本化学成分：成膜剂和助溶剂。成膜剂一般是具有氧化作用的物质，它使铝表面氧化而生成氧化膜。助溶剂是促进生成的氧化膜不断溶解，在氧化膜中形成孔隙，使溶液通过孔隙与铝基体接触产生新的氧化膜，促使氧化膜不断地增厚。要在铝基体上得到一定厚度的氧化膜，必须使氧化膜的生成速度大于氧化膜的溶解速度。

4.5.4　化学氧化方法分类

化学氧化处理方法主要有：铬酸盐法、碱性铬酸盐法和磷酸锌法等。铝的铬酸盐氧化膜常用作为铝制建筑型材的油漆底层，这种氧化膜工艺成熟，耐蚀性和与油漆的附着力都很好，但由于处理液中的铬离子属于致癌物质，铬酸盐化学氧化工艺在处理时会影响作业人员的身体健康，而且废处理液中的铬离子容易污染环境，因此对废液的处理要求较高，进而导致成本提高。磷酸锌膜又称磷化膜，常用于汽车外壳铝板的漆预处理，磷酸锌膜经肥皂处理可生成有润滑作用的金属皂，有利于铝板的冲压成型。

4.5.5　化学氧化法的原理、工艺及应用

由于铝具有两性特性，溶解在溶液中的 Al^{3+} 与溶液中的氧和 OH^- 容易结合，

生成三氧化二铝和氢氧化铝薄膜。当氧化膜厚度达一定值时，由于膜较致密，阻碍了溶液向内层基体的扩散，使膜的生长难以继续进行。若要使膜继续生长，需向溶液中加入弱碱或弱酸。同时，还需向溶液中加入氧化剂铬酐或铬酸盐（如 Na_2CrO_4），抑制酸或碱对膜的过度溶解腐蚀，使膜的生长与溶解保持一定的速度，以得到较厚的膜层。

目前广泛使用的铝及其合金的化学氧化膜的处理方法见表 4-17。

表 4-17　铝及其合金的化学氧化常见工艺及条件

名称	溶液组成	温度/℃	时间/min
BV 法	K_2CO_3 25g/L、$NaHCO_3$ 25g/L、$K_2Cr_2O_7$ 10g/L	煮沸	30
MB33V 法	Na_2CO_3 50g/L、Na_2CrO_4 15g/L	90～100	3～5
EW 法	Na_2CO_3 51.3g/L、Na_2CrO_4 15.4g/L、硅酸钠（干）0.07～1.1g/L	90～95	5～10
Pylumin 法	Na_2CO_3 7%、Na_2CrO_4 2.3%、碱性碳酸铬 0.5%、H_2O 90.2%	70	3～5
Alrok 法	Na_2CO_3 0.5%～2.6%、$K_2Cr_2O_7$ 0.1%～1%	65	20
Alodine 法	H_3PO_4 64g/L、NaF 5g/L、CrO_3 10g/L	—	—
Alocrom 法	$NH_4OH(0.91)$ 214mL/L、过硫酸铵 10g/L	80	35

铝及铝合金的一般化学氧化工艺流程为：有机溶剂脱脂→挂装→化学脱脂→热水洗→流动冷水洗→出光→流动冷水洗→碱腐蚀→热水洗→流动冷水洗→出光→流动冷水洗→化学氧化→流动冷水洗→填充→热水洗→干燥→拆卸→检验。

在整个流程中要进行两次出光处理（300～400g/L HNO_3、5～15g/L CrO_3，5～25℃，2～3min）。第一次出光的目的在于去掉遗留在零件上脱脂溶液中的盐类、腐蚀产物；第二次出光处理则是为了去掉铝的氧化物及杂质。填充处理（$K_2Cr_2O_7$，90～98℃，10min）目的是为了提高经化学氧化处理所得制品的抗蚀能力。

铝及铝合金化学氧化膜不能单独作为抗蚀保护层，氧化后必须涂漆，或者作为设备内部零件保护层，具体应用有：胶结、点焊组合件的防护，长寿命零件的油漆底层，与钢或铜零件组合的组件防护（用碱性铬酸盐法），形状复杂的零件，电泳涂漆的底层，导管或小零件的防护，铝工件存放期间的腐蚀防护[159-162]。

4.6　磷　化　膜

4.6.1　引言

磷化膜的工艺不同，其成膜的原理也稍有区别。根据金属离子的来源，磷化膜工艺可分为转化型和伪转化型两类。转化磷化膜主要是由金属基体提供阳离子与溶液中的磷酸根离子结合而成，其主要成分是由钠、钾、铵的磷酸二氢盐及加速剂所组成。伪转化磷化膜主要是由溶液提供阳离子与溶液的磷酸根离子结合而成，如锰系磷化膜及锌系磷化膜的阳离子都是预先加入溶液中的磷酸二氢锌、磷酸二氢锰所提供。伪转化膜是目前主流的磷化工艺。铝合金和镁合金都可接受磷酸处理。

磷化膜的微观结构是由一系列大小晶体组成，含有众多细小裂缝的微孔，外观通常呈浅灰或深灰色，膜厚一般在 $1 \sim 50 \mu m$。磷化膜的这种多孔结构经填充、浸油或涂漆后，在大气中具有较高的抗蚀性。不同的磷化膜组成展示出不同的特性。锌磷化膜的主要晶粒形状呈树枝状、针状孔隙较多，适合用于涂漆前打底、防腐蚀和冷加工的减摩润滑功能；锌钙磷化膜的晶粒呈紧密颗粒状，同样适合涂装前打底及防腐蚀；锌锰系磷化膜晶粒比较多样，呈颗粒-针状-树枝状的混合晶型，与锌磷化膜具有同样的使用环境；锰系磷化膜厚度大，晶粒呈密集颗粒状，仅适合用作防腐蚀及减摩润滑。

4.6.2　钛及钛合金的磷化处理

钛及钛合金表面有一层自然氧化膜，结构致密，如果直接涂敷有机涂层则结合力很差。钛及钛合金的化学转化处理一般用得较多的是磷酸盐转化处理，磷酸盐转化形成的膜层具有防腐蚀、减摩、良好的润滑性等诸多优点。钛表面磷酸盐转化膜的制备，不仅提高了钛基体的生物活性及生物相容性，更对拓展钛植入人体及磷化技术的应用领域具有重要作用[163-164]。钛合金的磷酸转化膜用做涂层的底膜，同时磷酸盐转化膜具有润滑作用，可用于钛合金的冲压成型和拉拔加工。如果钛合金磷化膜的主要目的是用于防腐蚀，磷化处理后，要用肥皂或油封闭。钛及钛合金磷化通常采用的工艺如下：

（1）30~50g/L 磷酸三钠、20~40g/L 氟化钠、50~70g/L 醋酸（质量分数为36%），温度为室温，时间仅几分钟。

（2）50g/L 磷酸三钠、20g/L 氟化钾、26mL/L 醋酸（质量分数为50%），温度为室温，时间为 2min。

4.6.3　镁合金磷化处理

镁合金磷化是镁合金试样在含有磷酸、磷酸盐的溶液中发生化学反应，反应过程中伴有氢气的析出，反应完成后会在镁合金表面生成一层完整致密的磷酸盐膜层，镁合金表面磷酸盐转化膜有磷酸盐/高锰酸钾、磷酸锌、锌-钙磷酸盐等，镁合金转化膜除了可以提高金属的耐磨和耐蚀性外，表面转化膜还可以作为复合涂层中的打底涂层，以增强金属表面和涂层的结合力[165-167]。几种磷酸盐/高锰酸钾化学转化处理工艺见表4-18。

表 4-18　几种磷酸盐/高锰酸钾化学转化处理工艺

序号	溶液成分	工艺条件	镁合金	腐蚀电流密度 /mA · cm^{-2}
1	65mmol/L H$_3$PO$_4$、40mmol/L NaF、29mmol/L ZnO、102mmol/L Zn(NO$_3$)$_2$、28mmol/L NaClO$_3$、34mmol/L NH$_3$ · H$_2$O、7mmol/L 有机胺	pH = 2.4，40~45℃，1~3min	AZ91D	0.27（基体）0.02（涂层）
2	锰酸盐和磷酸盐	pH = 3~4，45~55℃，20~30min	AZ91D	0.032 0.0032 （封闭）
3	20g/L Na$_2$HPO$_4$、7.4mL/L H$_3$PO$_4$、3g/L NaNO$_2$、1.84g/L NaNO$_3$、5g/L Zn(NO$_3$)$_2$、1g/L NaF	pH = 3±0.2，5min	AM60	10.00
4	20g/L KMnO$_4$、60g/L MnHPO$_4$	50℃，5min	AZ91D	0.01
5	7~7.5g/L H$_3$PO$_4$（85%）、2.36g/L ZnO、2.04g/L NaF、10.6g/L NaNO$_3$、3.0g/L NaCl、1.2g/L 有机胺	pH = 2.15~2.5，45~55℃，3min	AZ91D	0.27（基体）0.014~0.029（涂层）
6	20mol/m^3 KMnO$_4$、100mol/m^3 Na$_2$B$_4$O$_7$，50~200mol/m^3 HCl	pH = 8	AZ91D	—

　　镁合金表面转化膜的形貌及其耐蚀性能取决于磷化膜工艺。膜层越均匀致密，耐腐蚀性能就越好。对比表 4-18 中 4 号和 3 号的工艺，可以发现 4 号工艺的腐蚀速度仅为 0.01mA/cm^2，而 3 号工艺的腐蚀速度却高达 10mA/cm^2。不含高锰酸盐的单纯磷酸盐成膜液多以氯酸盐、硝酸盐或亚硝酸盐等氧化性化合物为促进剂，这些促进剂与高锰酸盐的浓度相比要低得多，溶液的稳定性还差。在高锰酸盐/磷酸盐磷化体系中，磷化膜主要成分为锰的氧化物和镁的氟化物，其中 KMnO$_4$ 起促进剂的作用，元素 Mn 形成低价锰氧化物参与成膜，高锰酸钾起强氧化剂的作用。随着成膜时间的延长，膜层中的锰含量逐渐增加。这种膜层为微孔结构，与基体结合牢固，具有良好的吸附性，其耐蚀性与铬化膜相当，可以用作镁合金加工工序间的短期防腐蚀或涂漆前的底层。

　　pH 值对磷化膜的形成有显著的影响。在某一确定的磷化工艺条件下，在 pH 值为 2.5 时，制备出的磷化膜厚度薄，约为 3.8μm，存在局部膜层不完整的现象，膜层未能将基体完全覆盖。在 pH 值为 3.0 时，获得的磷化膜厚度增加到了 5.2μm，且膜整体的均匀性明显提升。在 pH 值为 3.5 和 4.0 时，制备出的磷化膜厚度分别增加到平均 6.7μm 和 6.2μm，转化膜与基体呈现较光滑的界面，但可观察到膜层存在穿透裂纹。对比不同 pH 值磷化工艺获得的磷化膜，都是类似网状结构，也都有微裂纹。与膜厚变化趋势相同的是微裂纹的数量也与磷化液的 pH 值呈正比例增加。

镁合金无论是用磷酸盐转化处理还是用磷酸盐/高锰酸盐转化处理，其最大的缺点是溶液的消耗很快，要不断地校正溶液的浓度与酸度，使得高锰酸盐/磷酸体系的应用受到了限制。pH 值是最重要的一个因素，由于金属在酸性条件下较容易失去电子而转化为离子，这样能促进合金基体与磷酸盐的反应。对于磷酸锌涂层，当 pH 值为 2.5 时，基体表面由小薄片堆积而成的花状转化膜层覆盖；当 pH 值下降到 2.15~2.5 之间时，基体完全由薄板样的磷酸盐转化膜所覆盖。对于磷酸盐/高锰酸盐膜层，当 pH>4.0 时，其附着力很好；当 pH<3.0 时，虽然所得膜厚达 20μm 以上，但其不仅附着力很差，而且表面不致密。

根据不同的磷酸盐组成，镁及镁合金在适当的条件下同可溶性磷酸盐为主体的溶液相接触时，能在其表面形成两种不同类型的膜层。当磷酸的碱金属盐或铵盐作处理液时，在金属表面得到与镁对应的磷酸盐（如 $Mg_3(PO_4)_2$、$Zn_3(PO_4)_2$）或氧化物组成的膜，即磷化转化膜；在含有游离磷酸、磷酸二氢盐（如 ZnH_2PO_4、MnH_2PO_4 等）及加速剂的溶液中进行处理时，表面能得到由二价金属离子一氢盐或正磷酸盐 $Me_3(PO_4)_2$ 所组成的膜，称为磷化伪转化膜。

镁合金表面磷化膜成膜生长机理可分为两个阶段：第一阶段为镁合金表面微阳极（α 相）和微阴极（β 相）的形成；第二阶段主要是 $Zn_3(PO_4)_2 \cdot 4H_2O$ 和金属锌分别在基体的 β 相和 α 相沉积。当基体完全覆盖后，不会发生锌和镁的置换，只是 $Zn_3(PO_4)_2 \cdot 4H_2O$ 继续长大形成厚片状晶体，最终成膜。

图 4-28 为镁合金 AZ91D 磷酸盐化学转化膜成膜机理示意图。在处理液中首

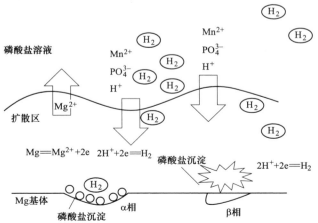

图 4-28 镁合金 AZ91D 磷酸盐化学转化膜成膜机理示意图

先发生局部微电池腐蚀过程，阳极过程为 α-Mg 优先溶解，阴极析氢既可发生于 α 相，又可发生于 β 相上。在成膜初期，磷酸盐在 α 相和 β 相都发生沉积反应，首先在阴极发生，然后主要在阳极发生。结晶形态分别为球状和絮状。但反应初期，在 α 相上沉积速度高于在 β 相上沉积的速度。

4.7　钝　化　膜

4.7.1　引言

轻合金表面处理工艺中最有效且经济的表面处理方法就是化学转化膜工艺，最传统同时及最耐腐蚀的转化膜是六价铬转化膜。

然而，六价铬转化膜中的 Cr^{6+} 对操作人员的健康危害很大，故欧盟 RoHS 环保组织已于 2017 年全面禁止六价铬转化膜的商业化应用。三价铬转化膜因其毒性低且具有铬酸盐转化膜的高效耐蚀等特点，成为六价铬转化膜最具前景的替代产品。值得注意的是，三价铬转化膜中的铬酸盐主要以三价铬的氧化物和氢氧化物的形式存在，但也存在六价铬，只是六价铬浓度低（<0.1%，摩尔分数）且不稳定。铬酸盐转化膜化学性能主要取决于其铬酸盐价态及变化，而三价铬转化膜中六价铬组分的表征、形成机理及其产生条件和浓度水平的控制成为当下亟待解决的问题[168]。

三价铬转化膜开发于 20 世纪 90 年代的美国，并在长达 96h 的中性盐雾试验中保持良好的耐蚀性能。之后，美国 NAVIAR 联合几家科研机构致力于三价铬转化膜配方改良和工艺优化。目前，最新的三价铬转化膜工艺也被称为 TCP 工艺（trivalent chromium process），其在中性盐雾试验耐蚀周期已超过 336h[169]。

4.7.2　三价铬转化膜溶液的组成

三价铬转化膜溶液体系的主要组分有三价铬酸盐、四价锆盐及氟化物，还有成膜促进剂和密封剂等。其中，三价铬酸盐主要选用 $Cr(NO_3)_3$、$Cr_2(SO_4)_3$、$CrCl_3$ 及复合铬酸盐，四价锆酸盐是以六氟化锆 ZrF_6^{2-} 形式存在，并在成膜过程中会逐次水解产生游离态的四价锆离子 Zr^{4+}（水解方式见式（4-15））。氟化物的主要作用是活化表面和促进转化成膜。

$$H_2ZrF_6 + 2H_2O \longrightarrow ZrO_2 + 6HF \qquad (4-15)$$

4.7.3　三价铬转化膜成膜机理

三价铬转化膜的成膜过程包括表面活化、快速沉积成膜、缓慢成膜和动态平衡四个过程：（1）溶液中游离的氟离子和复合离子活化金属表面，促进金属溶解；（2）随着金属阳极溶解和阴极吸氧或析氢反应，金属-溶液界面的 pH 值逐渐升高，三价铬和四价锆的氢氧化物沉积快速成膜；（3）金属表面阴阳极反应降低，界面 pH 值逐渐回归本体溶液水平，氢氧化物沉积并缓慢成膜；（4）成膜时间延长，成膜厚度与溶液维持动态平衡。三价铬转化膜成膜动力学可通过成膜过程的开路电位和界面 pH 值变化得到很好的验证（见图 4-29）。

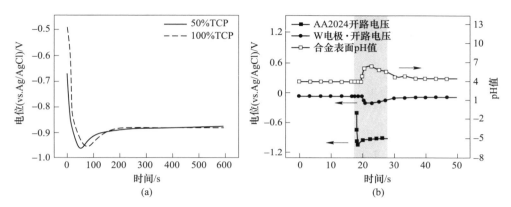

图 4-29 AA2024 铝合金在 Alodine T5900 溶液中三价铬转化膜成膜过程
开路电位（a）和 pH 值随浸没时间（b）（自 20min 开始）演化规律

4.7.4 三价铬转化膜工艺及影响因素

三价铬转化膜工艺包括机械研磨、碱洗、酸洗、浸渍处理和后处理等环节，成膜性能取决于轻合金表面显微组织、预处理方式、溶液组分、成膜时间和后处理工艺等。经 TCP 处理后的 AA2024、AA6061 和 AA7075 铝合金及裸露合金分别在 0.5mol/L Na$_2$SO$_4$ 和 0.5mol/L Na$_2$SO$_4$+NaCl 两种腐蚀溶液中的耐蚀性能如图 4-30 所示。可见，三价铬转化膜可显著提高两种合金在腐蚀溶液中的极化电阻，降低腐蚀电流密度。进一步的理解认为 AA6061 表面转化膜的耐蚀性能表现为阴极抑制作用，而 AA7075 表面转化膜表现为阳极和阴极抑制两种作用。对比发现，三种合金表面转化膜的内部孔隙率降序排列为 AA2024>AA7075>AA6061。因此，铝合金表面三价铬转化膜是一层致密阻隔膜，内部的水化孔道也是外部空气或腐蚀介质腐蚀内部金属的通道。

表面预处理是表面处理的一个关键工艺，主要通过强碱和强酸去除合金表面油污、机械残渣及活化表面。碱洗是一种常用化学清洗表面的方法，也被称作脱脂处理，它是在一定温度下通过向溶液加入表面活性剂来进行的。碱洗溶液一般采用氢氧化钠、碳酸钠或磷酸三钠等碱性溶液来配制。酸洗是碱洗后的一道工艺，主要是清洗因碱洗产生的腐蚀产物及金属表面的氧化皮。

三价铬转化膜成膜的关键工艺是浸渍处理，主要包括溶液组分和成膜时间。

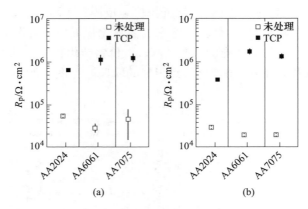

图 4-30　AA2024、AA6061 和 AA7075 铝合金表面三价铬转化膜
在不同腐蚀溶液中极化电阻对比分析
（a）0.5mol/L Na$_2$SO$_4$ 溶液；（b）0.5mol/L Na$_2$SO$_4$+NaCl 溶液

除锂酸盐转化膜以外，其余化学转化膜的成膜机理都是基于酸性环境下金属表面阳极溶解和阴极析氢反应引起的 pH 值驱动金属离子的氢氧化物沉积。因此，溶液的酸度是影响成膜的重要因素。浸渍时间对成膜厚度和致密性有重要作用，成膜动力学随浸渍时间呈现两个不同阶段的直线型生长动力学，如图 4-31 所示。AA2024 铝合金依次经机械研磨处理、碱洗及酸洗预处理后，其转化膜生长动力学模型基本相同，与此不同的是电解抛光纯铝表面三价铬转化膜在快速生长的第一阶段周期长达 300s，随后进入缓慢生长的第二阶段。这主要是与纯铝和铝合金表面组分、结构及密度有关。

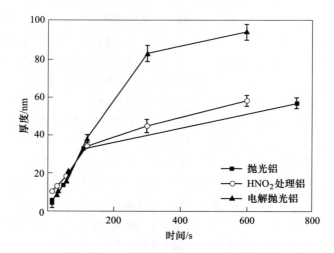

图 4-31　三价铬转化膜生长动力学曲线

　　三价铬转化膜是水性溶液中金属离子的氢氧化物沉积成膜，所以转化膜内部就存在水化通道。这个水化通道对氧化膜的耐腐蚀性能影响显著，后处理工艺就成为实现脱水和密封孔道。目前，常见的三价铬转化膜后处理工艺有空气放置处理、温水浸泡处理、焙烧处理及氧化后处理等。

5　磁控溅射沉积技术

<<<<<<<<<<<<<<<<<<<<<<<<<<<<<<<<<<<<<<<<<<<<<<<<<<<<<<<<<<<<<<<<<<<<<<<<<

5.1　概　　述

　　磁控溅射是制备各种功能涂层的基本技术之一，属低真空条件下的冷等离子体辉光放电。由于沉积的涂层具有优良的力学和物理等性能，已经在摩擦磨损、光电转换及电子半导体等领域得到广泛的应用。普通磁控溅射是在二极溅射的基础上发展起来的，根据磁控靶的形式可分为平面磁控溅射（圆形和矩形）、圆柱靶磁控溅射及S-枪磁控溅射。衬底偏置技术的应用极大地促进了磁控溅射在相关领域的应用，衬底正偏置可以减少正离子对薄膜的损伤，衬底负偏置直接增加衬底表面的离子轰击。近年来，磁控溅射技术在固体靶表面的溅射机理、非平衡靶的特性及脉冲磁控溅射对沉积涂层的影响等方面的研究取得了重要的进展。

　　关于溅射现象的研究，最早可追溯到19世纪中叶。1851年，Grove和Piucker在气体辉光放电管中发现粒子对阴极的溅射，6年后真正发展成为直流二极溅射沉积技术，并由Wright用于镀制镜面反射膜，此后又用于装饰件表面及金属的表面涂层。当时溅射技术只是在化学活性极强的材料、贵金属材料、介质材料和难熔金属材料的涂层制备工艺中使用。半个世纪之后，二极偏压溅射和非对称交流溅射得到发展。由于工作压强较高和抽速较慢的原因，在沉积过程中早期的二极溅射系统真空室中的残留气氛及污染粒子严重影响沉积薄膜的质量。非对称交流二极溅射的施加电源为非对称的交流电流波形，周期对衬底表面形成的薄涂层进行轰击，以除掉污染的杂质气体和污染粒子。

　　为提高二极溅射的溅射速率和减弱二次电子撞击衬底发热的不利影响，发展了磁控溅射技术。早在1921年，就有文献报道了过热发射电子在圆柱形磁控器内的运动，直到40年后Penning和Moubis才发明了圆柱形磁控溅射装置，随后圆柱形磁控溅射技术有了较大的发展。早期的平面磁控溅射阴极靶首先应用于离子泵结构中，直到1974年，Chapin开发出平面磁控器，平面磁控溅射技术才正式进入研究与工业应用领域。由于离子阱对靶表面离子的限制作用，阴极靶表面形成更为密集的等离子体，涂层的沉积速度和性能有了一个较大的提高。

　　随后不同结构的矩形磁控溅射阴极靶相继被开发出来，阴极内部磁铁排布对等离子体的影响成为此后一段时间研究的热点。由于电磁场结构的阴极靶需要大的功率源，且结构复杂不易控制，一般情况下阴极靶磁场采用永久磁铁。S-枪磁控溅射是 Clarke 同一时期发明的圆锥形阴极靶，阳极在圆锥阴极的中心，环状阴极像一个倒置的白勺圆锥，它有理想的靶材利用率和趋向于形成高电流-低电压的阴极源。20 世纪 80 年代中期出现了非平衡磁控溅射技术，相对于早期的磁控溅射，非平衡磁控溅射（UBMS）提高了衬底表面的离子流密度和离子轰击能，有效地提高了沉积涂层的质量和性能。15 年之后，Teer 公司获得了非平衡闭合磁场的专利，相邻磁靶间的闭合磁场有效降低了由非平衡性所引起的离子逃逸。目前闭合磁场磁控溅射已在工业领域得到广泛的应用。多年之前，基于非平衡溅射技术，许多学者纷纷致力于高速溅射工艺的发展，并提出了包括等离子体增强、自溅射和低压溅射等不同的运作模式，并取得了显著的进展。

在磁控溅射沉积工艺中，沉积的化合物薄膜约占全部薄膜材料的 70%，如何控制化合物薄膜的成分是重要的问题。由于直流磁控溅射沉积的速度较射频溅射大，而且易于控制和操作，因此直流反应磁控溅射成为沉积化合物薄膜的主要工艺路线。为了解决在沉积绝缘薄膜时直流反应磁控溅射还存在不稳定放电的问题，在 20 世纪末期，中频磁控溅射和脉冲磁控溅射相继被开发应用。中频磁控溅射常采用孪生靶布置，孪生靶的尺寸与外形完全相同，在溅射室中悬浮安装。两个靶周期性轮流作为阴极与阳极，既抑制了靶面打火，又消除了普通直流反应磁控溅射中的"阳极消失"现象，整个溅射过程可以稳定地进行。脉冲磁控溅射技术有效克服了采用直流反应溅射沉积氧化物绝缘材料时阴极靶的弧光放电，可沉积高质量的氧化物涂层。射频磁控溅射在沉积氧化物等绝缘薄膜领域的应用较为广泛[170]。

5.1.1　技术的分类

磁控溅射包括很多种类，各有不同的工作原理和应对对象，但有一共同点：利用磁场与电场交互作用，使电子在靶表面附近成螺旋状运行，从而增大电子撞击氩气产生离子的概率。所产生的离子在电场作用下撞向靶面，从而溅射出靶材。溅射过程中涉及复杂的散射过程和多种能量传递过程：入射粒子与靶材原子发生弹性碰撞，入射粒子的一部分动能会传给靶材原子，某些靶材原子的动能超过由其周围存在的其他原子所形成的势垒（对于金属是 5~10eV），从而从晶格点阵中被碰撞出来，产生离位原子，并进一步和附近的原子依次反复碰撞，产生碰撞级联。当这种碰撞级联到达靶材表面时，如果靠近靶材表面的原子的动能大于表面结合能（对于金属是 1~6eV），这些原子就会从靶材表面脱离从而进入真空。

溅射时，气体被电离之后，气体离子在电场作用下飞向接阴极的靶材，电子则飞向接地的壁腔和基片。这样在低电压和低气压下，产生的离子数目少，靶材溅射效率低；而在高电压和高气压下，尽管可以产生较多的离子，但飞向基片的电子携带的能量高，容易使基片发热甚至发生二次溅射，影响制膜质量。另外，靶材原子在飞向基片的过程中与气体分子的碰撞概率也大为增加，因而被散射到整个腔体，既会造成靶材浪费，又会在制备多层膜时造成各层的污染。

为了解决上述缺陷，直流磁控溅射技术被开发出来，它有效地克服了阴极溅射速率低和电子使基片温度升高的缺点，因而获得了迅速发展和广泛应用。直流磁控溅射的原理是：在磁控溅射中，由于运动电子在磁场中受到洛伦兹力，它们的运动轨迹会发生弯曲甚至产生螺旋运动，其运动路径变长，因而增加了与工作气体分子碰撞的次数，使等离子体密度增大，从而磁控溅射速率得到很大的提高，而且可以在较低的溅射电压和气压下工作，降低薄膜污染的倾向；另外，也提高了入射到衬底表面的原子的能量，因而可以在很大程度上改善薄膜的质量。同时，经过多次碰撞而丧失能量的电子到达阳极时，已变成低能电子，从而不会使基片过热，因此磁控溅射法具有高速、低温的优点[171]。该方法的缺点是不能制备绝缘体膜，而且磁控电极中采用的不均匀磁场会使靶材产生显著的不均匀刻蚀，导致靶材利用率低，一般仅为 20% ~ 30%。

磁控溅射镀膜具有以下显著特征：

（1）成膜厚度、工艺参数精准可控。通过调整炉内气压、溅射功率、衬底温度、磁场及电场参数等，可方便地对镀层沉积速度和厚度进行精准控制，误差小，一致性好。

（2）膜层灵活多样，基材适应性广。磁控溅射镀膜可生成纯金属或配比精准、恒定的合金镀膜，能满足薄膜的多样性及高精度要求，并且基材为金属或非金属均可，灵活性好。

5.1.2　镀层设备

溅射靶材可根据材质分为纯金属、合金及各种化合物等几种。一般来讲，金属与合金的靶材可用冶炼或粉末冶金的方法制备，纯度及致密性较好；化合物靶材多采用粉末热压的方法制备，纯度及致密性往往要比前者稍差。溅射方法根据不同的原则可分为多种方法，另外，在直流溅射方法中也可以结合各种施加偏压的方法。此外，还可以将各种方法结合起来构成某种新的方法，如将射频技术与反应溅射相结合就构成了射频反应溅射法。直流溅射沉积装置的示意图如图 5-1 所示。

样品制备一般采用平面直流磁控溅射技术和闭合磁场非平衡磁控溅射离子镀技术沉积，如图 5-2 ~ 图 5-4 所示。这两种装置的主要区别是系统结构不同，前者为传统的单靶平面反应溅射沉积系统，阴极靶的边沿磁场强度与中心磁场强度相等；后者为工业化的多靶非平衡磁控溅射系统，阴极靶边沿的磁场强度略微大于中心磁场强度。两者相比，由于非平衡靶表面等离子体被拉出，等离子体密度降低，因此其靶电压高于平衡磁控靶。

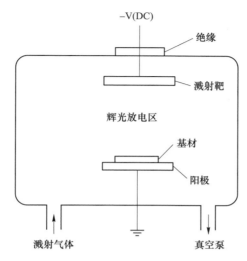

图 5-1　直流溅射沉积装置的示意图

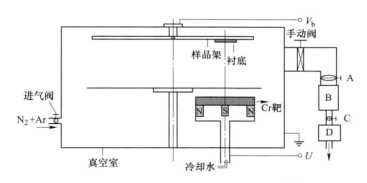

图 5-2　直流平面反应磁控溅射示意图[172]
A—电磁阀；B—分子泵；C—手动阀；D—滑片式真空泵

　　直流溅射又被称为阴极溅射或二极溅射，常用 Ar 作为工作气体。工作气压是一个重要的参数，它对溅射速率及薄膜的质量都有很大的影响。相对较低的气压条件下，阴极鞘层厚度较大，原子的电离过程多发生在距离靶材很远的地方，因而离子运动至靶材处的概率较小。同时，低压下电子的自由程较长，电子在阳极上消失的概率较大，而离子在阳极上溅射的同时发射出二次电子的概率又由于气压较低而相对较小。这使得低压下的原子电离成为离子的概率很低，在低于1Pa 的压力下甚至不易发生自发放电。这些均导致低压条件下溅射速率很低。

　　随着气体压力的升高，电子的平均自由程减小，原子的电离概率增加，溅射电流增加，溅射速率提高。但当气体压力过高时，溅射出来的靶材原子在飞向衬

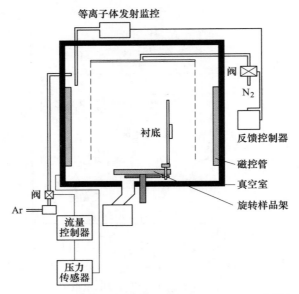

图 5-3　闭合磁场非平衡磁控溅射离子镀示意图[172]

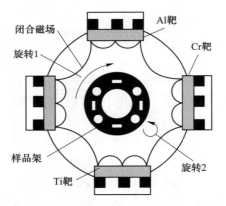

图 5-4　闭合磁场非平衡磁控溅射离子镀磁控靶布置示意图[172]

底的过程中将会受到过多的散射，因而其沉积到基材上的概率反而下降[173-175]。随着气压的变化，溅射沉积的速率会出现一个极值，如图 5-5 所示。一般来讲，沉积速率与溅射功率（或溅射电流的平方）成正比，与靶材和衬底之间的间距成反比。

溅射气压较低时，入射到衬底表面的原子没有经过很多次碰撞，因而能量较高，这有利于提高沉积时原子的扩散能力，提高沉积组织的致密程度。溅射气压的提高使得入射的原子能量降低，不利于薄膜组织的致密化。

溅射沉积具有以下特点：

（1）对于任何待沉积材料，只要能做成靶材，就可以实现溅射；

（2）溅射所获得的薄膜与基材结合力较强；

（3）溅射所获得的薄膜纯度高，致密性好；

（4）溅射工艺可重复性好，膜厚度可控，同时还可以在大面积基材上获得厚度均匀的薄膜。

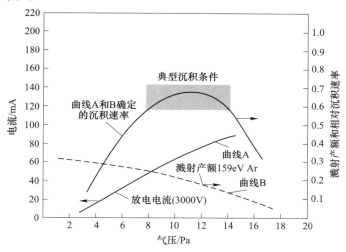

图 5-5　溅射沉积速率与工作气压间的关系

但溅射沉积也存在一些不足，例如，相对于真空蒸发沉积，它的沉积速率较低，基材会受到等离子体的辐照等作用而使温度升高，影响沉积层的质量。利用磁控溅射技术可以沉积几乎所有的金属和合金、导体和绝缘体，并且可以在低熔点的金属和塑料上面沉积膜，而且沉积的速度可以高达 0.5μm/min。常见的磁控溅射镀膜机如图 5-6 所示。

图 5-6　磁控溅射镀膜机

5.1.3　基本现象及特征

5.1.3.1　辉光放电和溅射现象

所谓辉光放电，就是当容器内的压强在 $0.1\sim10Pa$ 时，在容器内装置的两电极加上电压而产生的放电。放电状态和放电时电极间的电位如图 5-7 所示。辉光放电就是正离子轰击阴极，从阴极发射出次级电子，此电子在克鲁克斯暗区被强电场加速后再冲撞气体原子，使其离化后再被加速，然后再轰击阴极，这个过程反复进行。在这个过程中，当离子和电子相结合或是处在被激发状态下的气体原子重新恢复原态时都会发光。

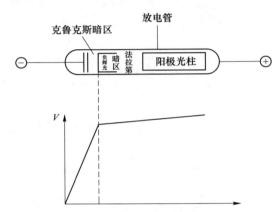

图 5-7　辉光放电状态和不同位置处的电位

溅射率（v）是能说明溅射现象的一个基本特征量。溅射率是被溅射出束的原子数与入射离子数之比，它是衡量溅射过程效率的一个参数。入射离子的种类、能量大小对物质的溅射率有很大的影响，如图 5-8 所示。

以下的几个溅射现象的特点可以用溅射率（v）来进行解释：

（1）假如用某种离子在某固定的电压下轰击各种物质，那么就会发现 v 随元素周期表族的变化而变化。反之，靶子种类一定，用不同种类的离子去轰击靶子，那么 v 也随元素周期表的族的变化而做周期性的变化。

（2）v 随入射离子的能量即加速电压（V）的增加而单调地增加。不过，V 有临界值（一般是10V）。在 10V 以下时，v 为零。当电压非常高（>10kV）时，由于入射离子会打入靶内，v 反而减小。

（3）对于单晶靶，v 的大小随晶面的方向而变化。因此，被溅射的原子飞出的方向是不遵守余弦定律的，而是沿着晶体的最稠密面的方向。

（4）对于多晶靶，离子从斜的方向轰击表面时，v 增大。由溅射飞出的原子方向多和离子的正相反方向相一致。

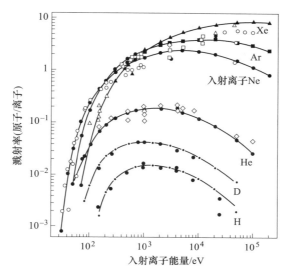

图 5-8　Ni 的溅射率与入射离子种类和能量之间的关系

（5）被溅射出来的原子所具有的能量要比由真空蒸发飞出的原子所具有的能量（大约在 0.1eV）大 1~2 个数量级。

5.1.3.2　溅射时原子、分子的形态

单体物质引起溅射时，通常离子的加速电压越高，被溅射出来的单原子就越少，复合粒子就越多。研究发现，当靶为多晶 Cu 时，加速 Ar 离子的电压越高，Cu_2 就越多；当 Ar 离子的加速电压为 100eV 时，溅出出粒子中 Cu 只有 5% 左右。当把 Ar 离子加速到 12keV，对单晶 Cu(100) 的靶面进行溅射时，则除观察到有中性原子状态的 Cu、Cu_2 出现外，还可观察到有离子状态的 Cu_n^+（$n=1~11$）的复合粒子。另外，当用 Ar 离子轰击 Al 时，可观察到 Al_n（$n=1~7$）的复合粒子。在用 Xe 离子轰击 Al 时，可观察到 Al_n（$n=1~18$）。通常把这种复合粒子称为群。

在溅射化合物时，这里以 Ar 离子轰击 GaAs 为例。这种情况下，溅射出来的原子与分子中有 99% 是 Ga 或者 As 的中性单原子，剩下的才是中性 GaAs 分子。

5.1.4　相关测量与检测分析方法

5.1.4.1　厚度的测量

涂层的力学性能、摩擦学及其他的特性都会随着厚度的变化展现出不同的特征。对涂层厚度的测定有很多的方法，光学透明薄膜大多采用光学方法和干涉测量方法，而硬质涂层一般采用轮廓仪及球痕仪等机械测量方法。在工业生产中高

精度的动态监控测厚仪也得到了应用。

5.1.4.2　力学性能检测方法

A　结合性能的测量

涂层与衬底的结合力是评价沉积涂层的一个重要指标。

洛氏硬度压痕法属于检测评估结合强度的一般定性方法，通过对带有薄膜的试样在不同的载荷下进行表面压入实验，通过压痕周围薄膜的开裂情况定性地确定涂层与衬底之间的结合力。当压入载荷不大时，硬质薄膜与衬底一起变形，但在载荷足够大的情况下，薄膜与衬底界面上产生横向裂纹，裂纹扩展到一定阶段后就会使薄膜脱落。能够测得薄膜破坏的最小载荷为临界载荷，用来表征硬质薄膜与衬底的结合力。

划痕测试是一种对硬质涂层分析应用较为广泛的定量检测结合性能的方法，基本原理是给涂层施加恒定载荷或变载荷，并垂直于这个载荷沿涂层平面方向拉开一条通道。

B　涂层硬度的测量

机械硬度是硬质涂层最基本的性能指标，能够敏感地反映沉积材料在化学工艺、组织结构及合成工艺方面的差异。目前的硬度分析主要采用超显微维氏硬度仪，这是一种在显微镜下进行的超负荷压入实验方法，以适当的速度将角锥四面体金刚石压头压入被测涂层表面并逐渐加大到最大载荷，然后在保持规定的时间后卸除负荷。在显微硬度测定时，涂层表面要求非常平整，并根据被测样品的硬度范围选择合适的载荷，压入深度要必须小于涂层总厚度的 $1/10\sim 1/7$。在测量的过程中可以得到一个载荷-位移曲线，如图 5-9 所示，然后根据获得的曲线求出硬度、刚度、弹性回复及弹性模量等。涂层的硬度可由式（5-1）计算：

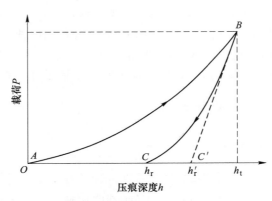

图 5-9　超显微硬度仪实验的载荷-位移曲线

$$H_p = \frac{P_{max}}{A} \tag{5-1}$$

$$P_{max} = 1.778 E_r (h_t - h_r)^2 \tag{5-2}$$

式中，P_{max}、A 分别为表示最大的应用载荷和弹性接触面的投影面积，而接触面积是压入接触深度的函数；E_r 为有效杨氏模量；h_t 和 h_r 分别表示理论压痕深度和实际压痕深度。

杨氏模量和涂层的刚度 S 分别通过式（5-3）和式（5-4）计算：

$$E_r = \frac{E}{1 - \nu^2} \tag{5-3}$$

$$S = \frac{dp}{dh} = \frac{2}{\sqrt{\pi}} E_r \sqrt{A} \tag{5-4}$$

式中，E、ν 分别为杨氏弹性模量和泊松比。

C　摩擦和磨损的测量

摩擦磨损是相接触的物体相对运动的结果，低维硬质涂层的摩擦磨损行为有别于传统的固体之间的摩擦理论。影响硬质涂层磨损行为的因素包括摩擦副的材料结构、工作环境及摩擦运动形式等。对于硬质涂层来说，精确评价涂层摩擦磨损特性是非常困难的，一般通过模拟实际工况条件来检验涂层的摩擦磨损。

5.1.4.3　结构与特性的分析方法

A　薄膜 X 射线衍射

薄膜材料包括单层膜和多层膜材料，无损检测对薄膜材料结构研究很重要。作为表征薄膜材料结构的 X 射线衍射技术，它可以无损检测单层膜或者多层膜内部结构、界面状况及纵向和横向的共格程度。X 射线衍射分析对于异质外延生长薄膜材料的研究非常重要，因为它不但可以提供物相信息，同时还可以提供点阵常数、微结构、应变等信息。溅射沉积的薄膜或涂层一般以多晶的形态存在，有一定的面外取向分布，二维面内的结晶性较差，内部界面有强烈的几何起伏，层间的成分互相扩散，因此，薄膜 X 射线衍射是薄膜和多层膜结构表征和研究的重要工具。

B　断面形貌与截面分析

扫描电子显微镜发展于 20 世纪 60 年代，随其性能不断提高和功能逐渐完善，目前在一台扫描电镜上可同时实现组织形貌、微区成分和晶体结构的同位分析，已成为材料科学等科研领域不可缺少的分析工具。与光学显微镜相比，扫描电镜不仅图像分辨率高，而且景深大，因此在断口分析显示出十分明显的优势。

透射电镜作为材料表征的重要手段，不仅可以用衍射模式来研究晶体的结构，还可以在成像模式下得到实空间的高分辨像，即对材料中的原子进行直接成像，直接观察材料的微观结构，对于截面分析，透射电子显微镜发挥了巨大的作用。

C　化学态和成分分析

X射线光电子能谱（XPS）是目前应用最为广泛的表面分析方法之一，主要用于成分和化学态的分析。

D　粒度与表面轮廓分析

扫描探针显微镜（SPM）起源于20世纪80年代的隧道显微镜和原子力显微镜，是一种有效的表面结构特性的分析仪器。SPM综合了这两种显微镜的功能，并扩展到了横向力显微镜、导电原子力显微镜及纳米加工等功能领域。在一定程度上探针显微镜分析的结果可弥补扫描电镜（SEM）的不足，精确地再现表面的三维轮廓分布。

5.1.5　磁控溅射研究进展

5.1.5.1　非平衡磁控溅射

普通磁控溅射采用平衡磁场，磁场分布限于靶区，等离子体被紧密地约束在磁控靶表面附近，衬底附近离子密度很弱，沉积过程中的薄膜得不到离子较强的轰击。Window和Savvides于1986年设计出非平衡磁控溅射阴极靶，其特征是磁控溅射阴极的内、外两个磁极端面的磁通量不相等，加强周边或中间的磁场强度。非平衡磁控溅射靶表面的磁场部分地扩展到衬底表面，交叉场放电产生的等离子体就不是被强烈地约束在溅射靶的附近，而是在磁梯度的作用下扩散到衬底表面（见图5-10），因此到达衬底的离子流密度大大增加，形成大量的低能（20~100eV）离子轰击，直接干预衬底表面溅射成膜过程[176-178]。Seo等人研究了非平衡磁控溅射条件下衬底偏压和工作气压对等离子体中电子能量分布的影

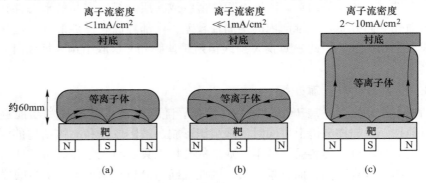

图5-10　不同类型阴极靶等离子体与磁场分布示意图

（a）普通磁控靶（平衡靶）；（b）种类1非平衡靶；（c）种类2非平衡靶

响，研究显示衬底负偏置电压直接影响了衬底表面离子的分布，随着衬底偏压的减小，电子能量分布函数转变为麦克斯韦分布，偏压的增加相当于增加了工作气压[179-181]。Maissel 等人研究表明，沉积的金属钽膜在偏压为 -20V 时，膜层的污染达到最大，此后随着偏压的增加，膜层的质量显著改善。

对于中心磁场较强的磁靶，等离子体探针测量显示衬底表面具有较低的电子和离子流密度；而采用四周磁场较强的磁控靶时，衬底表面出现较高的离子流密度。在非平衡磁控溅射沉积过程中，到达衬底表面的离子流密度及沉积速率均和磁控靶功率成正比；同时衬底表面的离子/原子比（J_{i-a}）受磁控靶功率的影响，随着溅射功率的增加 J_{i-a} 逐渐减小。Kelly 等人研究表明在利用非平衡磁控溅射沉积薄膜时到达衬底表面的离子流密度可以高达 $10mA/cm^2$，比平衡磁控溅射高出一个数量级[178]。这样就完全克服了平衡磁控溅射系统中只有当衬底浸入接近阴极靶表面的等离子体区才能受到离子轰击的缺点，离子对衬底轰击的作用增强，有利于薄膜结构的改善。到达衬底的离子能量大小和 J_{i-a} 是影响离子辅助沉积薄膜性能和结构的决定性因素。界面轰击离子流的能量与等离子体电势 V_p 和衬底偏压 V_b 有关（$E_p = V_b - V_p$），J_{i-a} 与离子流密度有关。Petrov 和 Telling 等人研究证实 J_{i-a} 可通过调节磁场来控制[182-183]。衬底表面的轰击离子流密度（J_i）与靶-衬底距离（d_{s-t}）成反比，即随着 d_{s-t} 的增加 J_i 减小。

5.1.5.2　非平衡磁控溅射离子镀

由于等离子体被约束在阴极靶表面，在一个传统的平面 DCMS 系统中到达衬底表面的离子流很小，仅通过调节偏压或偏流并不能从根本上改善达到衬底表面的轰击离子流。衬底表面的离子流与 d_{s-t} 有关，d_{s-t} 大于 50mm 时衬底处在弱等离子区内，偏流为受离子扩散限制的离子流；d_{s-t} 小于 50mm 时衬底位于强等离子区内，偏流为受正电荷空间分布限制的离子电流。而随后发展起来的非平衡磁控溅射则为沉积高质量的涂层奠定了基础。离子镀是把沉积物质离化与溅射结合起来的一种技术，在一个系统内既实现了磁控靶的稳定溅射，又实现了沉积物离子在衬底负偏压作用下到达衬底进行轰击、注入及沉积过程。离子镀的特点是在薄膜-衬底界面上形成明显的混合界面，薄膜材料和衬底材料形成金属间化合物和固溶体，实现材料表面合金化。磁控溅射离子镀的成膜质量受到达衬底上的离子通量和离子能量的影响，离子的能量决定于在放电空间中电离碰撞能量交换及离子加速的偏压值。磁控溅射离子镀是通过偏置衬底来实现的，由于传统平面磁控溅射系统中的磁控靶采用的是平衡磁场，到达衬底表面的离子流很小，成膜的界面得不到足够的离子轰击[181,184]。

基于上述非平衡磁控溅射的工艺特性，Teer 等人于 1990 年开发了闭合磁场非平衡磁控溅射离子镀技术，系统内相邻靶间的磁力线是闭合的。封闭的磁力线分布可以减少飞向器壁的离子损失，传递更多的离子流到达衬底。到达衬底表面的离子流密度可以通过设计磁控靶的非平衡度来实现，由于稀土强磁场材料设计中的应用，靶表面最大磁场强度达到 500~600Gs，甚至达到 1000Gs 以上。通过优化磁控靶设计，衬底表面的离子流密度得到增加，离子能提高 2 倍以上，涂层的结合性能也得到增强。轰击离子流密度和离子流的能量大小要根据衬底的性能来决定，特别是对热敏感或熔点低的衬底材料，而脉冲偏压可以减少对衬底的离子轰击及热输出。Cooke 等人[185] 的研究表明，脉冲偏压明显改善了衬底的预溅射清洗的效率，涂层与衬底的结合性能明显得到提高。

5.1.5.3 脉冲直流磁控溅射

尽管非平衡磁控溅射离子镀技术在沉积硬质涂层领域取得了巨大的进步，但是在反应沉积化合物涂层时还面临一些问题。脉冲直流电源在非平衡磁控溅射离子镀系统应用以后许多在反应溅射中出现的问题被克服，沉积速度接近纯金属溅射模式。由于磁控放电受到脉冲调制，脉冲启动时间内绝缘层积累电荷达不到弧光放电条件，随后在脉冲停止时间内积累的电荷被等离子体综合，非对称双极直流脉冲输入靶电压波形如图 5-11 所示。周期性的脉冲电压变化达到阴极靶表面集聚的电荷周期性的清洗效果，可以实现长期稳定的沉积氧化物等绝缘化合物薄膜。在脉冲溅射工艺中占空比是脉冲溅射的重要控制参数，随着占空比的提高，靶功率密度逐渐减小[186]。高功率的脉冲直流放电导致离化率的提高及高能离子分数的增加，到达衬底表面的金属离子高达 92%[187-188]。

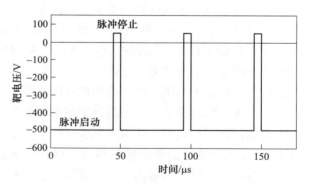

图 5-11 非对称双极直流脉冲输入靶电压波形

在非平衡磁控溅射离子镀工艺中，脉冲溅射的功率和等离子体密度得到增加，并可在一定程度上实现高速率低工艺温度溅射沉积。与直流偏压源不同的是，脉冲偏流呈现不饱和特征，随着偏压的增加，不饱和特征更加强烈。单极脉冲溅射沉积 TiN 时放电电压与脉冲频率呈指数增长关系，而等离子体密度接近于线性减小；随着脉冲占空比的增加，放电电压呈现指数的减小[189]。Rubio-Roy 等人[190]采用非对称双极脉冲运行模式，检测显示等离子体的离化率比射频运作条件下增加。Sunal 制备了 TiN_x/SiN_x 纳米/非晶复合涂层，显示涂层的 Ti/Si 原子比和污染 O 原子随着脉冲频率的增加呈现指数的衰减；涂层呈现柱状生长结构，结构区域随着脉冲频率的增加逐渐从 Z1 过渡到 ZT[191]。衬底表面经高能离子轰击后，产生清洁的活化界面，有助于增强涂层与衬底的黏附性能，并促进择优取向结构形成[192-193]。衬底表面离子流的改善促进了离子对生长界面的轰击，增加了界面上吸附原子的扩散长度，形成密集的薄膜结构[194]。

5.2 镁合金基镀层

镁合金是未来最有潜力的结构材料之一，但表面质软和易腐蚀是需要解决的重要问题。虽然当前应用于镁合金上的表面处理技术改善了其表面的性能，但所制备的涂层在结合性能、摩擦磨损及力学性能均不能满足镁合金在关键零部件领域的应用。磁控溅射是目前主流的 PVD 表面处理技术之一，制备的涂层具有结合性能强、致密度高、所需的沉积温度低等优点，可以满足低工艺温度下处理镁合金的要求。因此，采用磁控溅射技术在镁合金表面沉积硬质涂层，是改善镁合金表面摩擦磨损性能的新思路。

近年来，过渡金属硬质多层涂层在力学和摩擦学特性等方面有了一个较大的改善并得到了广泛的应用。尽管 PVD 硬质多层涂层在工具钢上的研究和应用取得了相当大的进展，但是应用在轻合金的表面仍处在研究中。本节的主要内容是基于非平衡磁控溅射离子镀系统在镁合金表面制备了一系列的 CrN/TiN/CrN/AlN 涂层（以下缩写为 CrTiAlN），几种不同的分析方法分别用于分析 CrN/TiN/CrN/AlN 涂层的力学、结构及摩擦学特性。

5.2.1 衬底对镀层的影响

$CrN_x/TiN_x/CrN_x/AlN_x$ 多层涂层（CrTiAlN）采用 UDP450 型的非平衡磁控溅射离子镀沉积在 AZ31 镁合金和单晶 Si(100) 衬底上。反应气氛采用发射光谱监视及动态气体流量控制器（OEM）控制，采用标准 Ar 流速（$20cm^3/min$（标态））；当手动控制管路通入的 N_2 流速达到 $15cm^3/min$（标态）后，将自动控制管路打开，OEM 控制在 65%（中 N_2 水平）。系统的工作总压控制在 $0.3\sim0.5Pa$，溅射靶的功率依次为 320W(Cr)、975W(Ti) 及 642W(Al)，衬底偏压为 $-55V$。

对于在不同衬底条件下，对采用磁控溅射沉积技术制备的 CrTiAlN 多层涂层，分别进行了成分与化学态分析、界面的截面形貌分析、衬底对表面形貌的影响分析，并在最后分析了 CrTiAlN 涂层的摩擦学特性。

5. 2. 1. 1　成分与化学态

　　CrTiAlN 涂层的成分分布与界面化学态结构分析采用 XPS 进行，其分析结果如图 5-12~图 5-14 所示。

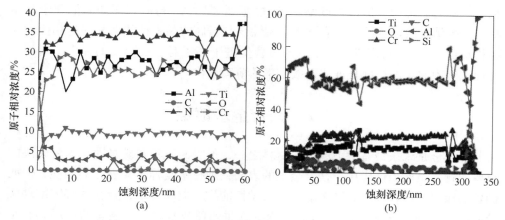

图 5-12　CrTiAlN 涂层的正常成分层（a）和桥接层（b）的成分分布轮廓

　　从图 5-12（a）中可以看出，CrTiAlN 涂层含有 3%~5% 的 O，Ti 原子的相对浓度大约为 10%，而 Cr 原子和 Al 原子的相对浓度都在 25%~30%。N 的浓度呈现 8~10nm 长的周期性波动，这个变化对应于涂层的调制周期。周期内部的界面成分梯度不明显，说明周期内层的厚度较短，层间扩散直接降低了成分梯度分布。

　　图 5-12（b）表示 CrTiAlN 涂层的桥接层的成分梯度分布。从图可以看出，桥接层中的 Al 原子的相对浓度达 58%，Ti 的相对原子浓度约为 22%，Cr 原子的相对浓度约为 16%，O 的原子浓度在 4%~5%。相比之下，在桥接层中的 O 原子相对浓度要高于在正常化合物层中的含量。由于 Cr 与 Mg 属于互不相溶解，在沉积桥接层时，Al 的原子浓度的提高可以增强涂层的结合性能。由于 Si(100) 衬底表面相对于镁合金来说，表面较为平整，可以获得理想的成分分布曲线，故此处只给了在 Si(100) 衬底表面的桥接层。元素在桥接层与 Si 和镁合金衬底之间的扩散距离为 100~150nm，但有文献显示衬底界面的扩散层只有 1~10nm。

　　图 5-13 表示经过去卷积分析的 CrTiAlN 涂层的化学特性，所分析的谱线位于 8nm 处的深度轮廓。结果显示涂层表面的 $C\ 1s$ 参考能为 285. 2eV（C—C）；除了少量表面吸附的有机氧污染之外，$O\ 1s$ 谱证实表面有溶解的点阵氧（M—O）和氢氧化物（531. 4eV±0. 4eV）、M_2O_3（530. 4eV±0. 4eV）、MO_2 或 MO_3（529. 4eV±0. 4eV）存在，而在刻蚀几个周期后 M—O 和氢氧化物仍然存在。$N\ 1s$ 谱的结构主要为氮氧化物（398. 2eV±0. 4eV）、Cr_2N（397. 35eV±0. 4eV）及 N(Ⅲ)（涉及

CrN、TiN 及 AlN(396.7eV±0.4eV)),其余的为吸附污染。去卷积分析的 Ti 2p 谱表明,在涂层中 Ti 存在化学态为 TiN(455.5eV±0.4eV)、Ti$_2$O$_3$(456.4eV± 0.4eV)及 TiO$_2$(458.33eV±0.4eV),如图 5-13(b)所示。经过去卷积计算的 Cr 2p 谱有四种物质存在,包括 Cr$_2$N(574.7eV±0.4eV)、CrN(575.5eV±0.4eV)、 Cr$_2$O$_3$(可能还会有 CrOOH 和 Cr(OH)$_3$(576.6eV±0.4eV))及 CrO$_3$(578.6eV± 0.4eV),如图 5-13(c)所示。拟合的 Al 2p 谱中除了 AlN(73.8eV±0.4eV)和 Al$_2$O$_3$(74.8eV±0.4eV)外,还有少量的金属态 Al^0(72.3eV±0.4eV)存在,如图 5-13(d)所示。

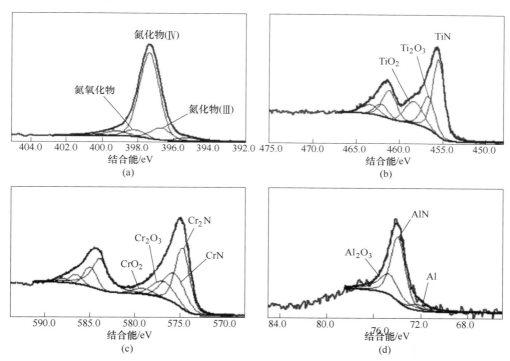

图 5-13　CrTiAlN 涂层的界面化学态结构特性

(a) N 1s;(b) Ti 2p;(c) Cr 2p;(d) Al 2p

　　上述分析结果表明,CrTiAlN 涂层的层内元素间不存在化学反应。由于 Ar 离子的刻蚀,Cr、Ti 及 Al 的 XPS 窄谱发生了漂移,而这些高价氧化物主要是由于离子轰击过程中系统内的 O 污染所致,只有少量的点阵氧是在沉积过程中形成的。相比于图 5-13 中的 XPS 谱,CrTiAlN 涂层的桥接层除了金属键外,仍然有少量的氮化物,包括 CrN、AlN 及 TiN 相,如图 5-14 所示。Si(99.5eV±0.4eV)表面未见 SiO$_2$ 出现,可能单晶硅表面少量的 O 被界面上的 Al、Ti 和 Cr 原子稀释,形成 M—O 键。这些氮化物不属于在反应沉积过程中形成的,而是在沉积初期

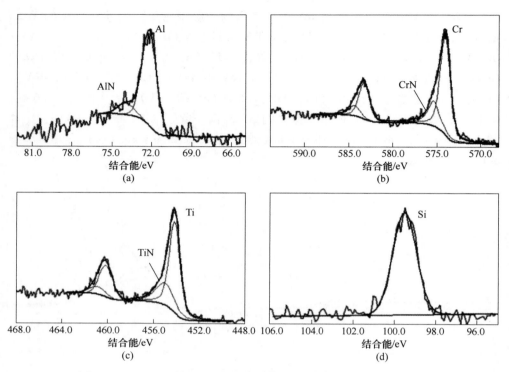

图 5-14　CrTiAlN 涂层的黏结层-Si 衬底之间的界面化学态结构特性

（a）Al 2p；（b）Cr 2p；（c）Ti 2p；（d）Si

时，在对靶表面和衬底表面溅射清洗时，靶表面的氮化物没有完全的溅射掉，而又沉积到衬底表面形成的。这更进一步证实 CrTiAlN 涂层的层间元素没有化学反应，涂层与衬底或层内之间的界面均属于物理界面。

　　CrTiAlN 涂层沉积在 AZ31 镁合金衬底表面则有所不同。界面的 XPS 谱分析结果显示，Cr、Ti 及 Al 元素的 XPS 谱峰结构和沉积在 Si 衬底表面的各元素化学态结构是一致的。O 1s 谱峰中不仅有 M—O 键，还有 M$_2$O$_3$（530.4eV）键，如图 5-15（a）所示。同时，O 在表面的原子浓度也高于在 Si 界面的。图 5-15（b）为 Mg 1s 谱，从图中可以看出 Mg 1s 包含三个峰，依次对应于 Mg（1303.44eV）、MgO（1304.82eV）及镁合金固溶体（1301.8eV）。这些氧化物为沉积初期衬底表面未溅射掉的，在 Si 衬底的界面几乎没有。大量的金属原子沉积到衬底表面，会夺取或稀释与衬底结合的氧，形成不同化合价的氧化物。由于界面的 Al 原子与 Mg 具有较好的互溶性，也会形成一些镁铝新相结构。这些分析说明 CrTiAlN 涂层沉积在镁合金表面包含有复杂的化学键结构。

　　5.2.1.2　界面的截面形貌分析

　　图 5-16～图 5-19 为场发射扫描透射电镜所分析的 CrTiAlN 涂层的桥接层的截

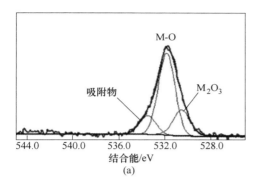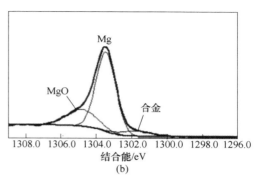

图 5-15 CrTiAlN 桥接层-Mg 合金衬底之间的界面化学态结构特性

(a) O 1s; (b) Mg 1s

面形貌特征。从图 5-16 中可以看到，沉积在 Si 衬底上的桥接层具有清晰、平直的层间界面，而沉积在镁合金衬底上的桥接层层间的界面较为模糊，造成这种现象既有衬底材料的影响，也有晶体组织结构的影响。比较桥接层的调制周期可以发现，沉积在镁合金衬底上的桥接层的调制周期长度相对于沉积在 Si 衬底上的桥接层的调制周期长度来说更长，这说明沉积速度受到衬底材料和点阵结构的影响。通过层和层间界面可以判断出，沉积在镁合金表面的 CrTiAlN 涂层中的位错和缺陷密度远高于沉积在 Si 衬底表面的涂层。

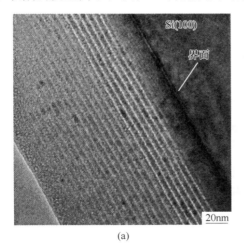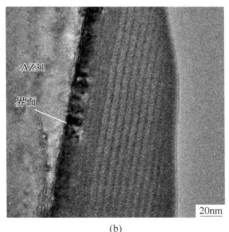

图 5-16 CrTiAlN 涂层的桥接层

(a) 衬底为 Si(100); (b) 衬底为镁合金

图 5-17 (a) 和 (b) 分别为 CrTiAlN 涂层在 Si(100) 和镁合金衬底上的界面截面形貌特征。从图中可以看出，沉积在 Si(100) 衬底表面的桥接层具有清晰

的外延界面；而沉积在镁合金表面的桥接层的界面较为弯曲，衬底的晶格结构显示为多晶特征，桥接层结构显示为微晶或非晶特征。沉积在 Si 衬底表面上的桥接层有一个宽度约为 8nm 的 Al 层界面，并掺杂有少量的 Ti 和 Cr 原子。距离 Si 衬底的界面越远，界面就越不清晰，说明层内和层间的位错和缺陷就越多，这是点阵失配传递的结果。Al 层之后是非晶态层或者 XRD 非晶态，内部有大量的缺陷和晶界。同样，对于沉积在镁合金表面的桥接层也是如此，其局部区域显示外延的生长，而外延晶粒的周围包围的却是微晶或 XRD 非晶态，这些从图 5-17（b）中可以看出。

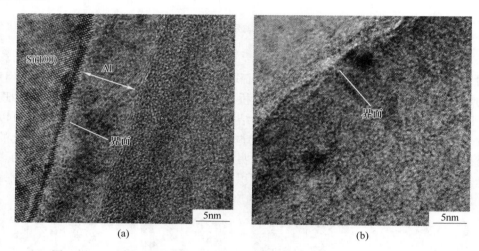

图 5-17　CrTiAlN 涂层在 Si（100）（a）和镁合金衬底（b）上的结合界面

图 5-18 为 CrTiAlN 涂层在 Si（100）衬底上不同区域的生长结构界面特征，其中图 5-18（a）为微晶或非晶-晶体界面，（b）为非共格界面。图 5-18（a）中的区域 1 为一个 5nm 左右的金属晶粒，推测小晶粒的形成有三种可能：（1）为沉积初期的液滴，尽管沉积初期的靶电流非常小（只有 0.3A）；（2）为局部区域的扩散所致；（3）可能是相内的外延生长所致，克服了 Cr 和 Ti 薄层的交替调制。区域 2 为 2nm 左右的桥接区，点阵排列为排列紊乱的微晶或 XRD 非晶态，主要是点阵失配和微观应力造成的原因。fcc 结构的 Al 属于 $Fm3m$ 点群，点阵常数为 0.4049nm；而 Si 的结构则属于 $F\overline{4}3m$ 点群，点阵常数为 0.5392nm，再加上少量的 Cr 和钛原子，界面区域会有大量的缺陷产生。图 5-18（a）与（b）两个不同区域的界面比较起来，（b）图显示的点阵排列要整齐得多，并且桥接界面宽度也宽，如图 5-18（b）中的箭头所示，显然（b）图受到的界面错配应力要大。

图 5-19 为 CrTiAlN 涂层的桥接层内的结构特征。比较图 5-19（a）和（b）

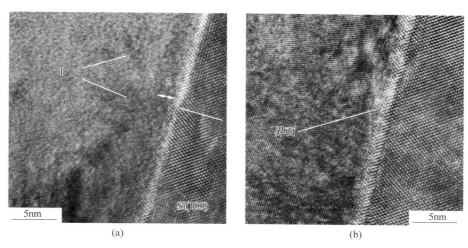

图 5-18 CrTiAlN 涂层在 Si(100) 衬底上的界面

（a）XRD 非晶-晶体界面；（b）非共格界面

可以发现层间结构显著的不同。桥接层的周期结构为 Cr/Ti/Cr/Al，沉积在 Si 衬底表面的桥接层周期内的层间可以看到外延晶格条纹出现，而沉积在镁合金衬底上的桥接层内则看不到。还可以看到，沉积在 Si 衬底表面的桥接层有相对较为清晰的界面，而沉积在镁合金衬底上的桥接层完全看不到这种清晰的界面，层内多出现颗粒状的微晶或超微晶。这说明沉积在 Si 衬底表面的桥接层具有明显的外延生长特性，而沉积在镁合金衬底上的桥接层则显示为更粗化的生长界面。主要是周期内的

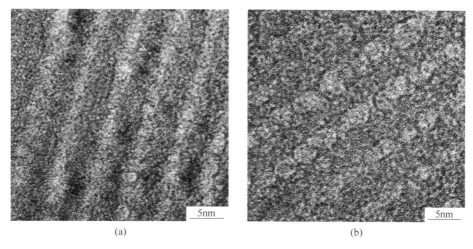

图 5-19 在不同衬底上的 CrTiAlN 涂层的桥接层调制结构

（a）Si(100)；（b）AZ31 镁合金

点阵失配等造成的微观应力所致，这种生长也可以认为属于非稳态扰动生长。

5.2.1.3　衬底对表面形貌的影响

图 5-20（a）和（b）为分别沉积在 AZ31 镁合金和 Si(100) 衬底上的 CrTiAlN 涂层的表面形貌，从图中可以看出表面形貌的显著不同，其中 Si(100) 衬底的表面较为平坦，而 AZ31 镁合金的衬底较为粗糙。结合图 5-20，衬底对 CrTiAlN 涂层的影响起源于界面，并传递到涂层的表面。关于衬底的表面形貌，吸附原子的扩散距离（约 $2(Dt)^{1/2}$（其中，D 是扩散系数，t 是时间））对表面粗糙度的特征长度的比值是一个决定性的因素。同扩散长度有关的较大的表面移动使得吸附原子更易于形成低界面能取向。Murphy 和 Rodbell 研究表明，尽管沉积在 SiO_2 表面的 Ti 膜的极图同时表现为（0002）的织构取向，但是沉积在粗糙的表面上的 Ti 膜仍有少部分晶粒表现为其他方向的取向。这说明薄膜的表面形貌和结构取向受表面粗糙度的影响。

图 5-20　衬底对 CrTiAlN 涂层表面形貌的影响

（a）衬底为 AZ31 镁合金；（b）衬底为 Si(100)

5.2.1.4　CrTiAlN 涂层的摩擦学特性

CrTiAlN 涂层与高速钢（HSS）、不锈钢（SS）及 AZ31 镁合金等几种材料的磨损性能分别采用光学显微镜和球痕仪来描述。图 5-21 和图 5-22 分别为载荷 2N 时的磨损轨道和磨损率柱状图。在光学显微镜下可以看到所有的 WC-Co6% 实验摩擦球面上均有磨损，并有大量的磨损颗粒黏附于球面上。而在擦拭以后，磨损镁合金的球面上仍然有大量的磨损颗粒黏附在球面上，表明磨损过程中可能出现了化学磨损，如图 5-21 所示。比较几种材料的磨损可以发现，镁合金的抗磨损能力较差。在 CrTiAlN 涂层上磨损过的球面的磨损非常小，这是因为材料表面的硬度和摩擦系数得到了改善。从对应的标准磨损率柱状图（见图 5-22）分析结果来看，AZ31 镁合金的标准磨损率 SWR 达到 1055×10^{-15} m^3/(N·m)，而 CrTiAlN 涂层的 SWR 仅仅是 HSS 的 1/10。

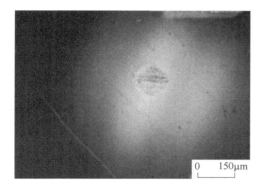
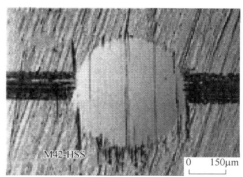
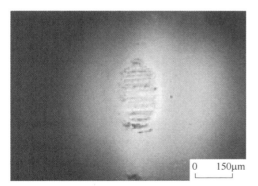
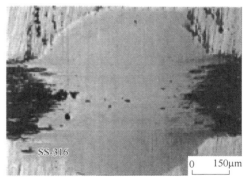
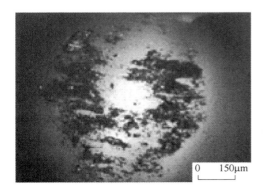
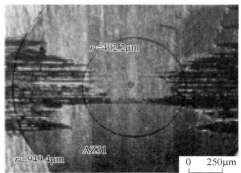

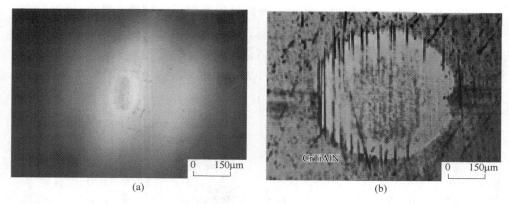

图 5-21   HSS、SS、镁合金及镁合金上的 CrTiAlN 涂层的磨损轨道

（a）球面；（b）磨坑

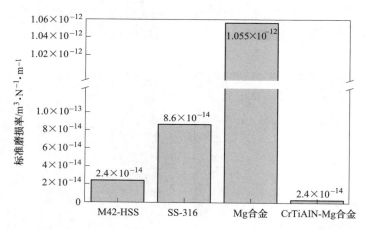

图 5-22   在镁合金上的 CrTiAlN 涂层、M42-HSS、SS-316 及 AZ31 镁合金的标准磨损率

　　溅射沉积的涂层，其生长结构与性能受衬底的组织结构和材料性质的影响，CrTiAlN 多层涂层沉积在 Si(100) 和镁合金两种衬底上的结构差异就显示了衬底对涂层的影响。尽管 CrTiAlN 多层涂层内部的结构差异有相内粗化的因素，但根源还是在于衬底的取向、粗糙度、衬底的晶界及衬底表面自由能。从图 5-18 中的透射电镜界面可以看出，CrTiAlN/Si(100) 间的界面远比 CrTiAlN/Mg 合金的表面平整。沉积在 Si 衬底上的 CrTiAlN 多层涂层有较齐整的界面，这归因于衬底表面平滑的单晶界面；而在镁合金衬底上 CrTiAlN 涂层的界面则显得较为紊乱而没有清晰的界面，这与表面较大的起伏有关。同时界面能与薄膜和衬底的性质有关，受此影响，初期形核的浸润角会有差异，进而影响到界面的点阵排列。涂层内部的紊乱结构会直接传递到表面，形成不同的表面结构，CrTiAlN 多层涂层沉

积在镁合金上，摩擦与磨损性能有一个质的飞跃，适合于合金或钢作为摩擦副的关键应用环境，对于镁合金在发动机或航天领域的应用具有积极的意义。

5.2.2　N₂ 水平对镀层的影响

5.2.2.1　实验过程

一系列的 CrTiAlN 涂层沉积在 AZ31-Mg 合金上，沉积系统采用小型工业化的 450 型非平衡磁控溅射离子镀。涂层的调制周期（Λ）通过靶电流密度和样品架转速控制，样品架转速为 4r/min。涂层中金属元素的相对浓度采用每个靶的相对靶电流密度控制，沉积温度为 453~473K。

对所沉积的系列 CrTiAlN 涂层首先进行拉伤分析，然后依次进行厚度、摩擦磨损及硬度等的分析。在大多数情况下与沉积在钢衬底上的同样的涂层相比，检测硬度和摩擦等特性时，镁合金并不能提供充分的载荷支撑，因此需要采用更轻的载荷分析硬度等特性。划痕测试采用约 10N 的可变载荷。摩擦磨损试验机采用多道双向检测，总滑动距离和线速度分别为 4mm 和 150mm/min。显微硬度测试采用维氏超显微硬度压头压入，5mN 的压头以稳定的速度在 20 步压入，并以相同的步骤减载。

这组样品在不同的 N₂ 水平条件下沉积，主要讨论 N 原子浓度对 CrTiAlN 涂层的力学性能、微观结构与摩擦学特性之间的关系，并与未涂层的 SS-316、HSS 及 AZ31 镁合金比较磨损率。检测的涂层总厚度见表 5-1，涂层的总厚度控制在 1.8~2.3μm。尽管 CrN 基和 TiN 基的涂层应用在 HSS 上具有优良的结合性能，但是大量的金属 Cr 和 Ti 会导致 CrTiAlN 涂层与镁合金界面的结合特性。为了改善界面的结合特性，需要大量增加桥接层中的 Al 含量。首先 Al 靶增加到正常功率，然后 Cr 和 Ti 靶相继增加到正常的沉积功率。

表 5-1　CrTiAlN 涂层的沉积参数、厚度、硬度及原子浓度

N₂ 水平	OEM	V_b/V	Λ/nm	h/μm	H_p/GPa	$E°$/GPa	$H_p/E°$	原子浓度/%			
								x_{Cr}	x_{Ti}	x_{Al}	x_N
低	75%	−60	5	1.80	14.64	104	0.1408	26.13	12.08	26.62	35.17
中	65%	−60	2.7	1.92	17.20	115	0.1496	26.96	10.33	19.87	42.84
高	55%	−60	1.6	2.13	14.83	108	0.1373	25.66	8.93	16.7	48.70
中	65%	−55		2.3	22.16	154	0.1439				

注：OEM 为控制氮气浓度的光谱强度；V_b 为偏压；Λ 为一个四层交替材料厚度的调制波长；h 为镀层的总厚度；H_p 为镀层的显微硬度；$E°$ 为镀层的杨氏模量。

5.2.2.2　成分分析

CrTiAlN 涂层中相对成分的浓度见表 5-1，N 原子的相对浓度（x_N）随着 N₂

水平的增加而增加，而金属原子的相对浓度（x_{Me}）呈现相反的变化，其中 Al 原子的相对浓度（x_{Al}）变化较大，Cr 原子的（x_{Cr}）变化较小。由 XPS 所分析的成分含有 1%~3% 的 O 原子，但是 XEDS 没有探测到 O 原子的存在。可能是由于涂层中 O 原子的分布不均匀，在分析过程中少量的吸附 O 或背景 O 可能会导致化学键的漂移。在沉积过程中少量的 O 原子溶解在点阵结构中。

5. 2. 2. 3　化学态分析

CrTiAlN 涂层的化学态结构采用 XPS 分析，拟合的结果如图 5-23 ~ 图 5-25 所示。拟合的 C 1s 谱显示，有 4 个峰出现，依次是碳化物（283.21eV）、C—C 或 C—H（可作为参考结合能，285eV）、C—O—（286.69eV、288.85eV）及—C =O（288.85eV），如图 5-23（a）所示。同时发现在 x_N = 35.2% 和 x_N = 42.84% 时的 C—C 键的结合能分别为 285.4eV 和 285.2eV，可见 C—C 键的结合能随着 N 原子浓度的增加而减小。

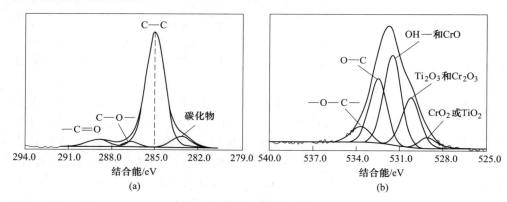

图 5-23　CrTiAlN 涂层表面的 XPS 谱（x_N = 48.7%）

（a）C 1s；（b）O 1s

在 O 1s 谱中，CrTiAlN 涂层的表面有 M_2O_3（包括 Cr_2O_3、Ti_2O_3）及 MO，同时也有吸附有机氧（532.46eV 和 533.6eV），而最主要的峰为 M—O 键（CrO 和 TiO：531.4eV）和氢氧化物，如图 5-23（b）所示。说明室温条件下，CrTiAlN 涂层的表面形成一层薄的污染氧化层。而在刻蚀 5min 后，O 1s 谱仅有 M—O 或氢氧化物存在，如图 5-24 所示。说明这是在沉积过程中溶入到点阵中的 O，其存在状态为 CrO 和 TiO 等。

从去卷积拟合的 N 1s 谱峰可以看出，CrTiAlN 涂层中的 N 元素主要存在三种化学键结构，涉及的氮化物化学态包括 MN（CrN、TiN 及 AlN：397eV±0.4eV）、M_2N（Cr_2N：397.4eV±0.4eV）及氮氧化物（398.3eV±0.4eV），如图 5-25（a）所示。在 x_N = 48.7% 时，AlN 中的 N 1s 向下漂移 0.2eV；而 x_N = 35.2% 时，AlN 中的 N 1s 向上漂移大约 0.6eV。位于 399eV±0.4eV 和 400eV±0.4eV 的峰应分配给

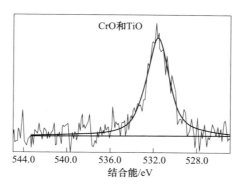

图 5-24　CrTiAlN 涂层在刻蚀 5min 后的 O 1s 谱

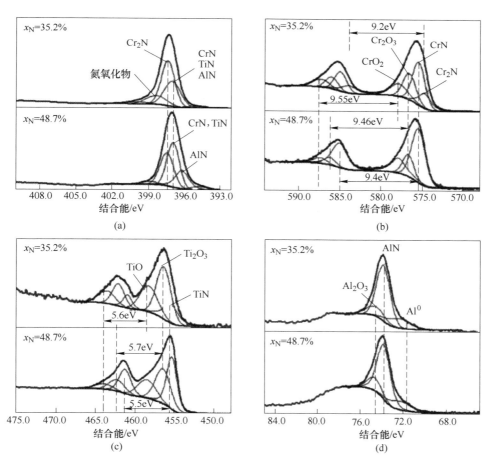

图 5-25　不同 N 原子浓度的 CrTiAlN 涂层的 XPS 谱 （$V_b = -60$）

（a）N 1s；（b）Cr 2p；（c）Ti 2p；（d）Al 2p

N—O 键，而位于 395eV 的峰不能确定。比较这两组 N 1s 谱发现，N(Ⅲ) 离子增加了，显示在高 N 浓度时的 CrTiAlN 涂层的离子性明显增强。

在去卷积计算的 Cr 2p 谱中可以看到 4 组峰存在，涉及的化学态为 $Cr_2N(2p^1$ 和 $2p^3$ 分别为 574.64eV 和 583.8eV)、CrN(575.4eV 和 584.9eV)、Cr_2O_3 和 CrO_x(576.51eV 和 585.97eV)，如图 5-25（b）所示。在 $2p^1$ 和 $2p^3$ 之间的结合能差依次为 9.2eV、9.4eV、9.46eV 及 9.6eV。在高 N 浓度条件下 Cr_2N 没有出现，氧化物的面积比减小。拟合计算的 Ti 2p 显示 3 种物质存在，依次为 TiN（$2p^1$ 和 $2p^3$ 分别为 455.47eV 和 461eV)、Ti_2O_3(456.43eV 和 462.11eV) 及 TiO(458.3eV 和 463.9eV)，如图 5-25（c）所示。在 Ti $2p^1$ 和 $2p^3$ 之间的结合能差依次为 5.5eV 及 5.6eV。随着 N 浓度的增加，Ti 2p 向下漂移了 0.2eV。同时在 TiN 中的 Ti 2p 强度增加了，计算显示面积比从 22% 增加到 41%。经过拟合的 Al 2p 谱有两种化合态存在，依次为 AlN(73.8eV) 和金属 Al^0(72.3eV)，如图 5-25（d）所示[195-197]。计算表明，金属 Al^0 的含量是减小的，而 AlN 的含量是增加的。

比较 Ti 2p 谱和 Cr 2p 谱，同样有大量的氧化物出现，但没有金属态存在；而仅仅在 Al 2p 谱中存在金属态，却只有少量的氧化物出现，表明 Al 的抗氧化阻力远远高于 Ti 和 Cr。在室温条件下，MN 被氧化是非常困难的，但混合在氮化物中间的金属态微晶由于空气中的高 O_2 分压却相当容易被氧化。结果表明，在磁控溅射条件下 Al 与 N 的反应性要远远高于 Ti 和 Cr。尽管 Ti 元素的相对浓度低于 Cr 和 Al 的浓度，但是仅仅少量的 TiN 出现，表明涂层中的钛原子与 N 反应的量是最少的。由于涂层顶部的微晶具有较高的反应性，在 Cr、Ti 及 Al 周围许多的空位被 O 原子占据，形成 Cr—O、Ti—O 和 Al—O 键。临近 M—O 键的 N 原子受影响首先被 O 原子取代，进而形成 M_2O_3(Cr_2O_3、Ti_2O_3 及 Al_2O_3)。比较 CrTiAlN 涂层在 453K 时的吉布斯生成自由能 (ΔG_{180})，$\Delta G_{CrN} = -24.6kcal/mol < \Delta G_{AlN} = -50.69kcal/mol < \Delta G_{TiN} = -76.25kcal/mol$ (1cal = 4.184J)，显示 TiN 的生成最容易，但实际上并非如此。这 3 种元素的反应性遵守下面的反应顺序：TiN < CrN < AlN。根据 Cr 2p 和 Ti 2p 谱，M_2O_3 和 MO_2 出现，CrTiAlN 涂层的抗氧化阻力在高 N 浓度水平时要高于在低 N 浓度水平时。

由于复杂化合物的形成，氮化物和氧化物的化学键特性同时涉及共价键、离子键及金属键的贡献。涉及的氮化物和氧化物的价带谱的结构特性已经在有关文献中报道[198]，CrTiAlN 涂层的价带谱包含 M 3d(1.3~1.5eV)、O 2s(23eV)、N 2s(16.6~16.8eV) 及强烈的杂化峰（5~7eV），这个杂化峰对应于 N 2p-3d 和 O 2p-3d。与未氧化的 CrTiAlN 涂层的价带谱比较，这个杂化峰由于氧化物的出现被宽化，如图 5-26 所示。计算的费米能 E_F 出现向上 0.3~0.4eV 的漂移，当 N 浓度增加到 48.7% 时起源于费米能的 3d 值向下漂移 0.2eV。

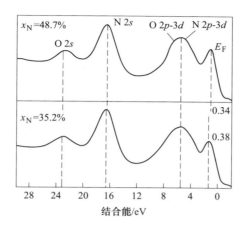

图 5-26 不同 N 浓度水平的 CrTiAlN 涂层的价带谱

5.2.2.4 界面与形貌的分析

CrTiAlN 涂层的桥接层的截面形貌如图 5-27（a）所示，为多层的 Cr/Ti/Cr/Al 调制结构。与镁合金的结合界面如图 5-27（b）所示，对应于图 5-27（a）中的区域 1。可以看出，桥接层在镁合金衬底表面提供了良好的结合特性。桥接层的调制周期也可以从图中直接量出，$\varLambda = 5.5nm$。桥接层与衬底之间的元素分布如图 5-28 所示，线扫描区域对应于图 5-27（a）中的区域 2。桥接层中 Al 元素的强度较高，而 Cr 元素的强度较低，这个结果暗示涂层中的元素浓度含量。桥接层中各元素的

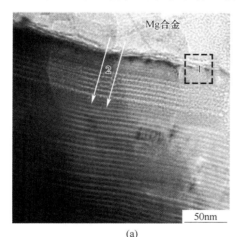

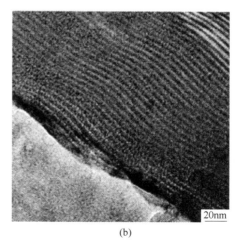

(a)   (b)

图 5-27 CrTiAlN 涂层在高 N 浓度水平的 TEM 桥接层界面

（a）结合层；（b）结合界面

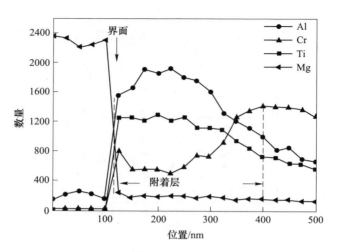

图 5-28   XEDS 线扫描分析的界面与衬底的元素分布

强度都减小说明 N 元素浓度在增加，说明开始进入过渡层，因此桥接层的厚度大约为 300nm。在桥接层与衬底之间的元素浓度分布曲线变化较陡，显示桥接层元素扩散到衬底内的距离很短，这与 XPS 分析的成分分布有较大的差距。

　　具有不同 N 浓度水平的 CrTiAlN 涂层的界面形貌如图 5-29 所示，CrTiAlN 涂层中的调制周期包含 $CrN_x/TiN_x/CrN_x/AlN_x$。直接测量显示，当从低 N 浓度水平增加到高 N 浓度水平时，Λ 也从 5nm 减小到 1.6nm（见表 5-1）。说明在固定样品架转速情况下调制周期随着 N 原子浓度水平的增加而减小，这主要是因为沉积速度的减小。同时，层内的晶粒也会相应减小，即使是在低 N 浓度水平情况下平均晶粒也会小于 1nm。但是 TEM 分析显示，在局部区域会有超过 10nm 的晶粒存在，说明存在局部外延或在沉积过程中有较大的液滴出现。

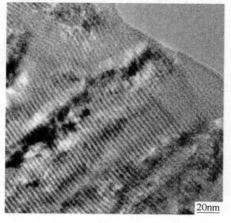

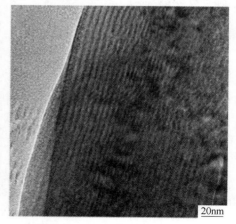

(a)   (b)

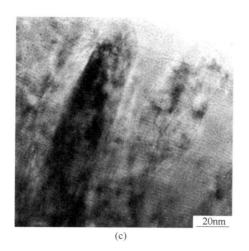

(c)

图 5-29 不同 N 浓度水平的 CrTiAlN 涂层的 TEM 形貌

（a）$x_N = 35.2\%$；（b）$x_N = 42.8\%$；（c）$x_N = 48.7\%$

场发射扫描电镜分析的 CrTiAlN 涂层的表面和断面形貌如图 5-30 所示，显示 N 浓度水平对形貌的影响。从图中可以看出，随着 N 浓度水平的增加，CrTiAlN 涂层的表面形貌逐渐从成排的菜花头状转变为颗粒状。相应的断面形貌显示在低 N 浓度水平时生长结构为密集的纤维状结构，而在高 N 浓度水平时生长结构转变为柱状生长，类似于 CrN_x 涂层的生长结构。随着 N 原子浓度水平的增加，涂层的密度也相应增加，这主要是因为增加的轰击离子流密度和间隙相结构是涂层密度。CrTiAlN 涂层的断面形貌结构的演化类似于沉积在 AISI-SS-316 衬底上的 CrN_x 涂层的结构演化特征，这种表面形貌的特征演化主要是因为 N 原子浓度的偏析所致，同样，与此相应的化学态和相分布也是不均匀的。

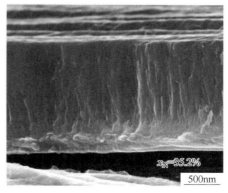

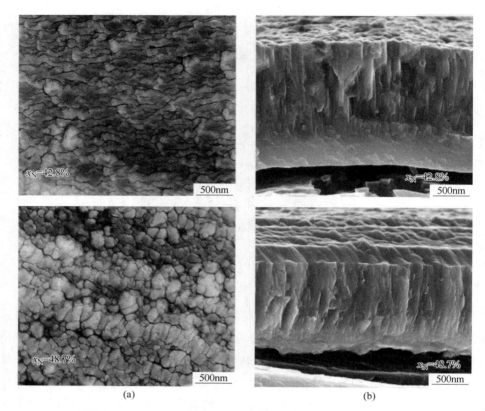

图 5-30　CrTiAlN 涂层的 FESEM 表面形貌（a）和断面形貌（b）

（$V_b = -60V$）

5.2.2.5　结合与磨损性能

划痕测试显示临界载荷（L_c）的变化，随着 N 浓度水平的增加，临界值 L_c 增加到 7.8N，如图 5-31 所示。结果表明，N 原子浓度水平直接影响涂层与衬底之间

图 5-31　不同 N 浓度水平的 CrTiAlN 涂层的划痕测试

（$V_b = -60V$）

（a）$x_N = 35.2\%$；（b）$x_N = 42.8\%$；（c）$x_N = 48.7\%$

的结合性能，这个结果暗示涂层的结合力变化归因于涂层的成分结构、残余应力及界面结构等。此外离子流轰击也是影响结合力的一个因素，系统中 N_2 浓度的增加，直接导致靶电压上升（Al 靶除外），从而增加了轰击到界面的离子流。

CrTiAlN 涂层的磨损测试如图 5-32 所示，WC-Co6% 球经过 $N_c = 1000$ 次（N_c 为滑动循环次数）的滑动磨损循环后再采用球痕仪打坑。从图中可以看到，磨损轨道的深度和宽度随着 N 原子浓度的增加而减小。经分析，这是 CrTiAlN 涂层的硬度和耐磨性能增加的原因，其根本原因在于涂层中 N 原子浓度、化学键结构和调制周期的变化。WC-Co6% 的球面上的磨损面积在低 N 原子浓度时最大，而在高 N 原子浓度时最小。球面上的磨损与接触面积和摩擦力有关，低水平时磨损严重是因为 CrTiAlN 涂层的表面粗糙和摩擦力大。

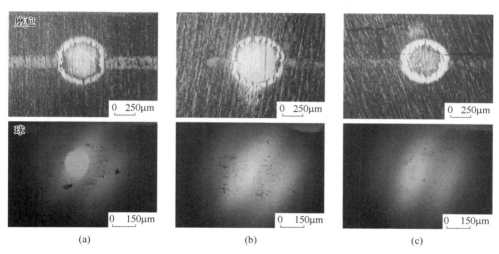

图 5-32　CrTiAlN 涂层的磨损和 WC-Co6% 球面的磨疤
（$N_c = 1000$ 和 $V_b = -60V$）
（a）$x_N = 35.2\%$；（b）$x_N = 42.8\%$；（c）$x_N = 48.7\%$

图 5-33 为 $N_c = 10000$ 次条件下的滑动循环磨损。从图中可以看出，在低 N 水平和高 N 水平时的磨损轨道较宽，轨道的两边有大量的粉末状磨屑；与磨损轨道相对应的球-1 的表面也存在大量的磨屑，但在经过擦拭后的球-2 的表面仍然存在磨屑，仅在中 N 浓度涂层磨损的球面有少量的磨屑，同时尽管球-1 表面上也有一些，但在经过擦拭后基本看不到剩余磨屑的存在。涂层与 WC-Co6% 球面均有明显的磨损，主要原因是这两种情况下的涂层和球面磨损严重。这些磨屑有涂层的成分也有 WC-Co6% 球的成分，同时还含有涂层与球成分的氧化物，这些氧化物在磨损过程中生成，包括 Cr_2O_3、Ti_2O_3、TiO_2 和不同结构的 Al_2O_3。此外，还有少量的 W 和 Co 出现，但未发生氧化。在球面上存在擦拭不掉的黑斑可能是发生了黏着磨损，或者说是在磨损过程中在球面上产生了新的物质。

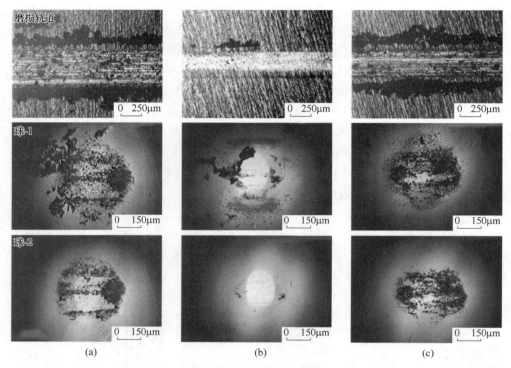

图 5-33　CrTiAlN 涂层的磨损轨道和 WC-Co6% 球面的磨疤

($N_c = 10000$ 和 $V_b = -60V$)

(a) $x_N = 35.2\%$；(b) $x_N = 42.8\%$；(c) $x_N = 48.7\%$

5.2.2.6　力学性能

在 CrTiAlN 涂层中的 N 原子相对浓度直接影响涂层的力学性能，涂层的显微硬度 H_p 和有效杨氏模量值 $E°$ 随着 N 原子浓度的增加而增加（见表 5-1）。当偏压在 -55V 时，在 $x_N = 42.8\%$ 时的 H_p 达到 22.16GPa。显微硬度的变化有以下几个原因：N 原子的溶入使涂层产生固溶体强化；过量的离子轰击导致涂层密度增加，应变硬化和高缺陷密度使涂层硬度增加；随着超点阵周期 Λ 的减小，涂层硬度增加，在达到饱和值以前依赖于界面的宽度，通过层间的位错滑移被剪切模量差所限制，所有的位错滑移都限制在层内。

有效杨氏模量 $E°$ 的变化与涂层的硬度变化是一致的，显微硬度值大约为 $E°$ 的 10%。化学键结构的演化同涂层中的 N 原子浓度有关，对应于涂层中空位浓度的变化。有效杨氏模量 $E°$ 作为空位浓度的增长函数，主要是 M—N 键形成及空位浓度减少的结果，因此亚化学比的 CrTiAlN 涂层的 $E°$ 的变化可以通过"空位浓度"来解释。AZ31-Mg 合金的显微硬度 H_p 和有效杨氏模量 $E°$ 分别为 0.986GPa

和 44.1GPa，与沉积在镁合金上的 CrTiAlN 涂层比较起来涂层样品的力学性能明显得到改善。

弹性应变失效（$H_p/E°$）在一些文献中用于评估硬质涂层的抗磨损特性。$H_p/E°$ 值的增加能够促进涂层的韧性和摩擦学特性的改善。$H_p/E°$ 的值可以通过获得的显微硬度及有效杨氏模量来计算。由于 CrTiAlN 涂层沉积工艺参数的优化，显微硬度 H_p 的值增加到 22.16GPa，但摩擦系数仍然低于偏压在 −60V 时的摩擦系数。由于离子键和共价键的键能高，金属键的降低直接导致涂层的力学性能的提升。关于涂层的力学性能和摩擦学特性的改善，化学键的提升是一个重要的原因，同时也有涂层密度、缺陷及晶粒的变化的贡献。

5.2.2.7 摩擦学特性

硬质涂层的摩擦系数取决于涂层的化学成分、结构组成及沉积参数，许多相关的文献已经进行了报道。随着 N 浓度水平的增加，CrTiAlN 涂层的摩擦系数迅速地减小，如图 5-34 所示。超声波信号显示，低 N 水平的摩擦系数曲线在 N_c 为 570 次时出现强烈的噪声信号，说明局部微区在磨损过程中有较大的振动或少量的剥落。而在中 N 水平和高 N 水平条件下未出现噪声异常，说明在 N_c 小于 1000 以内时中 N 浓度和高 N 浓度的摩擦系数较为稳定。摩擦系数的变化也可能是密度的变化及调制周期变化的结果。在低 N 原子浓度水平时较大的摩擦系数可以解释图 5-32 球面上较大的磨损。可见，成分与结构的变化直接影响涂层的摩擦系数。

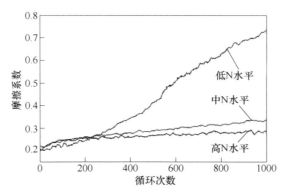

图 5-34 摩擦系数随滑动循环次数的变化

（$V_b = -60V$）

5.3 铝合金基镀层

铝合金表面处理工艺主要有阳极氧化、电镀和粉末涂装等。磁控溅射技术是物理气相沉积技术的一种，沉积的镀层具有膜层均匀、可控程度高、清洁无污染等优点。本节主要讨论铝合金表面沉积硬质膜，并对其工艺进行了讨论，对于扩展铝合金的商业应用有很大意义。

5.3.1　沉积 TiN 硬质膜

实验采用型号为 SP60/50 的磁控溅射离子镀系统，设备主要由真空系统、供气系统、加热系统、冷却水系统及溅射镀膜系统，设备的照片如图 5-35 所示。衬底材料直径为 45mm 的铝合金棒材。采用反应磁控溅射模式，靶材为化合物 TiN。铝合金成分分析见表 5-2。所用溅射靶材 TiN 为近黑色粉末状固体，详细的化学成分见表 5-3。靶基距离约为 14cm，真空仓内的本底真空压强为 1.0×10^{-3} Pa，通入 Ar 工作气体后，溅射压强范围控制在 $0.29 \sim 0.31$Pa 之间。此外，在溅射沉积过程中，还需要补充少量的氮气，以确保达到所需要的镀层成分。

图 5-35　磁控溅射设备图片

表 5-2　铝合金的化学成分

化学成分	Zn	Mg	Cu	Cr	Fe	Si	Mn	Al
含量（质量分数）/%	6.24	2.29	1.41	0.11	0.10	0.10	0.20	余量

表 5-3　TiN 的化学成分

牌号	Ti	N	O	C	Si	Fe	Ca	P	S	FSSS/μm
TiN	≥75	≥18	≤0.8	≤0.05	≤0.05	≤0.05	≤0.1	≤0.02	≤0.05	2.0

TiN 镀层的制备过程如下：对基片的前处理→放样品→抽真空→通入工作气体→预溅射清洗→溅射→冷却→取样放样品→清理靶材。选用 7A04 铝合金棒材切片后作为基体材料，基体经混酸水溶液（0.5% HF + 1.5% HCl + 2.5% HNO$_3$ + 95mL 水）腐蚀后的金相组织如图 5-36 所示。

一般来说，基体表面预处理的好坏与膜基体结合力的强度有直接的关系。选

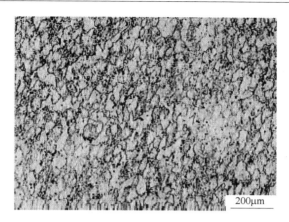

200μm

图 5-36 7A04 铝合金基体的金相组织

用 7A04 作为基体材料，用线切割机切割棒材，制备尺寸规格为 $\phi45mm\times2mm$ 的试样，再将试样细磨、抛光后待用。因基体表面在切割过程中不可避免地附带有乳化剂油脂及其他污垢，经细磨抛光后，虽然除去了表面大部分的污染，但也有可能连带其他杂质。这些杂质会影响薄膜与基体的结合力，因此，后续采用外部清洗和内部清洗消除这些影响[199-200]。外部清洗就是先将基片放入去离子水中，用超声波清洗 20min，再将基片置于乙醇中，用超声波清洗 20min，这样不仅可以清除表面杂质，还能增强基体表面活性，取出后迅速烘干。清洗顺序考察到两种介质的特点，因乙醇更易挥发，所以后用乙醇清洗。经过这两步的前期处理之后，基体表面的灰尘、污渍和油脂就基本被清洁干净。此外，还要对基片进行 15min 的内部清洗，即在正式溅射之前的清洗。具体方法是，在进行外部清洗后，把清洗后干燥的基片放在 SP60/50 型非平衡磁场磁控溅射设备粉末靶 TiN 上，使要清洗的表面朝上，经过抽真空后，开电源时设置较低的溅射功率（200W），时间定为 15min，目的是使粉末以高速率去撞击基片表面以打掉顽固杂质。之后在关闭电源开真空仓后将样品在托盘上固定，再放于托架上正式溅射，此过程应尽可能地短，以保证基片不受二次污染。

在溅射过程中，氩（Ar）被离化成氩离子（Ar^+）后，会形成等离子辉光轰击氮化钛表面，使靶面逸出大量氮化钛原子，氮化钛原子获得动能后飞出靶面，以一定速率飞向基片后变成氮化钛沉积在基片上，从而形成薄膜。在此过程，从靶面逸出氮化钛原子的数量和能量与氩离子（Ar^+）的数量和加速后的能量有很大的关系。具体到控制参数上面，就是氩气流量、总压及功率，它们对薄膜的沉积非常重要。氩气流量通过预溅射摸索后设定为 14mL/min（标准状态），氩气不仅作为工作气体用来轰击靶面以产生氮化钛原子，还起到保护气体的作用。

5.3.2　综合性能分析

对于制备的薄膜进行了综合性能的分析，包括力学性能分析、与基体的结合力测试、表面形貌分析、X 射线衍射、耐腐蚀性测试。

5.3.2.1　力学性能分析

氮化钛涂层很薄，因此选用数显维氏硬度计来进行硬度的测量。在检测硬度时，要注意确保样品的平整度。当底部的压头以一定的负载压入被测物体表面并保荷一定时长后，在表面将会留下一个压痕，但这个压痕会在卸下载荷后靠金属自身的弹性回复而比原来略有缩小。并且当负载较小时，相应的压痕就会很小。所以对同一种样品，不同载荷对最终的硬度值会有影响。针对这种现象，在进行中所有数据都来自同一最小载荷为 2.94N（0.3kgf），加载时间为 10s，用来对比不同试样的硬度值及镀膜前后试样的硬度变化。

图 5-37 分别代表 7A04 铝合金基体上磁控溅射沉积不同厚度的 TiN 镀层硬度值。显然，镀层的硬度高于基片的硬度，但随着溅射时间的增加，TiN 薄膜的硬度也随之降低，这说明镀层的硬度与厚度关系密切。但由于机器工作时，氮化钛以高速撞击基体的表面迫使基体温度逐渐升高，导致基片出现了退火效应。硬度测试所使用的载荷虽然为最小载荷，但要保证压入深度不超过镀层厚度的 10%。由于溅射时间的限制，沉积的膜层很薄，以致完全穿透了薄膜，导致测试的硬度受铝合金基体本身硬度的影响。实际上，采用磁控溅射方法制备的 TiN 薄膜的硬度，会随着溅射时间的延长而升高，前提是基体对所受热温度无较大影响。然而，在对基片进行过热处理后，铝合金基片的硬度基本与原始试样的硬度持平，镀层的硬度高于基片的硬度近 20HV，薄膜含有 Ti$_2$N 相，其稳定性及硬度均优于 TiN。

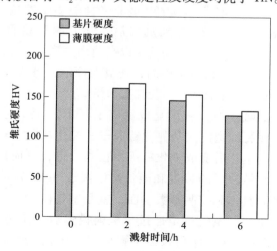

图 5-37　不同溅射时间薄膜与基体硬度变化

5.3.2.2 与基体的结合力测试

采用维氏压痕法来检验薄膜的结合强度,其所带的菱形压头在不同负荷下加载被测试样来实现结合力的测试。样品表面被加载不同的载荷,从低到高,通过观察压痕形貌及其周边的变化来分析各种不同试样的结合强度变化,若压痕为完整菱形且周围无其他异常则可判定膜与基体结合良好,若除压痕外附近还存在开裂等异常情况则结合不好,检测结果见表5-4。在溅射时间为2h和4h时后的TiN薄膜,在3种不同载荷下的压痕形貌都为完整的菱形没有变化,显微观察显示视野范围内所呈现出的就是菱形压头的形貌。这说明薄膜与基体的结合力良好。但在经过6h磁控溅射之后,后两种不同载荷下的压痕周围有接近平行的印记,尤其在重载条件下,通过显微镜观察到压痕的周围有凌乱的印记,印记划纹的产生主要是膜层的破裂所致,这说明溅射6h的TiN薄膜与铝合金基体的结合力一般,主要原因是随着膜层的厚度增加,基体与TiN膜层的塑性变形能力及热膨胀系数相差较大,膜与基体间产生了较强的应力,致使结合强度下降。经过工艺参数的优化,沉积5h的TiN薄膜,显微镜观察显示视野范围内呈现出的形貌为标准菱形(见表5-5)。说明薄膜与基体的结合力良好。

表 5-4 TiN 薄膜在不同溅射时间下的压痕形貌

样品	载 荷		
	2.94N(0.3kgf)	4.9N(0.5kgf)	9.8N(1kgf)
溅射 TiN 2h	完整的菱形压痕	完整的菱形压痕	完整的菱形压痕
溅射 TiN 4h	完整的菱形压痕	完整的菱形压痕	完整的菱形压痕
溅射 TiN 6h	完整的菱形压痕	菱形压痕周围有平行印记	菱形压痕周围有凌乱印记

表 5-5 TiN 薄膜在溅射 5h 下的压痕形貌

样品	载 荷		
	2.94N(0.3kgf)	4.9N(0.5kgf)	9.8N(1kgf)
TiN 5h	完整的菱形压痕	完整的菱形压痕	完整的菱形压痕

5.3.2.3 表面形貌分析

扫描电镜放大10000倍与20000倍得到的TiN薄膜的表面形貌如图5-38所示。图像表明基体表面有少量的划痕和缺陷,造成这种形貌的主要原因可能是基体清洗得不够彻底,残留的少量不规则杂质附着在表面并影响镀层的形貌。放大20000倍的SEM图显示薄膜表面氮化钛的颗粒基本都呈圆形,晶粒大小和分布都比较均匀平整。由此可见,采用非平衡磁控溅射的方法是可以制备出表面均匀的氮化钛薄膜。

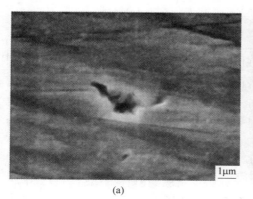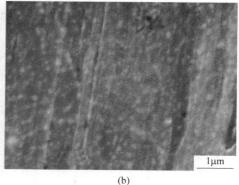

(a)　　　　　　　　　　　　　　　　(b)

图 5-38　氮化钛薄膜的表面形貌

(a)　×10000；(b)　×20000

5.3.2.4　X 射线衍射

获得的 TiN 薄膜 XRD 图如图 5-39 所示，其中图 5-39（b）是图 5-39（a）放大后的 XRD 图。TiN 薄膜的主要相组成是 TiN 和少量的 Ti_2N。图 5-39（a）显示，强峰 2 和 6 均为铝合金基体的峰，其中峰 2 为 Al，峰 6 为 $AlMg_4Zn_{11}$，其晶面指数为（114），峰 1 为 TiN（112）峰，并显示出明显的（200）择优取向晶面。这种具有择优取向的 PVD 镀层形成的主要原因是镀层非常薄和特殊的制备方法。Ti_2N 相是一种钛-氮间隙化合物，钛原子是以密排六方点阵方式排列的，氮原子则在它的间隙位置。在 TiN 结构中，钛原子以面心立方点阵方式排列，氮原子在他的八面体间隙位置，形成典型的 B1-NaCl 结构。

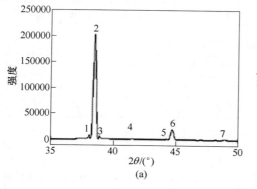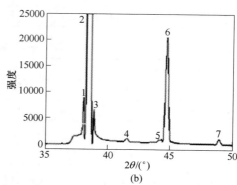

(a)　　　　　　　　　　　　　　　　(b)

图 5-39　TiN 薄膜表面的 XRD 图谱

1—Ti_2N；2—Al；3、4、5—TiN；6—$AlMg_4Zn_{11}$；7—TiN

5.3.2.5　耐腐蚀性测试

图 5-40 给出了铝合金基体及不同热处理方式下试样在 3.5%NaCl 溶液中的阳

极极化曲线图。基体在 3.5%NaCl 溶液中发生全面腐蚀。从图中可以看出，每种试样的极化曲线都有一个明显的钝化区域，在该钝化区域内，电流密度都维持在一个较稳定的状态，并没有随着电位的增加而迅速升高。这是因为在腐蚀刚开始进行时的初期，合金表面存在的致密钝化层对铝合金基体能够起到一定的保护作用，使腐蚀电流很小。但随着电位增加并达到一定程度时，由于氧化膜变薄直至被破坏而失去了原本的保护作用后，此时腐蚀反应速度顿时增加，合金的阳极开始溶解，腐蚀电流逐渐增大，并且在达到某一点时开始在合金的表面发生点蚀。

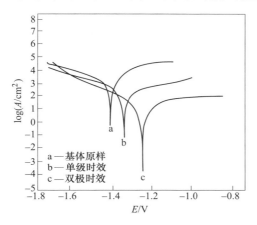

图 5-40 3.5%NaCl 溶液中 Tafel 极化曲线

在 Al 的溶解过程中，溶液中的侵蚀性粒子 Cl^- 是一种对钝化膜最具破坏作用的活性离子，容易在膜与溶液界面上相互作用，它会选择吸附那些铝合金表面活性的位置，比如钝化膜不完整或是铝合金本身材质不太均匀的地方，吸附的 Cl^- 在电场的作用下，穿透钝化膜后，会迁移至金属与膜下的界面，导致膜层的局部变薄、开裂乃至裸露铝的直接溶解。Cl^- 通常都是在铝合金表面上的几个活性较强或敏感的点上开始对钝化膜进行破坏，随时间的延长引起非常严重的局部破坏，Cl^- 会增加 7A04 铝合金电极腐蚀速度的主要原因是由于非稳态点蚀的再钝化过程被抑制了。从图 5-40 中还可以看出，未经任何处理的试样的腐蚀电位最低，为 $-1.436V$；单级时效试样的腐蚀电位居中，为 $-1.342V$；双级时效的腐蚀电位最高，为 $-1.238V$。因此 3 种试样腐蚀电位之间的关系为：E_{corr}（双级）$>E_{corr}$（单级）$>E_{corr}$（原样），从理论上说，铝合金的电位越正，其耐腐蚀性能就越好。

7A04 为 Al-Zn-Mg-Cu 系合金，为了提高铝合金的强度通常采用时效处理的方式，在时效处理中使强化相慢慢析出，在该合金中 η 相（$MgZn_2$）和 S 相（Al_2CuMg）是最主要的析出强化相。当对其进行单级时效时，这些强化相会首先在晶界位置析出，并有可能在晶界处形成无沉淀带。而晶界析出相（η 相）相对于晶界无沉淀带，它的电位更负一些，所以会首先发生腐蚀溶解。点蚀最初在铝合金的第二相颗粒附近开始，通过第二相颗粒之间或与铝合金基体形成电偶对，发生阳极溶解，若此时溶液中有活性离子，则铝合金表面氧化膜的破裂就会被加速，腐蚀也会随之加剧。η 相的阳极优先溶解将会导致晶界腐蚀的出现，进而产生一系列极其严重的后果。当双级时效进行时，前期，在一级时效过程中生成的大量的弥散分布且均匀稳定的 GP 区，在之后的更高温度下进行的二级时效会将这部分不会溶解的 GP 区逐渐转变成过渡相 η 相，最终转变成弥散分布且均匀的平衡相 η 相。一级时效时弥散且均匀分布的 GP 区阻滞了合金的局部脱溶，进而阻碍了晶界附近无沉淀的形成。而 η 相的均匀弥散分布及晶界附近无沉淀带的形成受到阻碍，这就使得晶间腐蚀的电化学动力大大降低，因此直接结果就是使晶间腐蚀的程度较低。综上可知，剥蚀程度可能与晶间腐蚀的程度有密切的关系，会随晶间腐蚀的程度呈正相关变化。

所以，双级时效的耐腐蚀性能最好。单级峰值时效的耐蚀性不如双级时效，有文献指出，7A04 铝合金的耐腐蚀性能的好坏与析出相的形貌相关，随着析出相数量的增加及尺寸的增长，合金的强化效果增强，但是其耐蚀性能就会整体下降。另外 7A04 合金中所含的夹杂对合金的耐腐蚀性能有消极影响。

图 5-41 给出了铝合金基体及不同溅射时间的 TiN 薄膜在 3.5%NaCl 溶液中的阳极极化曲线。3 种不同的溅射时间，无论哪种时间下所制成的 TiN 薄膜，其腐蚀电位都要比铝合金基体（图 5-41 曲线 a）的正，同时腐蚀电流也均低于基体，这表明溶液中的 Cl$^-$ 不容易穿透膜层，磁控溅射制成的 TiN 薄膜对 7A04 铝合金基体有很好的保护作用，TiN 薄膜有效地提高了铝合金基体的耐蚀性。当溅射时间为 6h 时（图 5-41 曲线 b），TiN 薄膜的腐蚀电位比基体正移约 0.6548V，并且腐蚀电流密度有所下降，说明溅射 6h 的薄膜的耐蚀性好于基体，而溅射 2h（图 5-41 曲线 c）的薄膜腐蚀电位比 6h 的电位正移了 0.1544V，同时腐蚀电流又有明显

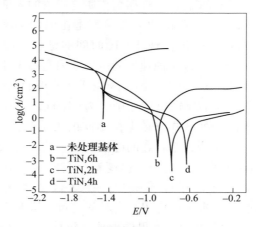

图 5-41　铝合金基体及不同溅射时间的 TiN 薄膜在 3.5%NaCl 溶液中的 Tafel 极化曲线

的下降，这组曲线中耐蚀性最好的就是溅射 4h 的 TiN 薄膜（图 5-41 曲线 d），其耐蚀性较溅射 2h 的电位更正，说明其耐蚀性更好。这几条曲线经分析后表明在 7A04 铝合金表面制成的 TiN 膜的耐腐蚀性一方面受膜厚度的影响，膜越厚则耐蚀性越好，但另一方面当薄膜的厚度超过某一特定值后，耐蚀性不升反降，对结果起到相反作用。结合之前的结合力测试分析，这也许是因为膜表面存在某些微裂纹，溅射 6h 试样膜层的有较大的内应力，膜层表面的微裂纹容易延深并扩展到膜层的内部，才使得溅射 6h 试样膜层的耐蚀性比 2h 和 4h 的试样要差。

从图 5-42 可以看出，图中的 a 曲线为双级处理之后的极化曲线，b 曲线为更改溅射工艺，经热处理后再溅射 5h 的薄膜的极化曲线。曲线 b 的耐蚀性明显好于曲线 a，说明经改善工艺后处理的薄膜耐蚀性大大提高了，而且这个工艺是为保证力学性能的前提下探索出的，所以用这种工艺制备的薄膜不仅硬度高，结合力好而且耐蚀性也好。再将它和溅射 2h、4h、6h 的试样比较，溅射 5h 的薄膜的耐蚀性也最好，TiN 薄膜不仅保护了铝合金基体，而且基体本身所具有的耐蚀性比其他有无热处理的状态都要好。说明经过工艺改善后制成的 TiN 薄膜不仅硬度提高，而且耐蚀性能优良。

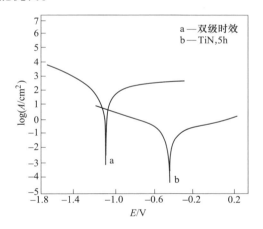

图 5-42　不同处理工艺的 TiN 薄膜在 3.5%NaCl 溶液中的 Tafel 极化曲线

目前磁控溅射技术主要应用于不锈钢和硬质合金等材质的表面处理，而在铝合金等轻质金属中应用得较少，基本处于摸索阶段。但是，随着制造业行动纲领《中国制造 2025》的提出，"绿色制造"成为了现阶段机械制造业的一个研究重点，像磁控溅射这种清洁、高效的加工技术，将会有助于解决现有传统生产工艺中存在的许多弊端。

参 考 文 献

［1］ VETTER J, BARBEZAT G, CRUMMENAUER J, et al. Surface treatment selections for automotive applications ［J］. Surface and Coatings Technology, 2005, 200 (5/6)：1962-1968.

［2］ CHEN F, ZHOU H, YAO B, et al. Corrosion resistance property of the ceramic coating obtained through microarc oxidation on the AZ31 magnesium alloy surfaces ［J］. Surface and Coatings Technology, 2007, 201 (9/10/11)：4905-4908.

［3］ 徐关庆, 高成勇, 赵晓宏, 等. 轻合金及其表面处理技术在发动机上的应用 ［J］. 汽车工艺与材料, 2007 (2)：26-27.

［4］ 轻合金材料——工业文明的基石 ［J］. 材料保护, 2021, 54 (6)：29.

［5］ 胡豪. 轻合金材料的应用及发展 ［J］. 企业技术开发, 2015, 34 (11)：51-52.

［6］ BACH F W, LAARMANN A, WENZ T. Modern surface technology ［M］. Weinheim：WILEY-VCH VeHag GmbH & Co. KGaA, 2006.

［7］ 徐进. 化学材料的表面处理技术分析 ［J］. 中国石油和化工标准与质量, 2021, 41 (19)：191-192.

［8］ 张伟, 杜克勤, 严川伟, 等. 轻合金表面处理技术述评 ［C］//材料腐蚀与控制学术研讨会论文集, 2008：300-305.

［9］ 钱翰城, 李俊. 轻合金表面工程技术述评 ［J］. 特种铸造及有色合金, 2007, 27 (8)：596-599.

［10］ 张发秀, 麦雪清. 论表面处理技术在片式电子元器件制造中的应用 ［J］. 电子元器件与信息技术, 2021, 5 (9)：76-77, 86.

［11］ 朱立群. 表面处理技术与航空航天 ［C］//环渤海表面精饰发展论坛论文集. 2010：133-142.

［12］ 张永强, 赵建宁, 包倪荣. 医用镁合金表面处理的研究与应用 ［J］. 中国组织工程研究, 2018, 22 (22)：3589-3594.

［13］ 王增辉, 卫中领, 李春梅, 等. 镁合金表面处理技术进展 ［J］. 电镀与涂饰, 2010, 29 (8)：32-34, 39.

［14］ BEWILOGUA K, BRÄUER G, DIETZ A, et al. Surface technology for automotive engineering ［J］. CIRP annals, 2009, 58 (2)：608-627.

［15］ 曲军. 镁合金抗腐蚀复合表面处理工艺技术 ［J］. 百科论坛电子杂志, 2018, (10)：493.

［16］ 刘万青. 一种复合氧化技术在铝镁合金表面处理应用中获重大突破 ［J］. 表面工程与再制造, 2022, 22 (5)：65-66.

［17］ 候正全, 蒋斌, 王煜烨, 等. 镁合金新材料及制备加工新技术发展与应用 ［J］. 上海航天 (中英文), 2021, 38 (3)：119-133.

［18］ 雷霆, 李红梅. 钛合金在生物医用领域的应用优势 ［J］. 云南冶金, 2012, 41 (5)：58-61, 64.

［19］ LE GUÉHENNEC L, SOUEIDAN A, LAYROLLE P, et al. Surface treatments of titanium dental implants for rapid osseointegration [J]. Dental Materials, 2007, 23 (7): 844-854.

[20] 朱永明, 屠振密, 李宁, 等. 钛及钛合金环保型转化膜的应用和发展 [J]. 电镀与环保, 2010, 30 (3): 1-3.

[21] 李海先, 安茂忠, 李吉丹, 等. 镁合金环保型阳极氧化工艺进展 [J]. 电镀与环保, 2008, 28 (1): 4-8.

[22] 黄小文, 王梅丰, 李祥, 等. 环保型铝合金化学氧化工艺的研究进展 [J]. 腐蚀与防护, 2022, 43 (8): 75-79.

[23] SARALOĞLU GÜLER E, KARAKAYA İ. Friction reducing composite plating in rocket launchers [J]. International Journal of Engineering Research and Development, 2017, 9 (3): 1-5.

[24] LEISNER P, MØLLER P, FREDENBERG M, et al. Recent progress in pulse reversal plating of copper for electronics applications [J]. Transactions of the IMF, 2013, 85 (1): 40-45.

[25] PARKER M A. Beyond the standard model [J]. Physica Scripta, 2013 (T158): 014015.

[26] LI Y F, ZHAO L M, WANG Z K, et al. Ni-P TiO$_2$ nanoparticle composite formed by chemical plating: Deposition rate and corrosion resistance [J]. International Journal of Electrochemical Science, 2017: 3385-3397.

[27] Metal plating and patination: Cultural, technical and historical developments [M]. Elsevier, 2013.

[28] HAMZA N A, MAJEED A S, JAWD S M. Review on types and methods of electroplating on metals [J]. Power Electronics and Devices, 2021, 7 (1): 44-51.

[29] LINDSAY J H, FENTON M I. The plating industry in world war Ⅱ [J]. Plating & Surface Finishing, 2010.

[30] LANDOLT D. Fundamental aspects of alloy plating [J]. Plating and surface finishing, 2001, 88 (9): 70-79.

[31] MALATHY P. Critical review on alloy plating: A viable alternative to conventional plating [J]. Bulletin of Electrochemistry, 2000, 16 (12): 559-566.

[32] RAJASEKARAN N, MOHAN S. Structure, microstructure and corrosion properties of brush-plated Cu-Ni alloy [J]. Journal of Applied Electrochemistry, 2009, 39 (10): 1911-1916.

[33] 侯荣阶, 王志刚, 王炳申. 浅谈电镀挂具的设计与制作 [J]. 电镀与环保, 2002, 22 (2): 34-36.

[34] 王纪远. 电镀挂具应用与成本控制 [C] //第九届全国电镀与精饰学术年会. 2006: 266-267.

[35] LIU Q, LIU K R, HAN Q, et al. Surface pretreatment of Mg alloys prior to Al electroplating in TMPAC-AlCl$_3$ ionic liquids [J]. Transactions of Nonferrous Metals Society of China, 2011, 21 (9): 2111-2116.

[36] 刘凤芹, 杨昇, 单鹏. 镁合金表面前处理浸锌工艺及电镀铝研究 [J]. 特种铸造及有色合金, 2009, 29 (9): 851-853.

[37] 卢神保, 曾冬铭, 于金刚, 等. 镁合金表面电镀前处理新工艺 [J]. 材料保护, 2009, 42 (10): 40-44.

［38］ 常德华. 铝合金电镀前处理技术探究 ［J］. 冶金与材料, 2022, 42 （1）: 67-68.

［39］ 常德华. 铝及铝合金电镀前的浸锌处理 ［J］. 中国金属通报, 2021 （7）: 82-83.

［40］ MANDICH I N V. Surface preparation of metals prior to plating: Part 1 ［J］. Metal Finishing, 2003, 101 （9）: 8-10.

［41］ WANG X, MAI W, GUAN X, et al. Recent advances of electroplating additives enabling lithium metal anodes to applicable battery techniques ［J］. Energy & Environmental Materials, 2021, 4 （3）: 284-292.

［42］ CHANG Q H, ZHI E H, WU X P, et al. The effect of temperature on the surface chemistry of aluminum alloy P-Ni alloy plating quality ［J］. Advanced Materials Research, 2011, 146: 1655-1658.

［43］ NGUYEN T S, PHAM V N. Study the effect factors on chromium plating on the frictional and wear properties of machine parts ［J］. Journal of Science and Technique, 2022, 17 （1）: 25-35.

［44］ KONG A N G, GONG B K, WANG G, et al. Influence of surface roughness of substrate on the properties of Ni-Co-Fe electrodeposition coating on copper ［J］. Surface Review and Letters, 2018, 25 （8）.

［45］ LI G, JIANG W, GUAN F, et al. Microstructure, mechanical properties and corrosion resistance of A356 aluminum/AZ91d magnesium bimetal prepared by a compound casting combined with a novel Ni-Cu composite interlayer ［J］. Journal of Materials Processing Technology, 2021, 288.

［46］ NGUYEN V P, PARK M S, YIM C D, et al. Electrodeposition of copper on AZ91 Mg alloy in cyanide solution ［J］. Journal of the Korean Institute of Surface Engineering, 2016, 49 （3）: 238-244.

［47］ 李家柱. 氰化物光亮镀铜工艺的研究 ［J］. 电镀与涂饰, 2003, 22 （3）: 35-38.

［48］ WU L, ZHAO J, XIE Y, et al. Progress of electroplating and electroless plating on magnesium alloy ［J］. Transactions of Nonferrous Metals Society of China, 2010, 20: s630-s637.

［49］ REID J. Copper electrodeposition: Principles and recent progress ［J］. Japanese Journal of Applied Physics, 2001, 40 （4S）: 2650.

［50］ CESIULIS H, BERSIROVA O, VALIUNIENE A, et al. Structural and morphological study of silver electrodeposits ［J］. Materials Science, 2004, 10 （2）: 142-146.

［51］ 신병현, 정원섭. 은의 표면 부식 및 변색을 방지하기 위해 설치된 Al 희생양극의 전기화학적 특성에 미치는 황산 농도의 영향 ［J］. 한국표면공학회지, 2021, 54 （1）: 12-17.

［52］ ZHANG H, XUE X. The research progress on corrosion and protection of silver layer ［J］. SN Applied Sciences, 2019, 1 （5）.

［53］ GIURLANI W, ZANGARI G, GAMBINOSSI F, et al. Electroplating for decorative applications: Recent trends in research and development ［J］. Coatings, 2018, 8 （8）: 260.

［54］ PAVLOVIĆ M, TOMIĆ M V, PAVLOVIĆ L. Electroplating of silver onto aluminum and its alloys ［J］. Zaštita Materijala, 2005, 46 （2）: 23-27.

［55］ SALAIE R. Nano enhanced surface modification of titanium dental implants for improving osseointegration and biocompatibility ［D］. Plymouth：University of Plymouth，2018.

［56］ LIU A，REN X，AN M，et al. A combined theoretical and experimental study for silver electroplating ［J］. Scientific Reports，2014，4：3837.

［57］ CHEN L，JING H Y，XU L Y，et al. Study on non-cyanide silver electroplating with copper substrate ［J］. Advanced Materials Research，2012，472-475：2936-2939.

［58］ LUNK H J. Discovery，properties and applications of chromium and its compounds ［J］. ChemTexts，2015，1（1）：1-17.

［59］ WANG S，MA C，WALSH F C. Alternative tribological coatings to electrodeposited hard chromium：A critical review ［J］. Transactions of the IMF，2020，98（4）：173-185.

［60］ САЛАХОВА Р К，ТИХООбРАЗОВ А Б，НАЗАРКИН Р М. Получение положительного градиента микротвердости как способ повышения адгезии электролитических хромовых покрытий ［J］. Труды ВИАМ，2018，3（63）：77-85.

［61］ ZENG Z，WANG L，CHEN L，et al. The correlation between the hardness and tribological behaviour of electroplated chromium coatings sliding against ceramic and steel counterparts ［J］. Surface and Coatings Technology，2006，201（6）：2282-2288.

［62］ SVENSON E. Durachrome hard chromium plating ［J］. Surface Finishing Technology，2006：22.

［63］ SNYDER D L. Decorative chromium plating ［J］. Metal Finishing，2000，98（1）：215-222.

［64］ PROTSENKO V S，DANILOV F I. Chromium electroplating from trivalent chromium baths as an environmentally friendly alternative to hazardous hexavalent chromium baths：Comparative study on advantages and disadvantages ［J］. Clean Technologies and Environmental Policy，2014，16（6）：1201-1206.

［65］ KIR H，APAY S. Effect of hard chrome plating parameters on the wear resistance of low carbon steel ［J］. Materials Testing，2019，61（11）：1082-1086.

［66］ SATHISH T. Experimental investigation on degradation of heat transfer properties of a black chromium-coated aluminium surface solar collector tube ［J］. International Journal of Ambient Energy，2018，41（7）：754-758.

［67］ WANG J，GABE D R，HART A C，et al. The chemistry of nickel electroplating solutions ［J］. Transactions of the IMF，2013，91（1）：4-10.

［68］ VANDEN BERG R V. Electroplating aluminium alloys ［J］. Transactions of the IMF，2017，45（1）：161-173.

［69］ DI BARI G A. Electrodeposition of nickel ［J］. Modern Electroplating，2000，5：79-114.

［70］ ZHOU Y R，ZHANG S，NIE L L，et al. Electrodeposition and corrosion resistance of Ni-P-TiN composite coating on AZ91d magnesium alloy ［J］. Transactions of Nonferrous Metals Society of China，2016，26（11）：2976-2987.

［71］ DENNIS J K，SUCH T E. Nickel and chromium plating ［M］. Elsevier，1993.

［72］ HORVICK E W. Zinc in the world of electroplating ［J］. Plating and Surface Finishing，2006，93（6）：42-48.

［73］ SCHNEIDER S. Zinc plating［J］. Plating & Surface Fnishing, 2007, 94：40-41.

［74］ 韩夏云, 郭忠诚, 龙晋明, 等. 镁及镁合金表面镀锌工艺［J］. 材料保护, 2002, 35（11）：31-33.

［75］ SKAR J I, ALBRIGHT D. Emerging trends in corrosion protection of magnesium die-castings［J］. Essential Readings in Magnesium Technology, 2016：585-591.

［76］ WANG G G, STEWART K, BERKMORTEL R, et al. Corrosion prevention for external magnesium automotive components［J］. SAE Transactions, 2001：397-405.

［77］ RAVI KUMAR V, DILEEP B P, MOHAN KUMAR S, et al. Effect of metal coatings on mechanical properties of aluminium alloy［C］//International Conference on Functional Materials, Characterization, Solid State Physics, Power, Thermal and Combustion Energy, 2017.

［78］ 于元春, 胡会利, 李宁, 等. 镁合金表面电镀锌工艺的应用研究［J］. 电镀与涂饰, 2010, 29（7）：9-11.

［79］ 熊刚. 碱性无氰镀锌添加剂的发展与高分散能力添加剂的研究［C］//2009（重庆）中国西南四省市电镀技术交流会论文集. 2009：24-27, 86.

［80］ RASHMI S, ELIAS L, HEGDE A C. Multilayered Zn-Ni alloy coatings for better corrosion protection of mild steel［J］. Engineering Science and Technology, an International Journal, 2017, 20（3）：1227-1232.

［81］ LOTFI N, ALIOFKHAZRAEI M, RAHMANI H, et al. Zinc-nickel alloy electrodeposition：Characterization, properties, multilayers and composites［J］. Protection of Metals and Physical chemistry of Surfaces, 2018, 54（6）：1102-1140.

［82］ ALEXIS J, ADRIAN D, MASRI T, et al. Adherence of electrodeposited Zn-Ni coatings on EN AW2024 T3 aluminium alloy［J］. Surface Engineering, 2013, 20（2）：121-127.

［83］ GHAZIOF S, GAO W. Electrodeposition of single gamma phased Zn-Ni alloy coatings from additive-free acidic bath［J］. Applied Surface Science, 2014, 311：635-642.

［84］ ABDEL AAL A. Protective coating for magnesium alloy［J］. Journal of Materials Science, 2007, 43（8）：2947-2954.

［85］ FENG Z, LI Q, ZHANG J, et al. Electrodeposition of nanocrystalline Zn-Ni coatings with single gamma phase from an alkaline bath［J］. Surface and Coatings Technology, 2015, 270：47-56.

［86］ CHANG L M, LIU W, DUAN X Y, et al. Pulse plated Zn transition layer in electroplating Zn-Ni coatings on magnesium alloys［J］. Surface Engineering, 2013, 28（10）：725-730.

［87］ WANG D Q, SHI Z Y, KOU T S. Composite plating of hard chromium on aluminum substrate［J］. Surface and Coatings Technology, 2005, 191（2/3）：324-329.

［88］ HUANG P C, HOU K H, HONG J J, et al. Study of fabrication and wear properties of Ni-SiC composite coatings on A356 aluminum alloy［J］. Wear, 2021, 477.

［89］ GUO B H, WANG Z Y, LI H L. Study on the friction and wear behavior of a TA15 alloy and its Ni-SiC composite coating［J］. Journal of Materials Engineering and Performance, 2016, 25（5）：1763-1772.

［90］ FINI M H, AMADEH A. Improvement of wear and corrosion resistance of AZ91 magnesium alloy by applying Ni-SiC nanocomposite coating via pulse electrodeposition ［J］. Transactions of Nonferrous Metals Society of China, 2013, 23（10）: 2914-2922.

［91］ 常立民, 徐佳琦. AZ31B 镁合金无氰脉冲镀锌层的结构与性能 ［J］. 材料保护, 2009, 42（6）: 1-3, 13.

［92］ JIANG Y F, LIU L F, ZHAI C Q, et al. Corrosion behavior of pulse-plated Zn-Ni alloy coatings on AZ91 magnesium alloy in alkaline solutions ［J］. Thin Solid Films, 2005, 484（1/2）: 232-237.

［93］ JIANG Y F, ZHAI C Q, LIU L F, et al. Zn-Ni alloy coatings pulse-plated on magnesium alloy ［J］. Surface and Coatings Technology, 2005, 191（2/3）: 393-399.

［94］ 孙硕, 李永强, 董四清, 等. 镁合金化学镀 Ni-P 合金和脉冲电镀 Zn-Ni 合金组合镀层 ［J］. 电镀与精饰, 2010, 32（5）: 4-7, 11.

［95］ 高风华. 脉冲参数对铝合金电镀镍层的影响 ［C］//连接器与开关第十一届学术会议论文集. 2010: 118-122.

［96］ KUNDU S, DAS S K, SAHOO P. Properties of electroless nickel at elevated temperature-a review ［J］. Procedia Engineering, 2014, 97: 1698-1706.

［97］ AMBAT R, ZHOU W. Electroless nickel-plating on AZ91D magnesium alloy: Effect of substrate microstructure and plating parameters ［J］. Surface and Coatings technology, 2004, 179（2/3）: 124-134.

［98］ HAJDU J, ZABROCKY S. The future of electroless nickel ［J］. Metal Finishing, 2000, 98（5）: 42-46.

［99］ LIU Z, GAO W. Electroless nickel plating on AZ91 mg alloy substrate ［J］. Surface and Coatings Technology, 2006, 200（16/17）: 5087-5093.

［100］ DELAUNOIS F, VITRY V, BONIN L. Electroless nickel plating: Fundamentals to applications ［M］. CRC Press, 2019.

［101］ 杨艳波, 蔡刚毅, 陈宇, 等. 高强铝合金的化学镀镍镀层性能研究 ［J］. 有色金属（冶炼部分）, 2009（1）: 45-48.

［102］ SHAO Z, CAI Z, HU R, et al. The study of electroless nickel plating directly on magnesium alloy ［J］. Surface and Coatings Technology, 2014, 249: 42-47.

［103］ BJURMAN J. The protective effect of 23 paint systems on wood against attack by decay fungi ［J］. Holz als Roh-Und Werkstoff, 1992, 50（5）: 201-206.

［104］ DU Y J, DAMRON M, TANG G, et al. Inorganic/organic hybrid coatings for aircraft aluminum alloy substrates ［J］. Progress in Organic Coatings, 2001, 41（4）: 226-232.

［105］ BURLEIGH D, VAVILOV V P, PAWAR S S. The influence of optical properties of paints and coatings on the efficiency of infrared nondestructive testing applied to aluminum aircraft structures ［J］. Infrared Physics & Technology, 2016, 77: 230-238.

［106］ KALENDOVA A, VESELÝ D, KALENDA P. A study of the effects of pigments and fillers on the properties of anticorrosive paints ［J］. Pigment & resin technology, 2006, 35（2）: 83-94.

［107］KARAKAŞ F, ÇELIK M S. Stabilization mechanism of main paint pigments ［J］. Progress in Organic Coatings, 2018, 123: 292-298.

［108］TIARKS F, FRECHEN T, KIRSCH S, et al. Effects on the pigment distribution in paint formulations ［C］//Macromolecular Symposia. Weinheim: WILEY-VCH Verlag, 2002, 187 (1): 739-752.

［109］BESTETTI M, CAVALLOTTI P L, DA F A, et al. Anodic oxidation and powder coating for corrosion protection of AM6oB magnesium alloys ［J］. Transactions of the IMF, 2007, 85 (6): 316-319.

［110］LIN J, ORGON C, BATTOCCHI D, et al. (Mg rich primer-powder topcoat) coating system for the corrosion protection of Al alloys ［J］. Progress in Organic Coatings, 2017, 102: 138-143.

［111］GRILLI R, ABEL M L, BAKER M A, et al. The adsorption of an epoxy acrylate resin on aluminium alloy conversion coatings ［J］. International Journal of Adhesion and Adhesives, 2011, 31 (7): 687-694.

［112］YOON S H, KIM B K. UV-curable water-borne polyurethane primers for aluminum and polycarbonate interfaces ［J］. Polymer Bulletin, 2011, 68 (2): 529-539.

［113］ADDINALL R, HUBRICH C, KOLARIC I. Nanocarbons in aluminium alloys for automotive applications-advantages, challenges and outlook ［M］//15. Internationales Stuttgarter Symposium. 2015: 139-153.

［114］RAJESHSHYAM R, VENKATRAMAN R, RAGHURAMAN S. The wear resistant nano composite coating on aluminum alloys by plasma spraying technique-a review ［C］//AIP Conference Proceedings. AIP Publishing LLC, 2020, 2247 (1): 050007.

［115］AZADI M, SAFARLOO S, LOGHMAN F, et al. Microstructural and thermal properties of piston aluminum alloy reinforced by nano-particles ［C］//AIP Conference Proceedings. AIP Publishing LLC, 2018, 1920 (1): 020027.

［116］FANG Z, CAO J, GUAN Y. Coating and painting of aluminum alloy vessel ［M］//Corrosion control technologies for aluminum alloy vessel. Springer, Singapore, 2020: 291-342.

［117］成亚君, 周杰. 高压无气喷涂在汽车涂装中的应用 ［C］//2015 年中国汽车工程学会涂装技术分会学术年会论文集. 2015: 47-49.

［118］洪柳, 梁雪, 魏玮, 等. 镁合金表面可降解涂层的制备及其性能 ［J］. 表面技术, 2020, 49 (11): 151-160.

［119］高福麒, 高斌, 高翔. 镁合金电泳涂装技术 ［C］//重庆市首届涂料涂装学术大会暨行业年会论文集. 2006: 64-66.

［120］BARLETTA M. A new technology in surface finishing: Fluidized bed machining (FBM) of aluminium alloys ［J］. Journal of materials processing technology, 2006, 173 (2): 157-165.

［121］YANG K H, GER M D, HWU W H, et al. Study of vanadium-based chemical conversion coating on the corrosion resistance of magnesium alloy ［J］. Materials Chemistry and Physics, 2007, 101 (2/3): 480-485.

[122] GAO H F, TAN H Q, LI J, et al. Synergistic effect of cerium conversion coating and phytic acid conversion coating on AZ31B magnesium alloy [J]. Surface and Coatings Technology, 2012, 212: 32-36.

[123] CHEN X B, ZHOU X, ABBOTT T B, et al. Double-layered manganese phosphate conversion coating on magnesium alloy AZ91D: Insights into coating formation, growth and corrosion resistance [J]. Surface and Coatings Technology, 2013, 217: 147-155.

[124] YU S, WANG L, WU C, et al. Studies on the corrosion performance of an effective and novel sealing anodic oxide coating [J]. Journal of Alloys and Compounds, 2020, 817.

[125] ZHOU X, YU S, GUAN S, et al. Fabrication and characterization of superhydrophobic TiO_2 nanotube coating by a facile anodic oxidation approach [J]. Surface and Coatings Technology, 2018, 354: 83-91.

[126] GHAVIDEL N, ALLAHKARAM S R, NADERI R, et al. Corrosion and wear behavior of an electroless Ni-P/nano-SiC coating on AZ31 mg alloy obtained through environmentally-friendly conversion coating [J]. Surface and Coatings Technology, 2020, 382: 125156.

[127] YU X, LI G. XPS study of cerium conversion coating on the anodized 2024 aluminum alloy [J]. Journal of Alloys and Compounds, 2004, 364 (1/2): 193-198.

[128] WAN J. Formation of conversion coatings on aluminium [M]. The University of Manchester (United Kingdom), 1996.

[129] WANG X H, AKAHANE T, ORIKASA H, et al. Brilliant and tunable color of carbon-coated thin anodic aluminum oxide films [J]. Applied Physics Letters, 2007, 91 (1): 011908.

[130] DENG S H, YANG X, WANG M, et al. The preparation and properties of multifunctional coating of aluminum alloy for medical external application [J]. International Journal of Structural Integrity, 2015, 6 (3): 326-337.

[131] CHEN Y, LUAN B L, SONG G L, et al. An investigation of new barium phosphate chemical conversion coating on AZ31 magnesium alloy [J]. Surface and Coatings Technology, 2012, 210: 156-165.

[132] LU X, FENG X, ZUO Y, et al. Improvement of protection performance of Mg-rich epoxy coating on AZ91D magnesium alloy by DC anodic oxidation [J]. Progress in Organic Coatings, 2017, 104: 188-198.

[133] OSAKABE T, KATO Y, HONMOTO S, et al. Development of technique for electrical insulation of metallic gasket using anodic oxide coating [J]. Review of High Pressure Science and Technology (Online), 2015, 25 (1): 57-63.

[134] HUANG X, XIE G, LI C, et al. Review on the lightweight materials for robots in coal mine [C]//2020 International Conference on Data Processing Techniques and Applications for Cyber-Physical Systems. 2021: 265-270.

[135] DABALÀ M, BRUNELLI K, NAPOLITANI E, et al. Cerium-based chemical conversion coating on AZ63 magnesium alloy [J]. Surface and Coatings Technology, 2003, 172 (2/3): 227-232.

[136] ZHAO M, WU S, LUO J, et al. A chromium-free conversion coating of magnesium alloy by a

phosphate-permanganate solution [J]. Surface and Coatings Technology, 2006, 200 (18/19): 5407-5412.

[137] SU Y, GUO Y, HUANG Z, et al. Preparation and corrosion behaviors of calcium phosphate conversion coating on magnesium alloy [J]. Surface and Coatings Technology, 2016, 307: 99-108.

[138] ZHOU W, SHAN D, HAN E H, et al. Structure and formation mechanism of phosphate conversion coating on die-cast AZ91D magnesium alloy [J]. Corrosion Science, 2008, 50 (2): 329-337.

[139] CAMPESTRINI P, GOEMINNE G, TERRYN H, et al. Chromate conversion coating on aluminum alloys: I. Formation mechanism [J]. Journal of the Electrochemical Society, 2004, 151 (2): B59.

[140] LUNDER O, WALMSLEY J C, MACK P, et al. Formation and characterisation of a chromate conversion coating on AA6060 aluminium [J]. Corrosion Science, 2005, 47 (7): 1604-1624.

[141] CURIONI M, DE MIERA M S, SKELDON P, et al. Macroscopic and local filming behavior of AA2024 T3 aluminum alloy during anodizing in sulfuric acid electrolyt [J]. Journal of the Electrochemical Society, 2008, 155 (8): C387.

[142] DING Z. Mechanistic study of thin film sulfuric acid anodizing rate difference between AL2024 T3 and AL6061 T6 [J]. Surface and Coatings Technology, 2019, 357: 280-288.

[143] POZNYAK A, PLIGOVKA A, LARYN T, et al. Porous alumina films fabricated by reduced temperature sulfuric acid anodizing: Morphology, composition and volumetric growth [J]. Materials (Basel), 2021, 14 (4): 767.

[144] STOJADINOVIC S, BELCA I, ZEKOVIC L, et al. Galvanoluminescence of porous oxide films formed by anodization of aluminum in chromic acid solution [J]. Electrochemistry Communications, 2004, 6 (10): 1016-1020.

[145] BUZZARD R W. Anodizing of aluminum alloys in chromic acid solutions of different concentrations [J]. Journal of Research of the National Bureau of Standards, 1937, 18: 251-257.

[146] ELABAR D. Effect of sulphate impurity in chromic acid anodizing of aluminium and aluminium alloy [M]. The University of Manchester (United Kingdom), 2016.

[147] DONAHUE C J, EXLINE J A. Anodizing and coloring aluminum alloys [J]. Journal of Chemical Education, 2014, 91 (5): 711-715.

[148] WAN Y. Study on anodic oxidation and sealing of aluminum alloy [J]. International Journal of Electrochemical Science, 2018: 2175-2185.

[149] KRISHNA L R, PURNIMA A S, WASEKAR N P, et al. Kinetics and properties of micro arc oxidation coatings deposited on commercial al alloys [J]. Metallurgical and Materials Transactions A, 2007, 38 (2): 370-378.

[150] LIU S, CHEN J, ZHANG D, et al. Properties of micro-arc oxidation coatings on 5052 Al alloy sealed by SiO_2 nanoparticles [J]. Coatings, 2022, 12 (3): 373.

[151] YANG J, GUO Y, ZAI W, et al. Preparation and properties of the anodized film on Fe-Cr-Al alloy surface [J]. Anti-Corrosion Methods and Materials, 2020, 67 (4): 379-386.

[152] LI H X, SONG R G, JI Z G. Effects of nano-additive TiO₂ on performance of micro-arc oxidation coatings formed on 6063 aluminum alloy [J]. Transactions of Nonferrous Metals Society of China, 2013, 23 (2): 406-411.

[153] DONG Y T, LIU Z Y, MA G F. The research progress on micro-arc oxidation of aluminum alloy [J]. IOP Conference Series: Materials Science and Engineering, 2020, 729 (1): 012055.

[154] SHAO Z C, ZHANG Q F, YANG L, et al. Preparation of dark-red membrane by micro-arc oxidation on AM50 alloys [J]. Materials and Manufacturing Processes, 2015, 30 (12): 1505-1509.

[155] LV X, CAO L, WAN Y, et al. Effect of different electrolytes in micro-arc oxidation on corrosion and tribological performance of 7075 aluminum alloy [J]. Materials Research Express, 2019, 6 (8).

[156] WANG X, ZHU Z, LI Y, et al. Characterization of micro-arc oxidation coatings on 6N01 aluminum alloy under different electrolyte temperature control modes [J]. Journal of Materials Engineering and Performance, 2018, 27 (4): 1890-1897.

[157] WANG P, WU T, XIAO Y T, et al. Characterization of micro-arc oxidation coatings on aluminum drillpipes at different current density [J]. Vacuum, 2017, 142: 21-28.

[158] QI X, SHANG H, MA B, et al. Microstructure and wear properties of micro arc oxidation ceramic coatings [J]. Materials (Basel), 2020, 13 (4): 970.

[159] 谢静静, 唐春保. 铝合金拉链无铬化学氧化着黑色工艺的研究 [J]. 中国化工贸易, 2019, 11 (22): 148.

[160] 屈菊平. 铝合金黑色抗蚀化学氧化膜 [J]. 腐蚀与防护, 2010, 31 (6): 469-470.

[161] 穆强, 朱智勇, 张晓丽, 等. 铝及铝合金化学氧化在航空结构材料中的应用 [J]. 山东化工, 2015, 44 (6): 94-95.

[162] OLEINIK S V, ZIMINA Y M, KARIMOVA S A, et al. Chemical oxidation of lithium-containing aluminum alloy 1424 [J]. Protection of Metals and Physical Chemistry of Surfaces, 2010, 46 (7): 812-817.

[163] SIBILEVA S V, BOTANOGOV A L, TROFIMOV N V, et al. Surface treatments of titanium alloy for preparing laminated composite material [J]. Advanced Materials Research, 2015, 1101: 229-232.

[164] PASQUI D, ROSSI A, DI CINTIO F, et al. Functionalized titanium oxide surfaces with phosphated carboxymethyl cellulose: Characterization and bonelike cell behavior [J]. Biomacromolecules, 2007, 8 (12): 3965-3972.

[165] ZHANG E. Phosphate treatment of magnesium alloy implants for biomedical applications [M]//Surface Modification of Magnesium and Its Alloys for Biomedical Applications. 2015: 23-57.

[166] LI G Y, LIAN J S, NIU L Y, et al. Growth of zinc phosphate coatings on AZ91D magnesium

alloy [J]. Surface and Coatings Technology, 2006, 201 (3/4): 1814-1820.

[167] KOUISNI L, AZZI M, ZERTOUBI M, et al. Phosphate coatings on magnesium alloy AM60 part 1: Study of the formation and the growth of zinc phosphate films [J]. Surface and Coatings Technology, 2004, 185 (1): 58-67.

[168] 陈梦瑶, 李焰, 齐建涛. 铬酸盐转化膜性能的研究进展 [J]. 材料导报, 2020, 34 (21): 21026-21032, 21044.

[169] 齐建涛, 叶宗豪, 孙文涛, 等. 高性能轻合金表面三价铬转化膜工艺的研究进展 [J]. 中国有色金属学报, 31 (4): 899-916.

[170] MUSIL J, BAROCH P, VLČEK J, et al. Reactive magnetron sputtering of thin films: Present status and trends [J]. Thin Solid Films, 2005, 475 (1/2): 208-218.

[171] 李学龙, 徐兴文, 徐斌骁. 磁控溅射的发展和工艺参数的探讨 [J]. 新型工业化, 2021, 11 (9): 9-10.

[172] 石永敬. 镁合金表面磁控溅射沉积 Cr 基涂层的结构与特性研究 [D]. 重庆: 重庆大学, 2009.

[173] 王璘, 余欧明, 杭凌侠, 等. 磁控溅射镀膜中工作气压对沉积速率的影响 [J]. 真空, 2004, 41 (9): 9-12.

[174] 邹上荣, 王海燕, 耿梅艳, 等. 工艺参数对直流反应磁控溅射 ZnO: Al 薄膜沉积速率的影响 [J]. 真空, 2009, 46 (2): 45-48.

[175] SHEIKIN E G. The pressure dependence of the deposition rate in a magnetron sputtering system [J]. Thin Solid Films, 2015, 574: 52-59.

[176] WINDOW B, SAVVIDES N. Unbalanced DC magnetrons as sources of high ion fluxes [J]. Journal of Vacuum Science & Technology A: Vacuum, Surfaces, and Films, 1986, 4 (3): 453-456.

[177] WINDOW B, SAVVIDES N. Charged particle fluxes from planar magnetron sputtering sources [J]. Journal of Vacuum Science & Technology A: Vacuum, Surfaces, and Films, 1986, 4 (2): 196-202.

[178] KELLY P J, ARNELL R D. Magnetron sputtering: A review of recent developments and applications [J]. Vacuum, 2000, 56 (3): 159-172.

[179] SEO S H, IN J H, CHANG H Y, et al. Effects of substrate bias on electron energy distribution in magnetron sputtering system [J]. Physics of Plasmas, 2004, 11 (10): 4796-4800.

[180] SEO S H, CHANG H Y. Anomalous behaviors of plasma parameters in unbalanced direct-current magnetron discharge [J]. Physics of Plasmas, 2004, 11 (7): 3595-3601.

[181] SEO S H, IN J H, CHANG H Y. Effects of a sheath boundary on electron energy distribution in Ar/He dc magnetron discharges [J]. Journal of Applied Physics, 2004, 96 (1): 57-64.

[182] TELLING N D, PETTY M, CRAPPER M D. Simple method for the control of substrate ion fluxes using an unbalanced magnetron [J]. Journal of Vacuum Science & Technology A: Vacuum, Surfaces, and Films, 1998, 16 (1): 145-147.

[183] PETROV I, ADIBI F, GREENE J E, et al. Use of an externally applied axial magnetic field

to control ion/neutral flux ratios incident at the substrate during magnetron sputter deposition [J]. Journal of Vacuum Science & Technology A: Vacuum, Surfaces, and Films, 1992, 10 (5): 3283-3287.

[184] LEWIS D B, LUO Q, HOVSEPIAN P E, et al. Interrelationship between atomic species, bias voltage, texture and microstructure of nano-scale multilayers [J]. Surface and Coatings Technology, 2004, 184 (2/3): 225-232.

[185] COOKE K E, HAMPSHIRE J, SOUTHALL W, et al. Industrial application of pulsed dc bias power supplies in closed field unbalanced magnetron sputter ion plating [J]. Surface engineering, 2004, 20 (3): 189-195.

[186] ČADA M, BRADLEY J W, CLARKE G C B, et al. Measurement of energy transfer at an isolated substrate in a pulsed dc magnetron discharge [J]. Journal of Applied Physics, 2007, 102 (6): 063301.

[187] BOHLMARK J, LATTEMANN M, GUDMUNDSSON J T, et al. The ion energy distributions and ion flux composition from a high power impulse magnetron sputtering discharge [J]. Thin Solid Films, 2006, 515 (4): 1522-1526.

[188] VLČEK J, KUDLÁČEK P, BURCALOVÁ K, et al. High-power pulsed sputtering using a magnetron with enhanced plasma confinement [J]. Journal of Vacuum Science & Technology A: Vacuum, Surfaces, and Films, 2007, 25 (1): 42-47.

[189] KIM Y M, JUNG M J, OH S G, et al. Spatially resolved optical emission spectroscopy of pulse magnetron sputtering discharge [J]. Thin Solid Films, 2005, 475 (1/2): 91-96.

[190] RUBIO-ROY M, CORBELLA C, GARCIA-CÉSPEDES J, et al. Diamond like carbon films deposited from graphite target by asymmetric bipolar pulsed-dc magnetron sputtering [J]. Diamond and Related Materials, 2007, 16 (4/5/6/7): 1286-1290.

[191] SUNAL P, MESSIER R, HORN M W. Reactive co-deposition of TiN$_x$/SiN$_x$ nanocomposites using pulsed direct current magnetron sputtering [J]. Thin solid films, 2006, 515 (4): 2185-2191.

[192] LEE J W, TIEN S K, KUO Y C, et al. The mechanical properties evaluation of the CrN coatings deposited by the pulsed dc reactive magnetron sputtering [J]. Surface and Coatings Technology, 2006, 200 (10): 3330-3335.

[193] LATTEMANN M, EHIASARIAN A P, BOHLMARK J, et al. Investigation of high power impulse magnetron sputtering pretreated interfaces for adhesion enhancement of hard coatings on steel [J]. Surface and Coatings Technology, 2006, 200 (22/23): 6495-6499.

[194] LIN J, MISHRA B, MOORE J J, et al. Effects of the substrate to chamber wall distance on the structure and properties of craln films deposited by pulsed-closed field unbalanced magnetron sputtering (p-cfubms) [J]. Surface and Coatings Technology, 2007, 201 (16/17): 6960-6969.

[195] HOPFENGÄRTNER G, BORGMANN D, RADEMACHER I, et al. XPS studies of oxidic model catalysts: Internal standards and oxidation numbers [J]. Journal of Electron

Spectroscopy and Related Phenomena, 1993, 63 (2): 91-116.

[196] JIANG N, SHEN Y G, ZHANG H J, et al. Superhard nanocomposite Ti-Al-Si-N films deposited by reactive unbalanced magnetron sputtering [J]. Materials Science and Engineering: B, 2006, 135 (1): 1-9.

[197] BOU M, MARTIN J M, LE MOGNE T, et al. Chemistry of the interface between aluminium and polyethyleneterephthalate by XPS [J]. Applied Surface Science, 1991, 47 (2): 149-161.

[198] POLLINI I, MOSSER A, PARLEBAS J C. Electronic, spectroscopic and elastic properties of early transition metal compounds [J]. Physics Reports, 2001, 355 (1): 1-72.

[199] MORE V, SHIVADE V, BHARGAVA P. Effect of cleaning process of substrate on the efficiency of the DSSC [J]. Transactions of the Indian Ceramic Society, 2016, 75 (1): 59-62.

[200] YADAV B S, BADGUJAR A C, DHAGE S R. Effect of various surface treatments on adhesion strength of magnetron sputtered bi-layer molybdenum thin films on soda lime glass substrate [J]. Solar Energy, 2017, 157: 507-513.